市政工程施工图集

（第二版）

5　园林工程

李世华　罗桂莲　主编

中国建筑工业出版社

图书在版编目（CIP）数据

市政工程施工图集　5　园林工程/李世华，罗桂莲主编.
2 版. —北京：中国建筑工业出版社，2014.10
ISBN 978-7-112-17101-9

Ⅰ.①市… Ⅱ.①李…②罗… Ⅲ.①市政工程-工
程施工-图集②园林-工程施工-图集 Ⅳ.①TU99-64

中国版本图书馆 CIP 数据核字（2014）第 152351 号

本图集主要包括的内容是：园林地形与土方工程施工、园林景观地形的设计、园林水景工程施工、园林假山工程施工、园林挡墙景观工程施工、园路与场地工程施工、园林给水排水工程施工、园林专用工程绿化平面图实例、园林雕塑工程图实例、园林建筑工程施工等内容。本图集以现行施工规范、验收标准为依据，结合多年施工经验，以图文形式编写而成，具有很强的实用性和可操作性。

本书可供从事市政工程施工、设计、维护和质量、预算、材料等专业人员使用，也是非专业人员了解和学习本专业知识的参考资料。

责任编辑：姚荣华　胡明安
责任校对：陈晶晶　关　健

市政工程施工图集（第二版）
5　园林工程
李世华　罗桂莲　主编

*

中国建筑工业出版社出版、发行（北京西郊百万庄）
各地新华书店、建筑书店经销
北京红光制版公司制版
北京同文印刷有限责任公司印刷

*

开本：787×1092 毫米　横 1/16　印张：25　字数：604 千字
2015 年 1 月第二版　　2015 年 1 月第四次印刷
定价：**65.00** 元
ISBN 978-7-112-17101-9
（25242）

修 订 说 明

　　《市政工程施工图集》（1～5）自第一版出版发行以来，一直深受广大读者的喜爱。由于近几年市政工程发展很快，各种新材料、新设备、新方法、新工艺不断出现，为了保持该套书的先进性实用性，提高本套图集的整体质量，更好地为读者服务，中国建筑工业出版社决定修订本套图集。

　　本套图集以现行市政工程施工及验收规范、规程和工程质量验收标准为依据，结合多年的施工经验和传统做法，以图文形式介绍市政工程中道路工程；桥梁工程；给水、排水、污水处理工程；燃气、热力工程；园林工程等的施工方法。图集中涉及的施工方法既有传统的方法，又有目前正在推广使用的新技术。内容全面新颖、通俗易懂，具有很强的实用性和可操作性，是广大市政工程施工人员必备的工具书。

　　《市政工程施工图集》（第二版）（1～5 册），每册分别是：

1　道路工程

2　桥梁工程

3　给水　排水　污水处理工程

4　燃气　热力工程

5　园林工程

本套图集每部分的编号由汉语拼音第一个字母组成，编号如下：

DL——道路；　　　　　QL——桥梁；　　　　　JS——给水；　　　　　PS——排水；

WS——污水；　　　　　YL——园林；　　　　　RQ——燃气；　　　　　RL——热力。

　　本图集服务于市政工程施工单位的主任工程师、技术队长、工长、施工员、班组长、质量检查员及操作工人。是施工企事业各级工程技术人员和管理人员进行施工准备、技术咨询、技术交底、质量控制和组织技术培训的重要资料来源，也是指导市政工程施工的主要参考依据。

中国建筑工业出版社

前　言

　　一座规划合理、设计优良、功能完备的现代化都市的建成，除了对城市有跨世纪发展的伟大规划、高超漂亮的建筑造型、独特而新颖的结构设计外，还应有一支具有丰富的现场操作经验、技术过硬的高素质施工队伍。而这支队伍在市政工程建设过程中，完全能够以国家现行的园林绿化种植施工技术操作规程、市政公用工程质量检验评定标准、市政工程施工验收规范等标准为依据，能按照施工图纸进行正确施工。

　　本书是奉献给广大市政工程建设者一本实用性强、极具参考价值的园林绿化工程施工中常见的示范性施工图集。本书较严格地按照我国园林绿化工程设计标准、施工规范、质量检验评定标准等要求，结合一批资深工程技术人员的现场施工经验，以图文形式编写而成。

　　本图集主要介绍园林地形与土方工程施工、园林景观地形的设计、园林水景工程施工、园林假山工程施工、园林挡墙景观工程施工、园路与场地工程施工、园林给水排水工程施工、园林专用工程绿化平面图实例、园林雕塑工程图实例、园林建筑工程施工等。

　　本图集由广州大学市政技术学院李世华、罗桂莲主编。张其林、李琼、李秀华、蒋家铸、张玉萍、韦可海、戴子平、陈玉钧、彭南光、聂伯青、李国荣为副主编。

　　本图集在编写中不仅得到了广州大学市政技术学院、广州大学土木学院、广东工业大学、广州市政集团有限公司、广州市政园林管理局、广州华南路桥实业有限公司、广州市政设计研究院等单位的领导与工程技术人员的热情关心，同时得到彭兰华、彭淳熙、邓小玲、李阳春、谭明、李云青、李志军、邹爱华、彭志泽、刘雪英、戴乐农、刘细果、甄真、戴爱华、刘宝霞、彭静、陶佳妮、罗小峰、罗小玲、刘莹、张学华、柳思忆、肖艳、徐丽、郑爱香、李正义等专家学者的大力支持，在此一并致谢。

　　限于编者的水平，加之编写时间仓促，书中难免存在有错误和疏漏之处，敬请广大读者批评指正。

目　录

1　园林地形与土方工程施工

1.1　园林地形改造

1.2　园林土方工程量的计算

1.3　园林土石方工程的施工

2　园林景观地形的设计

2.1　概　　述

2.2　园林景观的竖向设计

2.3　园林景观的平面设计实例

3　园林水景工程施工

3.1　园林水景的作用与特点

3.2　园林水景的平面设计

3.3　小　型　水　闸

3.4　小型园林水景的施工工艺

3.5　驳岸工程的设计与施工

3.6　喷泉工程的设计与施工

4　园林假山工程施工

4.1　假山的功能与类别

4.2　假山工程平面设计实例

4.3　假山的结构

4.4 假山结构设计

4.5 假山工程的施工

5 园林挡墙景观工程施工

5.1 园林挡墙构筑物的类型与构造

5.2 园林挡墙景观设计实例

5.3 园林挡墙景观工程施工

6 园路与场地工程施工

6.1 园路与场地工程概述

6.2 城市广场绿化景观平面设计

6.3 城市街道绿地设计示意图

6.4 城市立交桥绿化平面设计图实例

7 园林给水排水工程施工

7.1 园林给水排水工程施工概述

7.2　园路地面排水工程施工

7.3　园路地下排水工程施工

7.4　园路排水设施的应用

8　园林专用工程绿化平面图实例

8.1　体育工程绿化平面图实例

8.2　纪念工程绿化平面图实例

1 园林地形与土方工程施工

1.1 园林地形改造

园林地形的功能作用

序号	分类	园林地形的功能作用	简明示意图
1	骨架作用	（1）园林地形是园林中所有景观与设施的载体，它为所有景观与设施提供了赖以存在的基面。地形被认为是构成任何景观的基本结构骨架，是其他设计要素和使用功能布局的基础。 （2）任何园林景观，其地形是园林基本景观的决定因素。地形较平坦的园林用地，有条件开辟大面积的水体，因此它的基本景观往往就是以水面形象为主的景观。 （3）地形起伏大的山地园林用地，由于地形所限，其基本景观就不会是广阔的水景景观，而是奇突的峰石和莽莽的群体山林。 （4）由于园林景观的形成在不同程度上都与地面相接触，所以地形便成了环境景观不可缺少的基础成分和依赖成分。地形是连接景观中所有因素和空间的主线，它的结构作用可以延续到地平线的尽头或水体的边缘。可以想象地形对景观的决定作用和骨架作用	 峨眉山清音阁
2	空间作用	（1）地形具有构成不同形状、不同特点园林空间的作用。园林空间的形成，是由地形因素直接制约着的。地块的平面形状如何，园林空间在水平方向上的形状也就如何；地块在竖向上有什么变化，空间的立面形式也就会发生相应的变化。 （2）地形能影响人们对户外空间范围和气氛的感受。要形成好的园林景观，就必须处理好由地形要素组成的园林空间的几种界面，即水平界面、垂直界面和依坡就势的斜界面。 （3）水平界面就是园林的地面和水面，是限定园林空间的主要界面。对这种水平界面给予必要的处理，能增加空间变化，塑造空间形象。 （4）垂直界面主要由地形中的凸起部分和地面上的诸多地物组成，主要是由树木、建筑物等构成，它能分隔园林空间，对空间的立面形状加以限定。尤其是随着地形起伏变化的园林景观，往往可以构成一些复合型的空间，如园林空间的树林和树林下的空间，湖池中的岛屿和岛屿内的水池空间，假山山谷空间和山洞内空间等。 （5）斜界面是处于水平界面与垂直界面之间的过渡性界面，如斜坡地、阶梯路段等，有着承上启下，步步高升的空间效果	 园林地形空间界面

图名	园林地形的功能作用（一）	图号	YL1-1（一）

序号	分类	园林地形的功能作用	简明示意图
3	造景作用	（1）山地、坡地、平原与水面等地形类别，都有着自身独特的易于识别的特征。 （2）在地形处理中应充分利用具有不同美学表现的地形地貌，组成有起有伏、有合有分、千姿百态的峰、岭、峦、谷、崖、壁、洞、窟、湖、池、溪、涧、堤、岛、草原、田野等不同风格的人造地形景观，这些地形各有各的景观特色。 （3）峰峦具有浑厚雄伟的壮丽景观，洞谷的景色则古奥幽深，湖池则具有淡泊清远的平和景观，而溪涧则显得生动活泼、灵巧多趣。 （4）地形改造在很大程度上决定园林风景的面貌。园林工作者在改造和设计新式的、独特的自然山水风光，所遵循的是大自然山水地形、地貌的规律。 （5）园林工程的设计不是机械地模仿照搬，而是进行加工、提炼、概括，最大限度地利用自然特点，最少量地动用土石方工程，在有限的园林用地中获得最好的地形景观效果	 广州番禺余荫山房之临池别馆
4	工程作用	（1）地形因素在园林的给水排水工程、绿化工程、环境生态工程和建筑工程中都起着重要的作用。由于地表的径流量、径流方向和径流速度都与地形有关，因而地形过于平坦时就不利于排水，容易积涝。而当地形坡度太陡时，径流量就比较大，径流速度也太快，从而引起地面冲刷和水土流失。所以，保持一定的地形起伏，合理安排地形的分水和汇水线，使地形具有较好的自然排水条件，是充分发挥地形排水工程作用的有效措施。 （2）地形条件对园林绿化工程的影响作用，在山地造林、湿地植树、坡面种草和一般植物的生长等方面，有明显的表现。同时，地形因素对园林管线工程的布置、施工，和对建筑、道路的基础都存在有利和不利的影响作用。 （3）地形还能影响光照、风向以及降雨量等，因为地形能改善局部地区的小气候条件。例如某区域要受到冬季阳光的直接照射，就要使用朝南的坡向；而要阻挡冬季寒风，则可利用凸面地形、背脊地或土丘等；在夏季园林绿地则可以利用地形采汇集和引导夏季风，达到改善通风条件，降低炎热程度的目的。 （4）地形因素在造园中的作用和意义还很多，例如：它能够提供室外活动空间，能够满足园林内的交通需要，能够在风景区利用景区水来发电，许多园林设计专家所创作的作品，能够成为美丽地方传说、典故、神话等人文景观的载体等等	

图名	园林地形的功能作用（二）	图号	YL1-1（二）

序号	分类	园林地形的功能作用	简明示意图
5	背景作用	各种地形要素都具有相互成为背景的可能。例如： （1）园林中的山体，就可以作为湖面、草坪、风景园林、风景建筑以及各种雕塑、花园广场等的共同背景。 （2）园林中的湖面，也可以作为湖边或岛上建筑物（例如房屋、桥梁、凉亭、楼阁、水榭、廊等）、种植风景树的背景。 （3）覆盖着草坪的绿地，能够充分地为草坪上的雕塑、楼阁、凉亭、风景树丛等提供优美背景。 （4）高耸的建筑物（例如形式各异的宝塔、国内外具有民族风格的建筑等），其倒影映衬在湖面上，形成一种特定的相映成趣的景色。 上述各种现象都能说明，园林绿化地形的背景作用是多方面的。作为背景的各种地形要素，能够截留视线，衬托并凸现前景和主景，使前景或主景得到最突出的表现，使景观达到更加生动、鲜明以及独特的效果	
6	观景作用	真正的园林地形，还可以为广大游客提供最佳的观景位置，或者能创造良好的观赏条件。例如： （1）游客站在坡地上或山顶上，登高望远，去观赏辽阔无边、景致迷人的园林绿地。 （2）绿色的草地、广场、湖池等平坦地形，可以使园林内部的立面景观集中地显露出来，让人们直接地观赏到园林整体的艺术形象。 （3）在湖边或岛屿的凸形地段，也能够观赏到湖面、岛屿周边的大部分景观，其观景的条件良好。 （4）狭窄的园林绿地谷地地形，则能够引导视线集中投向谷地的端头，使端头处的景物显得更加突出、更加醒目。 总而言之，园林工程的设计、施工人员，合理地创造出园林绿地的地形，在游览观景中的重要性十分明显。园林绿地其真正的价值在于人与自然的交流，是人们欣赏自然和陶冶情操的场所	

图名	园林地形的功能作用（三）	图号	YL1-1（三）

园林景观地形的组成要素

序号	分类	园林景观地形的组成要素	简明示意图
1	丘山地貌	丘山地貌是指山地和丘陵地的地貌形态。这类地貌的变化与地表的切割情况相关，若切割深度在 20~200m 之间，断面坡度小于 5% 时，是丘陵地形。切割深度在 200m 以上，断面坡度大于 5% 的地形，则是山地地形。丘陵地形对于面积不是很大的园林来讲，地势的起伏度已经够大，园林造景比较方便，但要想开辟大面积水体则显得平地的面积不足，因此要求全面考虑，用最好的、最有利于开发建设的方法布置好这块园林绿地。例如：桂林芦笛岩风景区就是建在丘山上，她是桂林山水的一颗璀璨明珠，芦笛岩被人们誉为"大自然艺术之宫"，拥有大自然赋予桂林山水清奇俊秀的岩溶风貌	 桂林芦笛岩风景区
2	岩溶地貌	在石灰岩广泛分布的地区，由于地表水对石灰岩的溶解、侵蚀、沉淀和堆积，构成了石灰岩地区特有的地貌形态，这种地貌叫做岩溶地貌。岩溶地貌所构成的景观奇形怪状、千变万化，有孤峰、峰丛、溶洞、怪石等，观赏价值很高。在我国西南地区，岩溶地貌极其发育，"桂林山水"、"云南石林"、贵州织金县"织金洞"、四川九寨沟黄龙寺的"石灰华田"、乐山"大佛"等等，都是以岩溶景观名扬天下的著名风景旅游胜地。岩溶地貌本身就提供了丰富又美丽的山水洞石等多种奇特的景观，一般不需要人工造景，因此园林中可以直接利用已有的景观就能满足要求。例如：武夷山中的"仙弈亭"建于隐屏峰山崖千仞峭壁上，由茶洞从峰南壁攀登即可登临，因峰峦方正如屏，故名隐屏峰	 武夷山隐屏峰仙弈亭
3	平原地貌	对于平原的地貌，实际上是指流水地貌中水流域范围内平地部分的地貌。每当地表切割深度小于 25m 时，就可称为微分割的平原。平原地貌具有较开阔的视野特点，方便地建设各种风景名胜建筑、各种园林场地的修建和园林植物的生长，也可以方便地开辟大面积的水体。然而这种地貌中没有现成的山景，必须通过大量的土方工程，由人工或者机械设备挖土堆山来制造出具有较高价值的秀丽山景。例如：天津水上公园茶室借景，茶室随湖岸布置，由于这里"芦苇茂盛、水禽栖息、自然天成、野趣横生"，景色风光如画所以，水上公园成为天津十大景观之一	 天津水上公园茶室借景

图名	园林景观地形的组成要素（一）	图号	YL1-2（一）

5

序号	分类	园林景观地形的组成要素	简明示意图
4	海岸地貌	（1）海岸地貌一般是在海岸地带，比较陡而狭长，其泥沙海岸则比较平坦宽广。海岸地貌景观主要是由海浪冲击形成的海蚀地貌和由海水搬运作用或堆积作用造成的海积地貌组成。 （2）海蚀地貌的主要表现有：海滩、海岸沙堤、水下沙堤、离岸坝、沙嘴、连岛沙洲、海岸堆积阶地、珊瑚礁等等。利用漫长的海岸地貌来建造园林，基本上是直接利用海景、岸景等自然景观。人类不仅可以开辟或者修建一些海上游泳场、沙滩排球场地、园路观景点、地方性的一些民族风格建筑物等，而且可以将各民族风情民俗的建筑物集中到某一海滩地；同时，可以根据当地气候情况，栽培种植一些海岸植物，使海岸景观达到园林化效果	 杭州西湖景观图
5	流水地貌	（1）流水是改造地表形态的主要自然力。由流水所造成的直接地貌形态常见有：山地、坡地、平地表面的雨裂隙、冲沟、坳沟、汇水沟、分水岭等，和与较大水流相伴随的河谷、峡谷、河漫滩、河曲、天然堤、河心滩、沙洲、蓄洪湖泊、蓄水水库、河流阶地、河口冲积扇、三角洲等。所以，流水地貌是园林绿地中常用的地貌形态。 （2）在园林绿地中，一般大都通过一些工程措施，利用挖掘机、装载机、推土机、运输机等现代化机械设备，制造出人工河、湖、溪、涧、池、沼、瀑布、泉等，对自然流水地貌加以整治，砌筑驳岸、修桥建亭、植荷种树，将地貌改造成为具有较高欣赏水平的园林化地貌。天然的山水需要进行加工、修饰、整理，人工开辟的山水要讲究造型美观。例如："拙政园"通过人工加工，借园外之北寺塔，使"拙政园"更加山清水秀、无比迷人。 （3）在我国少数地方的园林绿地中，偶尔也有其他地貌类型，例如四川贡嘎山海螺沟现代冰川公园的冰川地貌，甘肃敦煌石窟风景区周围的风沙地貌，黄土高原城市园林中的黄土地貌，云贵高原分布较多的石灰岩岩溶地貌等	 苏州网师园中的月到风来亭

图名	园林景观地形的组成要素（二）	图号	YL1-2（二）

序号	分类	园林景观地形的组成要素		简明示意图
6	地面分割要素	自然条件分割	地面上是由两个方向相反的坡面交接而形成一种线状地带，可构成分水线和汇水线。这两种分界线把地貌分割成为不同坡向、不同大小、不同形状的多块地面。各块地面的形状如何，取决于分水线和汇水线的分布情况。其他如冲沟、坳沟、汇水沟、分水岭、河谷、峡谷、河曲、河漫滩、天然堤、河心滩、悬崖和峭壁等带状水体或线状边沿，也对地面进行划分，在地形构成中占有重要地位，实际上也在起汇水线、分水线的作用。所以，分水线和汇水线是自然地形的两种基本分割要素	北海琼岛南坡建筑群
		人工条件分割	在园林绿地的山地丘陵和平地上，人工修建的园路、围墙、隔墙、排水沟渠等，也将园林绿地分割为大小不同、坡向不同、坡度各异的地块，这些也是一类地形分割要素，即人工分割要素。 例如，北京的北海公园琼岛是靠人工堆出的一座山，琼岛延楼建筑群的兴建，作为清代皇家园林移植江南胜景的优秀方案，融汇镇江金山寺"紫金浮玉"，之意象，扩充了"蓬莱仙境"的原型内涵，吸纳金山"寺包山"创作手法的佛教底蕴，与佛教"曼荼罗"图式相结合，塑造了琼岛北坡体现大一统意念的"众星拱月"象征景观	
7	平面形状要素	地表的平面形状是按各种分割要素进行分割而形成的。从地块的平面形状来说，东西南北的方向性是其平面要素之一。除了圆形场地外，正方形、长方形、三角形、椭圆形、扇形、条状、带状、多种形状的组合体组成的图案，以及大自然所形成的奇形怪状的地块，都有一定的方向性 此外，水平方向上的具体尺度，也是地块平面形状的一种要素。地块的长短宽窄、大小斜直等形状，都由一定尺度来决定，其地块上的图案才有轮廓。例如：著名的佛香阁建筑群位于北京颐和园万寿山南坡中轴线上，面对昆明湖宽阔水域，拾级登临佛香阁平台，向南眺望，玉泉山塔和秀丽西山景色尽收眼底，并以转轮藏、五方阁为俯借对象，佛香阁建筑群背山面水，兼有东、西两侧长廊和其他建筑组群之烘托物，气势极其宏伟，建筑群在构图上高低、大小、收放对比适宜，空间富有较强的节奏感。佛香阁面对的昆明湖又恰到好处地把这个画面全部倒映出来，山之葱茏，水之澄碧，天光接引，令人赏心悦目		北京颐和园佛香阁

图名	园林景观地形的组成要素（三）	图号	YL1-2（三）

序号	分类		园林景观地形的组成要素	简明示意图

| 8 | 坡度要素 | 坡度的形成 | 坡度是地表倾斜的程度，也是竖向地形的一种特征要素。不同坡向的地块，其地表都是倾斜的，而倾斜程度却各有不同。坡度大，地面倾斜度大；坡度小，倾斜度小。例如：昆明西山"三清阁"就建在陡坡上，位于太华山南面罗汉山上，罗汉山北连美女峰、太华峰，南接挂榜山千仞峭壁，峭壁下是浩瀚滇池。三清阁九层十一阁建筑群高低错落，它高出滇池水面300多米，置身于此，真有"空中楼阁"飘渺之感。

园林在地形图上，一般用等高线来表示地形的竖向起伏变化，也同时表现了地面坡度的陡缓变化。等高线越密的区域，表示地表坡度越大；等高线越稀疏的地方，表示坡度越小、越平缓。地形图上相邻两条等高线之间的水平距离叫平距，垂直高度的差值叫等高距。一张地形图上只有一种等高距。地面的坡度（i）可根据地形图上等高距（H）和平距（L）的关系用公式：$i = H/L$ 算出。地形图上的等高距是一个定值，是根据不同地貌和不同比例尺确定的。下表是不同地貌条件下地形图所采用的比例。 | |

不同比例尺的地形图比例尺

图纸比例	平 地（m）	丘 陵（m）	山 地（m）
1：5000	1.0	2.0	5.0
1：2000	0.5	1.0	2.0
1：1000	0.5	1.0	1.0
1：500	0.5	1.0	1.0
1：100	0.25	0.5	0.5
1：50	0.25	0.5	—

坡度与角度：在园林地形设计过程中，对地面竖向变化所建立的是坡度的概念。但在施工过程中，则常常需要应用各种角度的空间概念。角度即坡面与水平地面的夹角，在测定地面标高和其他施工条件中常常用到。在一些城市公园中，往往没有现成的景观可利用，或有山林、水泊等造园条件，但景色平淡需要改造

云南昆明西山三清阁

图名	园林景观地形的组成要素（四）	图号	YL1-2（四）

1.2 园林土方工程量的计算

用求体积的公式进行土方工程量估算

序　号	几何体名称	几 何 体 形 状	体 积 计 算
1	圆锥		$V = \dfrac{1}{3}\pi r^2 h$
2	圆台		$V = \dfrac{1}{3}\pi h(r_1^2 + r_2^2 + r_1 r_2)$
3	棱锥		$V = \dfrac{1}{3}S \cdot h$
4	棱台		$V = \dfrac{1}{3}h(S_1 + S_2 + \sqrt{S_1 S_2})$
5	半球		$V = \dfrac{\pi h}{6}(h^2 + 3r^2)$

V—体积；r—半径；S—底面积；h—高；r_1，r_2—分别为上下底半径；S_1，S_2—上、下底面积

(a)山丘

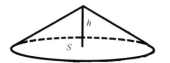

(b)池塘

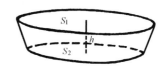

套用近似的规则图形估算土方量

图名	用求体积的公式进行土方工程量估算	图号	YL1-3

9

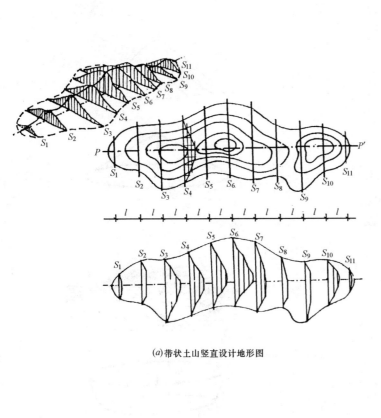

(a)带状土山竖直设计地形图

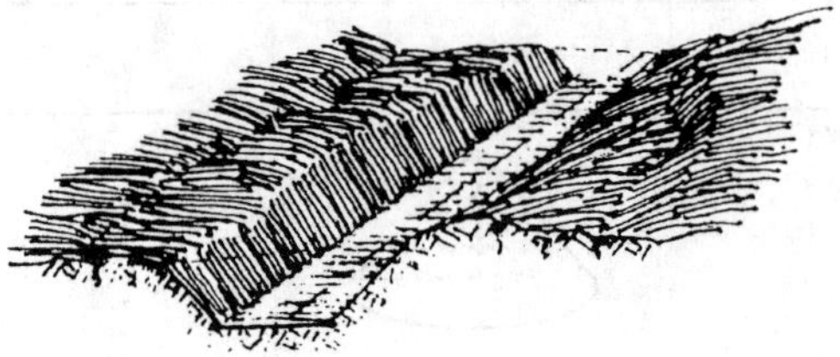

带状土山垂直断面取土法

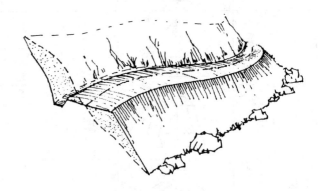

(b)沟渠、路堑

(c)半挖半填路基

图名	用断面法进行工程量计算（一）	图号	YL1-4（一）

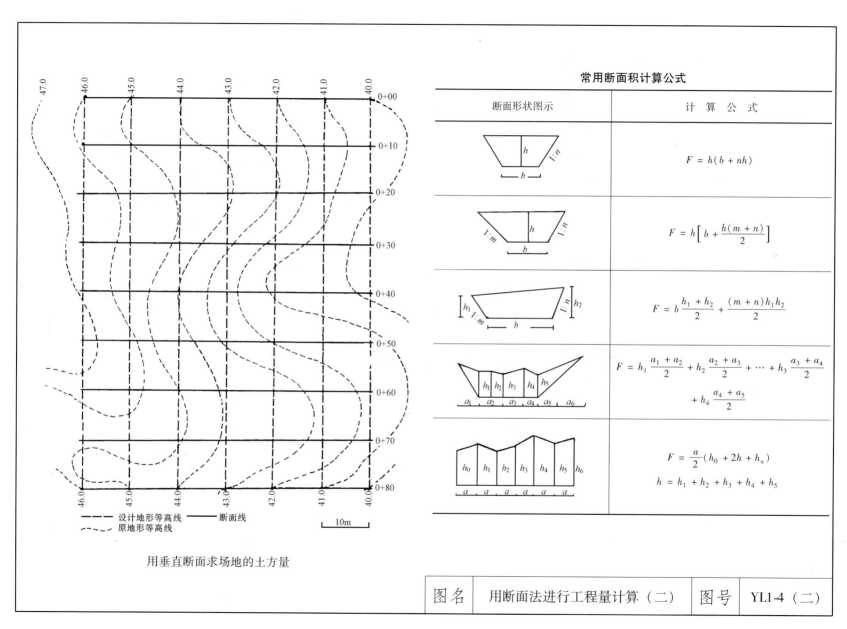

常用断面积计算公式

断面形状图示	计 算 公 式
	$F = h(b + nh)$
	$F = h\left[b + \dfrac{h(m + n)}{2} \right]$
	$F = b\dfrac{h_1 + h_2}{2} + \dfrac{(m + n)h_1 h_2}{2}$
	$F = h_1\dfrac{a_1 + a_2}{2} + h_2\dfrac{a_2 + a_3}{2} + \cdots + h_3\dfrac{a_3 + a_4}{2}$ $+ h_4\dfrac{a_4 + a_5}{2}$
	$F = \dfrac{a}{2}(h_0 + 2h + h_n)$ $h = h_1 + h_2 + h_3 + h_4 + h_5$

---- 设计地形等高线　──── 断面线

---- 原地形等高线

10m

用垂直断面求场地的土方量

图名	用断面法进行工程量计算（二）	图号	YL1-4（二）

11

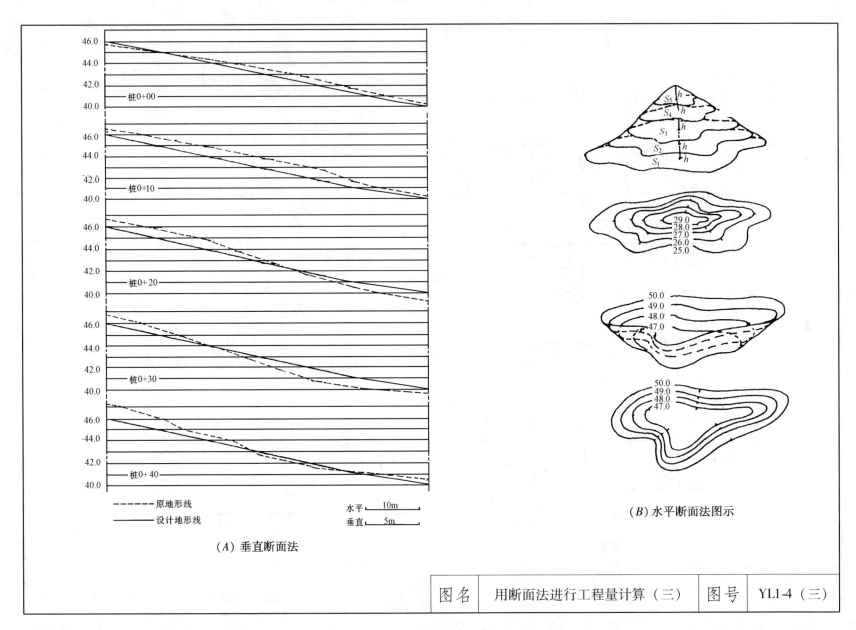

桩0+00

桩0+10

桩0+20

桩0+30

桩0+40

- - - - - 原地形线

———— 设计地形线

水平 |———| 10m

垂直 |———| 5m

（A）垂直断面法

（B）水平断面法图示

| 图名 | 用断面法进行工程量计算（三） | 图号 | YL1-4（三） |

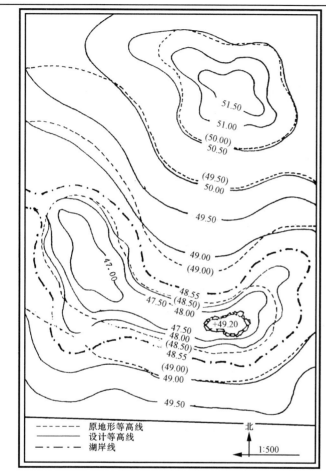

(A)某公园局部用地的原有地形及设计地形

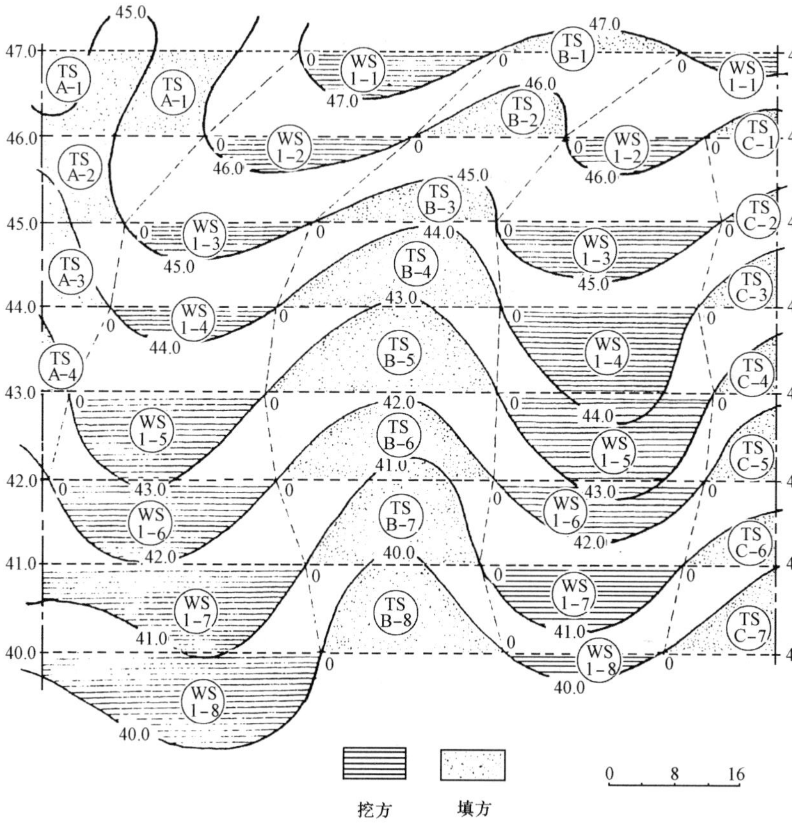

图例：
- - - - - 原地形等高线
———— 设计等高线
—·—·— 湖岸线

北

1:500

（B）水平断面法计算土方工程量

挖方　　填方

0　8　16

| 图名 | 用断面法进行工程量计算（四） | 图号 | YL1-4（四） |

13

方格网法是把平整场地的设计工作和土方量计算工作结合在一起进行的。其工作程序是：

（1）在附有等高线的施工现场地形图上作方格网控制施工场地，方格边长数值取决于所要求的计算精度和地形变化的复杂程度。在园林中一般用20～40m；

（2）在地形图上用插入法求出各角点的原地形标高；

（3）依设计意图确定各角点的设计标高；

（4）比较原地形标高和设计标高，求得施工标高；

（5）土方计算，其具体计算步骤和方法结合实例加以阐明。

例如：某公园为了满足游人游园活动的需要，拟将这块地面平整成为三坡向两面坡的"T"字形广场，要求广场具有1.5%的纵坡和2%的横坡，土方就地平衡，试求其设计标高并计算其土方量。

如若按正南北方向（或根据场地具体情况决定）作边长为20m的方格控制网。先将各方格角点测设到地面上，同时测量角点的地面标高并将标高值标记在图纸上，这就是该点的原地形标高，标法见下图所示，如果有较精确的地形图，可用插入法求得原地形标高。

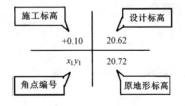

（A）方格网标注位置图

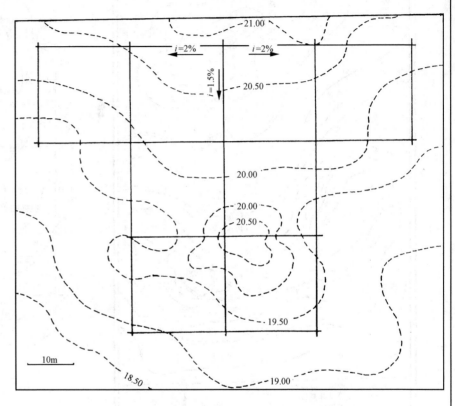

（B）某公园广场方格控制网

图名	用方格网法进行工程量计算（一）	图号	YL1-5（一）

挖填情况	平 面 图 式	立 体 图 式	计 算 公 式
四点全为填方（或挖方）时			$\pm V = \dfrac{a^2 \times \sum h}{4}$
两点填方两点挖方时			$\pm V = \dfrac{a\ (b+c)\ \sum h}{8}$
三点填方（或挖方）一点挖方（或填方）时			$\mp V = \dfrac{b \times c \times \sum h}{6}$ $\pm V = \dfrac{(2a^2 - b \times c)\ \sum h}{10}$
相对两点为填方（或挖方）余两点为挖方（或填方）时			$\mp V = \dfrac{b \times c \times \sum h}{6}$ $\mp V = \dfrac{d \times e \times \sum h}{6}$ $\pm V = \dfrac{(2a^2 - b \times c - d \times e)\ \sum h}{6}$

（A）方格网计算土方量公式

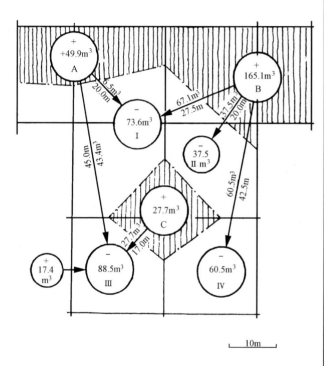

（B）某公园广场土方量调配图

图名	用方格网法进行工程量计算（二）	图号	YL1-5（二）

15

		零 点 线 计 算

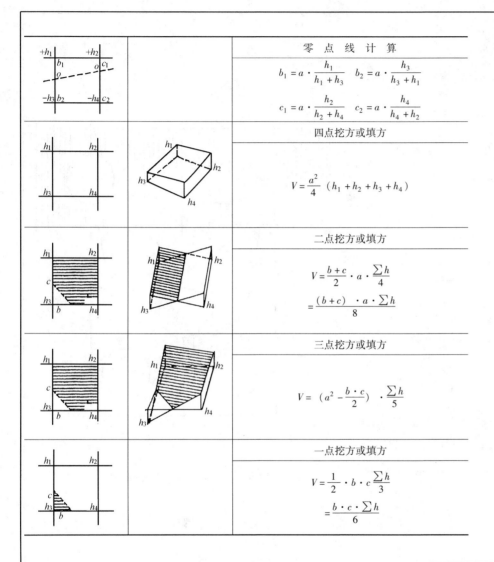

零 点 线 计 算

$$b_1 = a \cdot \frac{h_1}{h_1 + h_3} \qquad b_2 = a \cdot \frac{h_3}{h_3 + h_1}$$

$$c_1 = a \cdot \frac{h_2}{h_2 + h_4} \qquad c_2 = a \cdot \frac{h_4}{h_4 + h_2}$$

四点挖方或填方

$$V = \frac{a^2}{4}(h_1 + h_2 + h_3 + h_4)$$

二点挖方或填方

$$V = \frac{b+c}{2} \cdot a \cdot \frac{\sum h}{4}$$

$$= \frac{(b+c) \cdot a \cdot \sum h}{8}$$

三点挖方或填方

$$V = \left(a^2 - \frac{b \cdot c}{2}\right) \cdot \frac{\sum h}{5}$$

一点挖方或填方

$$V = \frac{1}{2} \cdot b \cdot c \frac{\sum h}{3}$$

$$= \frac{b \cdot c \cdot \sum h}{6}$$

（A）土石方量的方格网计算图式

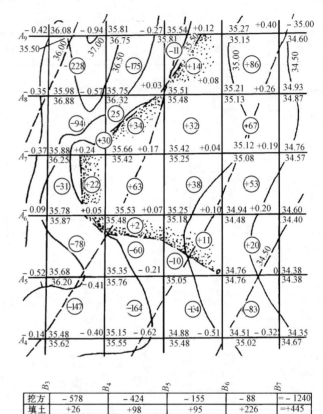

	B_3	B_4	B_5	B_6	B_7
挖方	− 578	− 424	− 155	− 88	= − 1240
填土	+26	+98	+95	+226	=+445

（B）土石方工程量计算方格图

图名	用方格网法进行工程量计算（三）	图号	YL1-5（三）

序号	坡地类型	平面图式	立体图式	H_0 点（或线）的位置	备　　　注
1	单坡向一面坡				场地形状为 正方形或矩形 $H_A = H_B$，$H_C = H_D$ $H_A > H_D$　$H_B > H_C$
2	双坡向双面坡				场地形状同上 $H_P = H_Q$　$H_A = H_B = H_C = H_D$ H_P（或 H_Q）$> H_A$ 等
3	双坡向一面坡				场地形状同上 $H_A > H_B$，$H_A > H_D$ $H_B \geqslant H_D$ $H_B > H_C$，$H_D > H_C$
4	三坡向双面坡				场地形状同上 $H_P > H_Q$，$H_P > H_A$ $H_P > H_B$，$H_A \geqslant H_Q \geqslant H_B$ $H_A > H_D$，$H_B > H_C$，$H_Q > H_C$（或 H_D）
5	四坡向四面坡				场地形状同上 $H_A = H_B = H_C = H_D$ $H_P > H_A$
6	圆锥状				场地形状为圆形 半径为 R 高度为 h 的圆锥体

用图解法计算土方工程量

图名　用方格网法进行工程量计算（四）　图号　YL1-5（四）

17

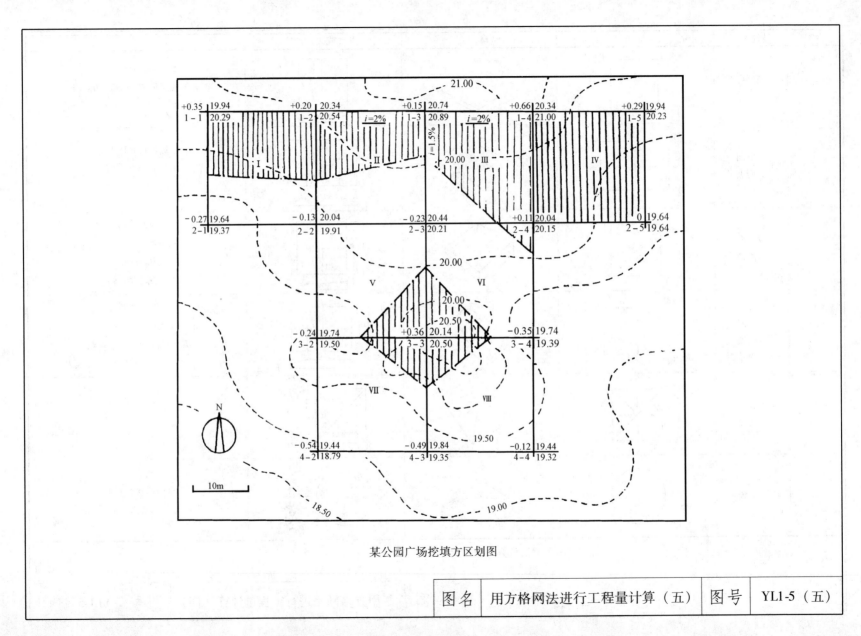

某公园广场挖填方区划图

| 图名 | 用方格网法进行工程量计算（五） | 图号 | YL1-5（五） |

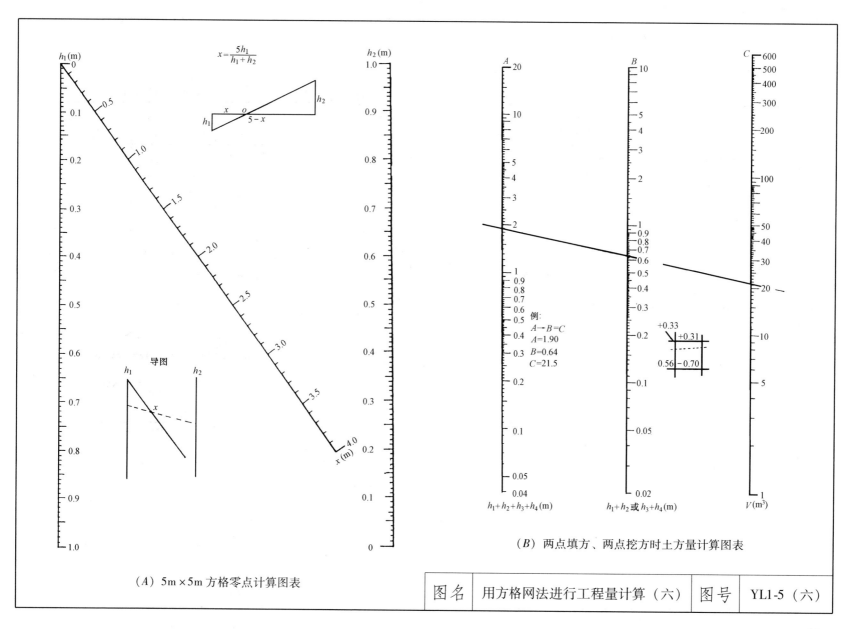

（A）5m×5m 方格零点计算图表

（B）两点填方、两点挖方时土方量计算图表

| 图名 | 用方格网法进行工程量计算（六） | 图号 | YL1-5（六） |

1.3 园林土石方工程的施工

园林土壤的工程分类

级别	编号	名　　称	天然含水量状态下土壤的平均表观密度（kg/m³）	使用直径30mm钻头钻入1m所需时间（min）	开挖方法工具
I	1	砂	1500		用铁锹挖掘
	2	植物性土壤	1200		
	3	壤土	1600		
II	1	黄土类黏土	1600		用锹和略用丁字镐翻松
	2	15mm以内的中小砾石	1700		
	3	砂质黏土	1650		
	4	混有碎石与卵石的腐殖土	1750		
III	1	稀软黏土	1800		用锹和镐局部采用撬棍开挖
	2	15～40mm的碎石及卵石	1750		
	3	干黄土	1800		
IV	1	重质黏土	1950		用锹、镐、撬棍局部采用凿子和铁锤开挖
	2	含有50kg以下块石的黏土块石所占体积＜10%	2000		
	3	含有10kg以下石块的粗卵石	1950		
V	1	密实黄土	1800		由人工用撬棍、镐或用爆破方法开挖
	2	软泥灰岩	1900	小于3.5	
	3	各种不坚实的页岩	2000		
	4	石膏	2200		

土壤的自然倾斜角

土壤名称	土壤含水量			土壤颗粒尺寸（mm）
	干的	潮的	湿的	
砾　石	40°	40°	35°	2～20
卵　石	35°	45°	25°	20～200
粗　砂	30°	32°	27°	1～2
中　砂	28°	35°	25°	0.5～1
细　砂	25°	30°	20°	0.05～0.5
黏　土	45°	35°	15°	<0.001～0.005
壤　土	50°	40°	30°	
腐殖土	40°	35°	25°	

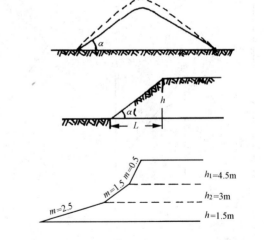

图名	园林土石方工程的施工（一）	图号	YL1-6（一）

永久性土工结构物挖方的边坡坡度

项次	挖 方 性 质	边坡坡度
1	在天然湿度，层理均匀，不易膨胀的黏土、砂质黏土、黏质砂土和砂类土内挖方深度≤3m者	1:1.25
2	土质同上，挖深3~12m	1:1.5
3	在碎石土和泥炭岩土内挖方，深度为12m及12m以下，根据土的性质，层理特性和边坡高度确定	1:1.5~1:0.5
4	在风化岩石内的挖方，根据岩石性质，风化程度，层理特性和挖方深度确定	1:1.5~1:0.2
5	在轻微风化岩石内的挖方，岩石无裂缝且无倾向挖方坡脚的岩层	1:0.1
6	在未风化的完整岩石内挖方	直立的

永久性填方的边坡坡度

项次	土的种类	填方高度（m）	边坡坡度
1	黏土、粉土	6	1:1.5
2	砂质黏土、泥灰岩土	6~7	1:1.5
3	黏质砂土、细砂	6~8	1:1.5
4	中砂和粗砂	10	1:1.5
5	砾石和碎石块	10~12	1:1.5
6	易风化的岩石	12	1:1.5

深度在5m之内的基坑基槽和管沟边坡的最大坡度（不加支撑）

项次	土类名称	人工挖土并将土抛于坑、槽或沟的上边	机械施工 在坑、槽或沟底挖土	机械施工 在坑、槽及沟的上边挖土
1	砂 土	1:0.75	1:0.67	1:1
2	黏质砂土	1:0.67	1:0.5	1:0.75
3	砂质黏土	1:0.5	1:0.33	1:0.75
4	黏 土	1:0.33	1:0.25	1:0.67
5	含砾石卵石土	1:0.67	1:0.5	1:0.75
6	泥灰岩白垩土	1:0.33	1:0.25	1:0.67
7	干黄土	1:0.25	1:0.1	1:0.33

临时性填方的边坡坡度

项次	土的种类	填方高度（m）	边坡坡度
1	砾石土和粗砂土 天然湿度的黏土、	12	1:1.25
2	砂质黏土和砂土	8	1:1.25
3	大石块	6	1:0.75
4	大石块（平整的）	5	1:0.5
5	黄土	3	1:1.5

注：如人工挖土不把土抛于坑、槽和沟的上边，而是随时把土运往弃土场时，则应采用机械在坑、槽、沟底挖土时的坡度。

图名	园林土石方工程的施工（二）	图号	YL1-6（二）

岩石边坡坡度允许值

石质类别	风化程度	坡度允许值（高宽比）	
		坡高在8m以内	坡高8~15m
硬质岩石	微风化	1:0.10~1:0.20	1:0.20~1:0.35
	中等风化	1:0.20~1:0.35	1:0.35~1:0.50
	强风化	1:0.35~1:0.50	1:0.50~1:0.75
软质岩石	微风化	1:0.35~1:0.50	1:0.50~1:0.75
	中等风化	1:0.50~1:0.75	1:0.75~1:1.00
	强风化	1:0.75~1:1.00	1:1.00~1:1.25

一般土壤自然放坡坡度允许值

序号	土壤类别	坡度允许值（高宽比）
1	黏土、粉质土、亚砂土、砂土（不包括细砂、粉砂），深度不超过3m	1:1.00~1:1.25
2	土质同上，深度3~12m	1:1.25~1:1.50
3	干燥黄土、类黄土，深度不超过5m	1:1.00~1:1.25

不同的土质自然放坡坡度允许值

土质类别	密实度或黏性土状态	坡度允许值（高宽比）	
		坡高在5m以下	坡高5~10m
碎石类土	密实	1:0.35~1:0.50	1:0.50~1:0.75
	中密实	1:0.50~1:0.75	1:0.75~1:1.00
	稍密实	1:0.75~1:1.00	1:1.00~1:1.25
老黏性土	坚硬	1:0.35~1:0.50	1:0.50~1:0.75
	硬塑	1:0.50~1:0.75	1:0.75~1:1.00
一般黏性土	坚硬	1:0.75~1:1.00	1:1.00~1:1.25
	硬塑	1:1.00~1:1.25	1:1.25~1:1.50

土壤的自然倾斜角

土壤名称	土壤干湿情况			土壤颗粒尺寸（mm）
	干的	潮的	湿的	
砾石	40°	40°	35°	2~20
卵石	35°	45°	25°	20~200
粗砂	30°	32°	27°	1~2
中砂	28°	35°	25°	0.5~1
细砂	25°	30°	20°	0.05~0.5
黏土	45°	35°	15°	<0.001~0.005
壤土	50°	40°	30°	
腐殖土	40°	35°	25°	

图名	园林土石方工程的施工（三）	图号	YL1-6（三）

各 级 土 壤 的 可 松 性

序 号	土 壤 的 级 别	体积增加百分比		可松性系数	
		最 初	最 后	K_P	K'_P
1	Ⅰ（植物性土壤除外）	8～17	1～2.5	1.08～1.17	1.01～1.025
2	Ⅰ（植物性土壤、泥炭、黑土）	20～30	3～4	1.20～1.30	1.03～1.04
3	Ⅱ	14～28	1.5～5	1.14～1.30	1.015～1.05
4	Ⅲ	24～30	4～7	1.24～1.30	1.04～1.07
5	Ⅳ（泥灰岩蛋白石除外）	26～32	6～9	1.26～1.32	1.06～1.09
6	Ⅳ（泥灰岩蛋白石）	33～37	11～15	1.33～1.37	1.11～1.15
7	Ⅴ～Ⅶ	30～45	10～20	1.30～1.45	1.10～1.20
8	Ⅷ～ⅩⅥ	45～50	20～30	1.45～1.50	1.20～1.30

土方工程外形尺寸的允许偏差和检验方法

序 号	项 目	允 许 偏 差（mm）					检 验 方 法
		柱基、基坑、基槽、管沟	挖方、填方、场地平整		排水沟	地基（路）面层	
			人工施工	机械施工			
1	标 高	+0 -50	±50	±100	+0 -50	+0 -50	用水准仪检查
2	长度、宽度（由设计中心线向两边量）	-0	-0	-0	+100 -0	—	用经纬仪、拉线和尺量检查
3	边坡坡度	-0	-0	-0	-0	—	观察或用坡度尺检查
4	表面平整度	—	—	—	—	20	用2m靠尺和楔形塞尺检查

图名	园林土石方工程的施工（四）	图号	YL1-6（四）

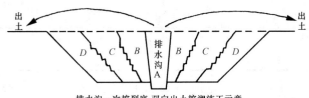

排水沟一次挖到底,双向出土挖湖施工示意

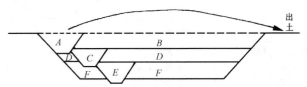

排水沟分层挖掘,单向出土挖湖施工示意A、C、E均为排水沟

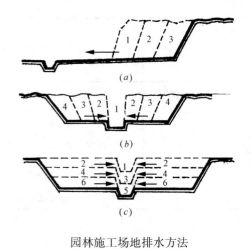

园林施工场地排水方法

园林建设施工中土石方平衡表

序　号	土石方工程名称	单　位	填方量	挖方量
1	挖湖、挖水池及沟渠	m³		
2	堆　土　山	m³		
3	建筑物、构筑物基础	m³		
4	园路、园景广场	m³		
5	……			
合　　计		m³		
土壤松散系数增减量		m³		
总　　计		m³		

几种土壤的松散系数

系数名称	土　壤　种　类	系　数（%）
松散系数	非黏性土壤（砂、卵石）	1.5～2.5
	黏性土壤（黏土、粉质黏土、砂质粉土）	3.0～5.0
	岩石类土壤	10.0～15.0
压实系数	大孔性土壤（机械夯实）	10.0～15.0

图名	园林土石方工程的施工（五）	图号	YL1-6（五）

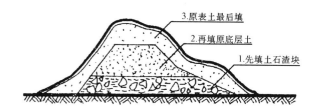

3.原表土最后填

2.再填原底层土

1.先填土石渣块

（A）土方分层填实

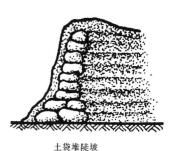

土袋堆陡坡　　　　　　　　山石做崖壁

（B）陡坡悬崖的堆土结构

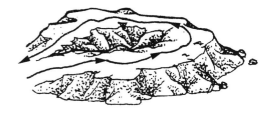

（C）土山的堆卸土路线

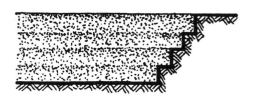

（D）斜坡填土法

图名	园林土石方工程的施工（六）	图号	YL1-6（六）

25

2 园林景观地形的设计

2.1 概述

园林景观地形的类型与造景设计

序号	分类		园林景观地形的类型与造景设计	简明示意图
1	园林绿地的平地与造景设计		园林绿地的平地一般指园林地形中坡度小于3%的比较平坦的用地。现代园林绿地中必须设计出一定比例的平地，以便于群众性的活动及风景游览的需要。一般情况下，园林所需要平地条件的规划项目主要有：草坪与草地、园景广场、建筑用地、集散广场、花坛群用地、停车场、回车场、游乐场、苗圃用地、旱冰场、露天茶室、露天舞场、露天剧场等	\n\n北海琼岛春阴建筑群
		对有山有水的造景	在有山有水的公园中，平地可以看成山地和水体的过渡地带。为了平缓地过渡，平地的坡度可按渐变的坡率布景，由坡地20%、10%、5%的坡度，至平地的3%坡度直到临水体边时0.3%的缓坡，然后徐徐伸入水中。这种坡面渐变的处理没有生硬的转折，能够平顺舒展地从坡地过渡到平地和水面。这样的平缓地带可供多人集体活动，也是多人观赏风景的好位置	
		对平地挖湖堆山的造景	在园林绿地地形的设计中，可以利用平地地形进行挖湖堆山，是营造园林山景和水景的常用处理方式。例如：北京的北海琼岛山顶白塔是整个北海园林中的制高点，这里完全是靠人工挖湖堆山而成，山南坡寺沿南北中轴线对称布局，堆云积翠桥南以团城承光殿为对景，白塔高耸天际与远处的景山、故宫互为借景。\n平地的造景作用还体现在可用来修建花坛、培植草坪等。用图案化、色彩化的花坛群和大草坪来美化装饰地面，可以构成园林中美丽多姿的、如诗如画的地面景观	
		平坦地形与景观统一的造景	平坦的地形还可以作为统一协调园林景观的要素。它从视觉和功能方面将景观中多种成分相互交织在一起，统一成整体。一般的平地中，景物比较多，容易产生前景遮掩后景的现象，再加上经过空间分隔的处理，一块平地被分隔为几块小平地。这样，在一块小平地上看不到另一块平地，即使有不统一的地方，也不能相互见到。因此，平地地形具有统一空间景观的作用，也容易协调和统一	平地地形与景观的统一

图名	**园林景观地形的类型与设计（一）**	图号 　YL2-1（一）

序号	分类		园林景观地形的类型与造景设计	简明示意图
1	园林绿地的平地与造景设计	平地有利于营造植物景观	（1）园林树木与草地植被在平地上可获得最佳的生态环境，能够创造出四季不同的季节景观。而如何形成合理的植物群落结构，也与地形有着不可分割的关系。 （2）一般的平地植物空间可分为林下空间、草坪空间、灌草丛空间等，这些空间形状都能够在平地条件下获得最好的景观表现。对地面的形状、起伏、变化等进行系列的处理，都能获得变化多端、扑朔迷离的植物景观效果。例如：杭州西泠印社是我国成立最早的著名印学社团，以篆刻书画创作、研究的卓越成就和丰富的艺术收藏在海内外久享盛誉。其山庭位于小孤山，围绕天然泉池所建之石室、亭、阁、经塔等，均采用自由式布局，手法优美。沿池岸石壁有雕像，面向西湖一侧的四照阁，凭窗可远眺妩媚的湖光山色。 （3）从地表径流的情况来看，平地的径流速度最慢，有利于保护地形环境，可以减少水土流失，维持地表的生态平衡。但是，在平地上要特别强调排水的通畅，地面要尽可能避免积水。 （4）为了排除园林地面的水，要求平地也应具有一定的坡度。坡度大小可根据地被植物覆盖和排水坡度而定。 （5）根据现场施工的经验：草坪坡度在1%～3%比较理想；花坛、树木种植带宜在0.5%～2%之间；铺装硬地坡度宜在0.3%～1%之间	 杭州西泠印社山庭
		在湖水中造景	（1）园林建筑立意中十分强调景观的效果，突出艺术意境的创造，绝对不能理解为不需要重视建筑的功能，在考虑艺术意境的过程中，有两个最重要的基本因素必须结合进去，否则景观与意境就会是无本之木，无源之水。 （2）景观或意境不是彼此孤立的，在组景时需要综合地考虑。例如：在五光十色的湖中造景，会起到锦上添花的效果，著名的杭州"三潭印月"就是一例。"三潭印月"位于西湖中心，这是在宽广波涛的湖水中增添一道靓丽的景观，该景点主要由两座亭子连以曲桥而成。碑亭为单檐六角攒尖顶，碑刻有"三潭印月"题字。 （3）"三潭印月"的南面长亭为歇山顶，亭南设为水平台，可眺望浮于水面的石潭三座，每于月夜，倒影摇曳，景色十分迷人，令人心旷神怡	 杭州三潭印月

图名 **园林景观地形的类型与设计（二）** 图号 **YL2-1（二）**

序号	分类	园林景观地形的类型与造景设计	简明示意图

<table>
<tr>
<td rowspan="2">2</td>
<td rowspan="2">园林绿地的坡地与造景设计</td>
<td colspan="2">园林绿地中的坡度就是指倾斜的地面，倾斜的地面能使园林的空间具有较好的方向性和倾向性，能让设计者发挥更大空间的创造性与想象力。坡地完全打破了平地地形的单调，具有明显的地形起伏变化，能很好地增加地形的生动性。坡地的园林绿地又因地面倾斜程度的不同，可以分为缓坡绿地、中坡绿地和陡坡绿地三种主要地形</td>
</tr>
</table>

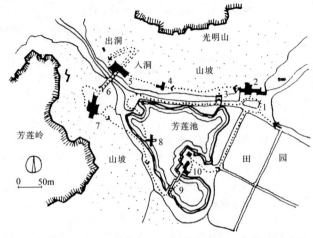

1—停车场；2—餐馆、休息室；3—上山入口；4—山廊；5—建筑；6—跨谷天桥；7—接待室；8—水榭；9—同甘共苦桥；10—冰室、亭

| 缓坡地形 | （1）园林绿地的坡度一般控制在 3%～10% 之间，但是对于布置道路和建筑均不受地形的约束。对于缓坡绿地也可以作为活动场地、游戏草坪等的用地。
（2）用缓坡地来栽种树木作为风景林，树木都能生长良好。如若在缓坡地上成群成片地栽种色叶树种和花木树种，就能够充分发挥植物的色彩造景作用和季节特色景观作用。如栽植梅林、红叶李林、桃花林、红枫林、黄连木林、梨树林、樱花林、松柏林、竹林等，就能创造出一个美丽多彩的季节景观，并且能使这些树木有一个良好的生态环境。
（3）在缓坡地上建造园林绿地，还可以开辟面积不太大的园林水体。为减少土石方工程量的施工，水体的长轴一般应尽可能做到与坡地等高线平行，能体现奇山奇水较好地融为一体。
（4）在缓坡园林绿地里若想开辟面积较大的水体，可以采用不同水面高程的几块水体聚合在一起的方法，尽量扩大水体的空间感。
（5）我国著名的旅游胜地——桂林山水风景区之一的"芳莲池"两岸，山水真正是秀丽多姿，令国内外无数游人流连忘返。"芳莲池"旁边就是有名的石钟乳岩洞——芦笛岩，她是桂林山水的一颗璀璨明珠，是一个以游览岩洞为主、观赏山水田园风光为辅的风景名胜区，洞内有大量奇麓多姿、玲珑剔透的石笋、石乳、石柱、石幔、石花，琳琅满目，组成狮岭朝霞、红罗宝帐、盘龙宝塔、原始森林、水晶宫、花果山等景观，增加无奇不有的神秘感，为游赏美丽的桂林山水达到锦上添花。
（6）桂林市城市规划局为了将两个景点有机地结合为一体，既要遵照风景区总体规划符合游览功能要求，又要使整个风景区的环境达到理想条件，而后，按照环状游览路线来布置景点 | 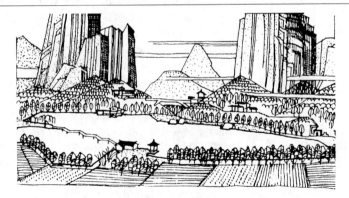
桂林芳莲池景区 |

图名	园林景观地形的类型与设计（三）	图号	YL2-1（三）

序号	分类	园林景观地形的类型与造景设计	简明示意图
2	园林绿地的坡地与造景设计	中坡地形	（1）园林绿地的坡度在 10%～25% 之间，高度差异在 2～3m。在这种坡地上布置园路，都要做成梯道，布置建筑物时也必须设梯级道路。这种坡度地形的条件对修建建筑物限制较大，建筑一般要顺着等高线布置，即使这样，也要进行一些地形改造的土方工程，才能修建房屋。 （2）对于园林绿地的中坡地形，不适宜占地面积较大的建筑群；除溪流之外，也不适宜开辟人工湖、池塘等较宽的水体。如若将植物景观设计在中坡地段也是可以的，既可以像缓坡地一样用植物造景，也可以营造绿化风景林，来覆盖整个坡地。 （3）当园林绿地的地形处于中坡时，比较适宜于利用此种地形条件来创造空间和组织空间序列。 （4）园林空间的限制与园内视野方面的限制是紧密相关的，通过改造园林绿地的地形或者组织游览路线，就能在园林景观中将风景视线顺序地导向某一特定的系列景点，从而形成一定的空间景观序列，使风景顺序地、一步步地展现出来，这就是通常所称的"步移景异"、"渐入佳境"、"引人入胜"的序列景观效果。当观赏者仅看到景物的一部分时，就能对其后续的部分产生好奇与期望。 （5）园林绿地的中坡地形可适用于许多造园情况。不仅可以把中坡地用作土山的余脉、主峰的配景或者平地的外缘，也可以用来作为某景物的背景、障景或隔景，而且还可以用其组织园内交通，以防止游人随意地穿越园林绿地。 （6）园林绿地的设计者要特别引起重视：在进行造园构图的时候，不但要注意地形的方圆偏正，而且还要注意地形的各种走向去势。 （7）设计构思者必须根据具体的地形条件，做出各种削高填低，尽可能少动或者不动土方，将坡地改造成有起有伏、弯弯曲曲的地形，种上一些奇花异草，使游客如走进一个梦幻般的、仙境般的奇妙景观。例如：著名的苏州怡园"螺髻亭"就是建立在中坡的园林绿地上，怡园"螺髻亭"的左右都是人工加工而成景色，主要起衬托亭子的作用。该亭小巧玲珑、亲切近人，亭檐举手可触，亭周环以花卉，亭外池岸曲折，峰回路转，姿态万千，一切景物都回旋变化于咫尺	 坡地上递进的风景视线 苏州怡园螺髻亭

图名	园林景观地形的类型与设计（四）	图号	YL2-1（四）

序号	分类	园林景观地形的类型与造景设计	简明示意图
2	园林绿地的坡地与造景设计 陡坡地形	（1）当园林绿地的坡度在25%以上时则为陡坡地，陡坡地一般难以作为活动场地或水体造景用地。若开辟活动场所，也只限于小面积的，且土方工程大。有如下几种情况： 1）当布置园林建筑时，则土方施工的工程量更大，建筑群布置要受到较大的限制； 2）当布置游览道路时，必须做成较陡的、具有一定艺术水平的梯步道路，施工的难度也随着坡度的增大而增大； 3）如若安排有一定交通能力的道路，则需要根据地形曲折盘旋而上，做成盘山道路，其施工的工程相当大，且又有施工难度。 （2）从地形的稳定性来看，陡坡地的状态不太好，因为其滑坡甚至塌方的可能始终存在。因此，在陡坡地段的地形设计中要认真考虑护坡的措施，例如采用挡土墙、锚杆加固或者表层喷射水泥混凝土等。 （3）在陡坡地段栽种树木较为困难，因为陡坡的水土流失严重，坡面表层薄，许多地段还是岩石露头地，种植树木难以成活，要把树木种植处的坡面改造为小块的平整台地，或者利用岩石之间的空隙栽种树木，且所选择的树木必须以能够耐干旱的灌木种类为主。 （4）园林绿地在陡坡地形的上部时，适宜点缀少量占地不大的亭、廊、轩等风景性建筑物。在这种地形上，其视野开阔，观景条件好，所造景的效果很好。在进行小量的土方工程后，就可以把以小型建筑为主的坡地景点建设好。例如：桂林伏波山矗立于漓江西岸，山石脉络以竖直为主，"听涛阁"建于半山，站在"听涛阁"内可俯借漓江烟云声浪。建筑轮廓高低起伏，阳台做大的悬挑，由栏杆、雨棚、房檐所构成的水平线条与山体形成对比，使建筑与伏波山结合得生动、自然。 （5）地形景观规划应对原地形充分利用和改造，合理安排各种地面的坡度和高程，使所在的山、水、植物、建筑、园林景观工程等满足造景的需要。同时，要使坡地能有良好的排水坡面，并能够有效地防止滑坡和塌方，同时又能创造出和谐的、平衡的园林生态环境	 桂林伏波山听涛阁

图名	园林景观地形的类型与设计（五）	图号	YL2-1（五）

序号	分类	园林景观地形的类型与造景设计	简明示意图
3	园林绿地的山地与石山的造景设计	**山地的石山的栽培** （1）山地和石山地的植物生存条件比较差，适于抗旱性能好、生命力强的植物生长。但是，利用悬崖边石壁上、石峰顶等险峻地点的石缝石穴，配植形态优美的青松、红枫等风景树。这就是说山地的地形也可以丰富园林植物的栽植条件和景观形式。 （2）石山上最为典型的是著名的风景区，如山东的泰山、安徽的黄山等山顶、山脊上都有一些"迎客松"，给景区创造出了无限的生机。 （3）还有著名的旅游胜地——桂林七星岩普陀精舍的一组建筑位于普陀山北面山腰，巧据了山岩隐蔽之处，底部利用一大群山石，划入山门后的过渡空间和内部较大而幽隐的封闭庭园空间，这些庭园前、后、左、右石缝内生长出来的各种树木也不错。 七星岩至今已有一百多万年的历史，是一段地下河道，在地壳运动后，河道上升，露出地面，成为岩洞。在漫长的岁月里，雨水沿洞顶不断渗入，溶解石灰石，并在洞内结晶，于是形成了现在人们见到的千姿百态、玉雪晶莹的石钟乳、石柱、石笋、石幔等 **园林水体及其造景** （1）水体是园林的重要地形要素和造景要素，园林水体面积常常很大，有的甚至占了全园面积的2/3。 （2）水景是园林环境空间中最重要的一类风景，许多园林常以水为主题，因水而得景，充分利用水的流动、多变、透明、轻灵等特点，艺术地再现自然景色。 （3）用水来造景，动静相补、声色相衬、虚实相映、层次丰富，有水则景活，按自然景观形成、变化和发展的规律来营造水景，才能创造出生动自然的水景效果。 （4）按照景观的动静状态，园林水体可分为：河流、瀑布、喷泉等动态的水景和湖、池、水生植物等静态的水景两大类。 不同类别的园林水体，可分别适应于不同的园林环境，例如： 1）国内外许多大型园林广场上都布置了动态的水景——喷泉、涌泉等； 2）庭院环境中，可设观鱼池、壁泉等； 3）石假山的悬崖处，可布置瀑布和滴泉等； 4）幽静的林地、假山山谷地带，可设小溪和山洞等。例如苏州拙政园的"香洲"、怡园的"画舫斋"都是比较典型的实景	 桂林七星岩普陀精舍 苏州拙政园的"香洲"

图名	园林景观地形的类型与设计（六）	图号	YL2-1（六）

2.2 园林景观的竖向设计

园林绿地竖向设计的基本原则与主要任务

序号	分 类		园林绿地竖向设计的基本原则与主要任务
1	竖向设计基本原则	功能优先，造景并重	进行竖向设计时，首先要考虑绿地地形的起伏高低变化能够适应各种功能设施的需要。对建筑、场地等的用地，要设计为平地地形；对水体用地，要调整好水底标高、水面标高和岸边标高；对园路用地，则依山随势，灵活掌握，只控制好最大纵坡、最小排水坡度等关键的地形要素。在此基础上，同时注重地形的造景作用，尽量使地形变化适合造景需要
		利用为主，改造为辅	在园林绿地开发过程中，对原有的自然地形、地势、地貌要深入分析，能够利用的就应尽量地利用；做到尽量不动或少动原有地形与现状植被，以便较好地体现原有乡土风貌和地方的环境特色。在结合园林各种设施的功能需要、工程投资和景观需要等多方面综合因素的基础上，采取必要的措施，进行局部的、小范围的地形改造
		因地制宜，顺应自然	造园还应因地制宜，宜平处不要设计为坡地，不宜种植处也不要设计为林地。地形设计要顺应自然，自成天趣。景物的安排、空间的处理、意境的表达等都要力求依山就势、高低起伏、前后错落、疏密有致、灵活自由。就低凿池，就高堆山，使园林绿地的地形符合自然山水规律，达到"虽由人作，宛自天开"的境界。同时，也要使园林建筑与自然地形紧密结合，浑然一体，仿佛天然生就
		就地取材，就近施工	园林绿地的地形改造工程在现有技术条件下，是造园经费开支比较大的项目，如若能够在这方面节约资金，其经济上的意义是很大的。就地取材无疑是最为经济的做法。自然植被的直接利用、建筑用石材、河砂等的就地取用，都能够节约大量的经费开支。因此，园林绿地的地形设计中，要优先考虑使用现有的天然材料和本地生产的材料
		填挖结合，土方平衡	地形竖向设计必须与园林总体规划及主要建设项目的设计同步进行。不论在规划中还是在竖向设计中，都要考虑使地形改造中的挖方工程量和填方工程量基本相等，也就是要使土方平衡。当挖方量大于填方量较多时，也要坚持就地平衡，在园林内部堆填处理。当挖方量小于应有的填方量时，也还要坚持就近取土，就近填方，减少工程开支
2	园林竖向设计主要任务	确定园林坡度与标高	根据市政园林施工规划要求，确定园林中道路、场地的标高和坡度时，应当使之与场地内的建筑物、构筑物的有关标高相适应，使场地标高与道路连接处的标高相适应。在确定园林绿地原有地形的各处坡地、平地标高和坡度是否继续适用时，如若不能够满足规划的功能要求，则确定相应的地面设计标高和场地的整平标高
		园林竖向设计	应用设计等高线法、纵横断面设计法等，对园林内的湖区、土山区、草坪区等进行改造地形的竖向设计，使这些区域的地形能够适应各自造景和功能的需要
		确定排水系统	在园林绿地的设计过程中，还要拟定园林各处场地的排水组织方式，确定全园的排水系统，保证全园排水通畅，保证园林绿地的道路、地面不积水，同时也不受山洪的冲刷
		确定土石方	计算土石方的工程量，进行设计标高的调整，使挖方量和填方量接近平衡；并做好挖、填土方量的调配安排，尽量使土石方工程总量达到最小。根据排水和护坡的实际需要，合理配置必要的排水构筑物，如截水沟、排洪沟渠和挡土墙、护坡等，建立完整的排水管渠系统

图名	园林景观竖向设计原则与任务	图号	YL2-2

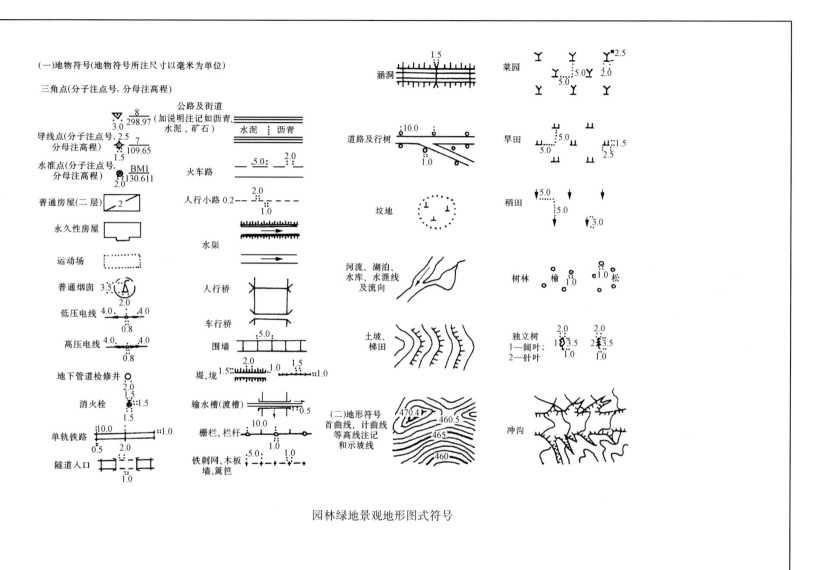

园林绿地景观地形图式符号

| 图名 | 园林景观地形的图式符号 | 图号 | YL2-3 |

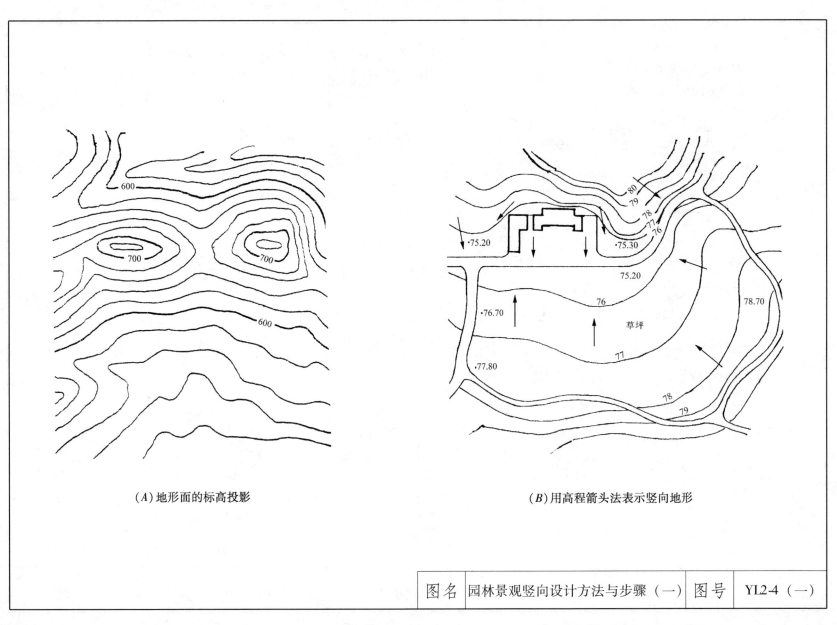

(A)地形面的标高投影

(B)用高程箭头法表示竖向地形

| 图名 | 园林景观竖向设计方法与步骤（一） | 图号 | YL2-4（一） |

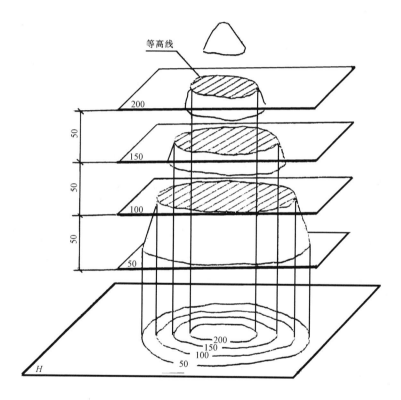

（A）地形面的表示法

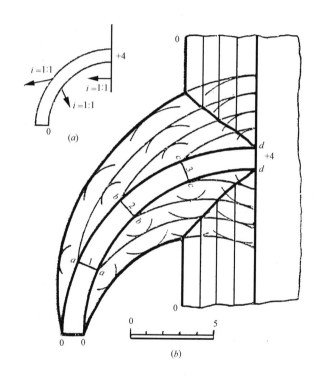

（B）作同坡曲面上的等高线

（a）已知条件　　（b）作图结果

| 图名 | 园林景观竖向设计方法与步骤（二） | 图号 | YL2-4（二） |

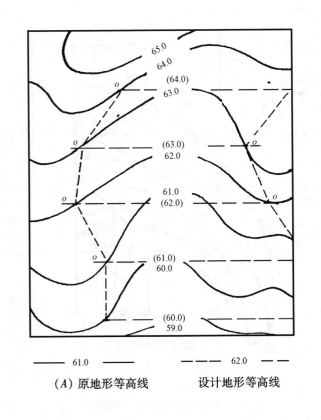

65.0
64.0
(64.0)
63.0

(63.0)
62.0

61.0
(62.0)

(61.0)
60.0

(60.0)
59.0

—— 61.0   ————— 62.0 —————

（A）原地形等高线　　　设计地形等高线

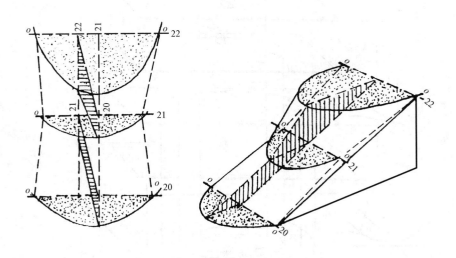

（B）削平山脊等高线设计

图名	园林景观竖向设计方法与步骤（三）	图号	YL2-4（三）

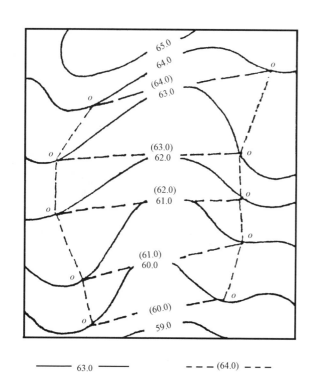

65.0
64.0
(64.0)
63.0
(63.0)
62.0
(62.0)
61.0
(61.0)
60.0
(60.0)
59.0
63.0
(64.0)

(A) 原地形等高线　设计地形等高线

22
21
20
21
22
21
20
22
21
20

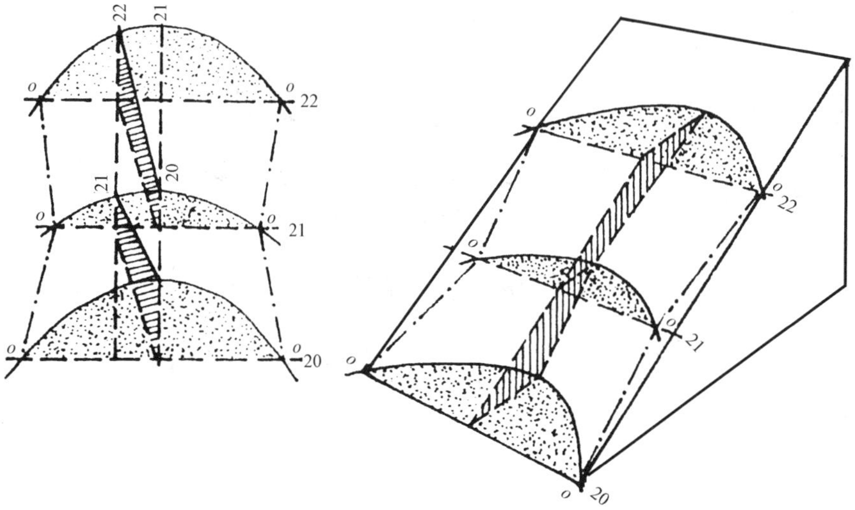

(B) 平垫沟谷的等高线设计

图名	园林景观竖向设计方法与步骤（四）	图号	YL2-4（四）

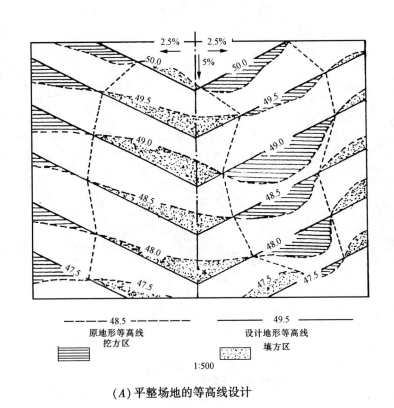

2.5%
2.5%
5%
50.0
50.0
49.5
49.5
49.0
49.0
48.5
48.5
48.0
48.0
47.5
47.5
47.5
47.5
48.5
原地形等高线
挖方区
49.5
设计地形等高线
填方区
1:500

(*A*) 平整场地的等高线设计

i_2
g
e
d
f
h
c
a
b
i_3
i_2
i_2
i_3
ΔH
L_1
L_2
L_2
L_1

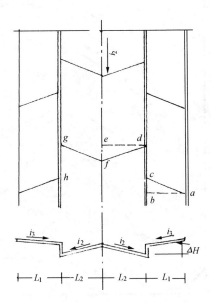

(*B*) 园林道路等高线设计

图名	园林景观竖向设计方法与步骤（五）	图号	YL2-4（五）

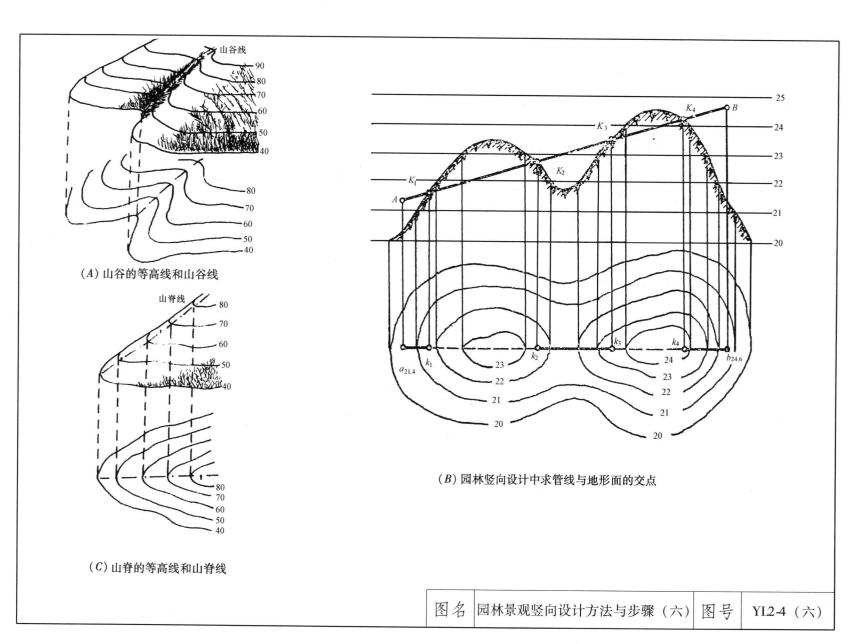

（A）山谷的等高线和山谷线

（C）山脊的等高线和山脊线

（B）园林竖向设计中求管线与地形面的交点

| 图名 | 园林景观竖向设计方法与步骤（六） | 图号 | YL2-4（六） |

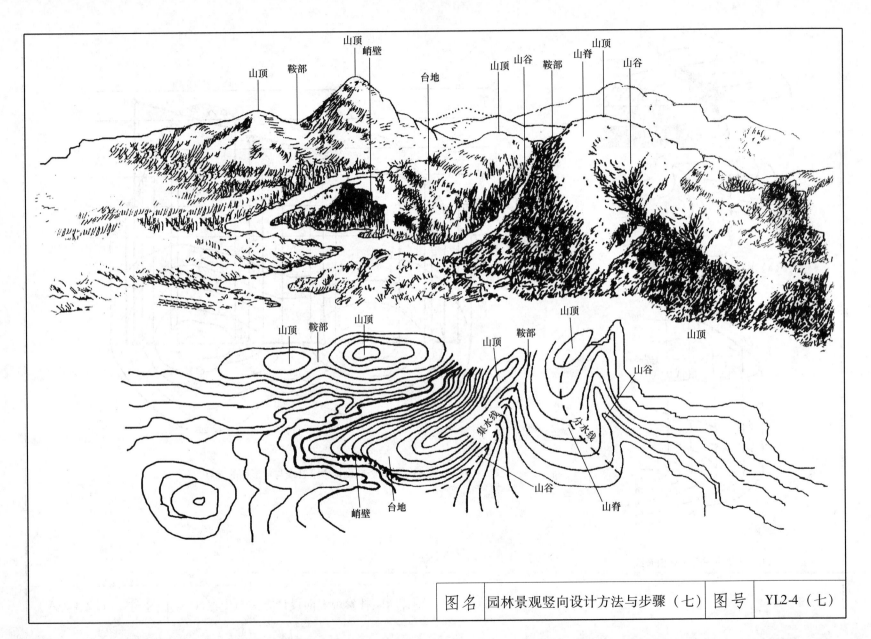

山顶　鞍部　山顶　峭壁　台地　山顶　山谷　鞍部　山脊　山顶　山谷

山顶　鞍部　山顶　山顶　鞍部　山顶　山谷　山顶

集水线　分水线　山谷　山脊　峭壁　台地

| 图名 | 园林景观竖向设计方法与步骤（七） | 图号 | YL2-4（七） |

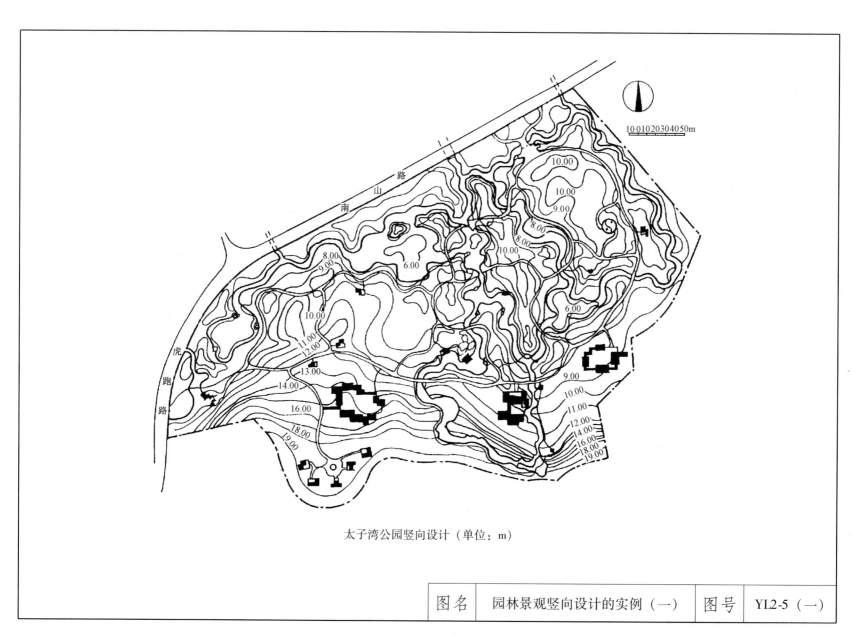

太子湾公园竖向设计（单位：m）

| 图名 | 园林景观竖向设计的实例（一） | 图号 | YL2-5（一） |

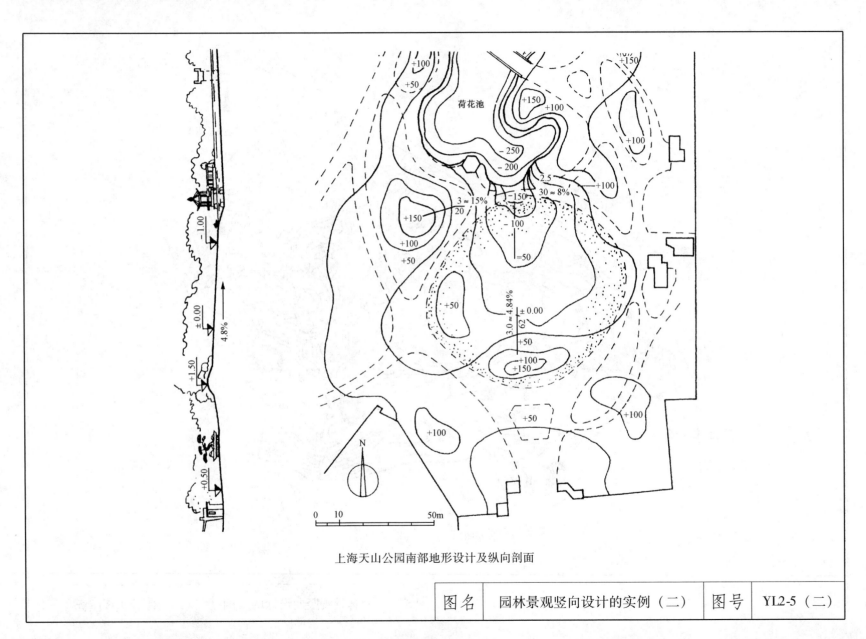

上海天山公园南部地形设计及纵向剖面

| 图名 | 园林景观竖向设计的实例（二） | 图号 | YL2-5（二） |

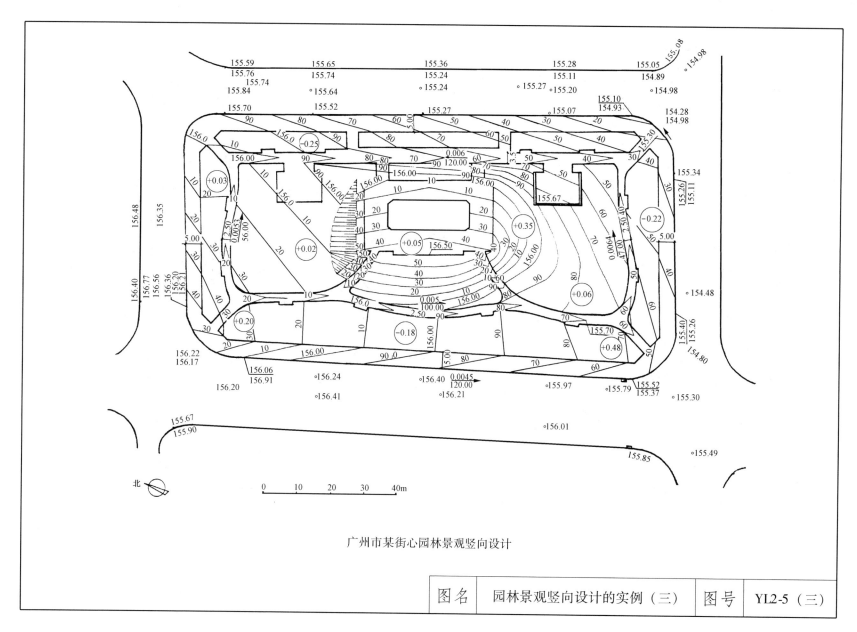

广州市某街心园林景观竖向设计

| 图名 | 园林景观竖向设计的实例（三） | 图号 | YL2-5（三） |

45

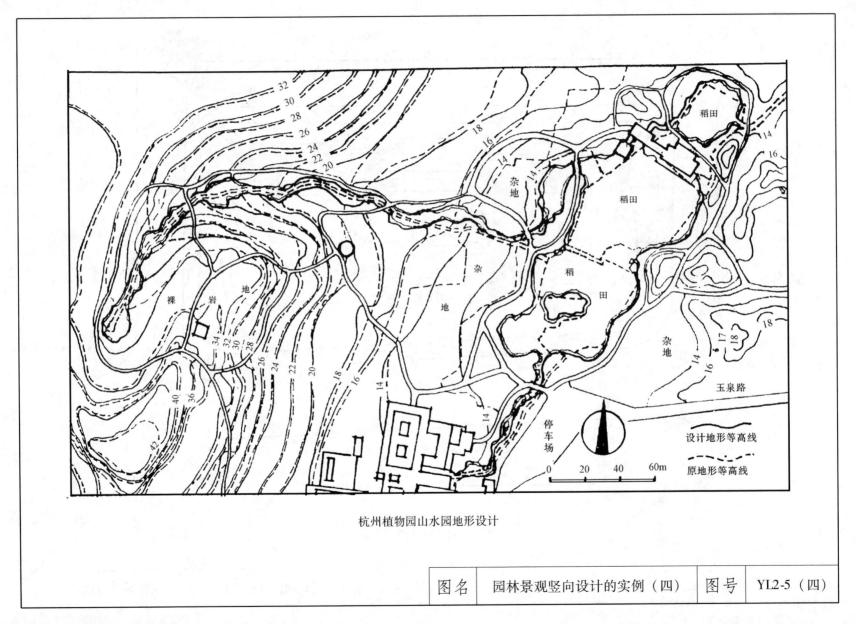

稻田

杂地

稻田

稻田

杂地

裸　岩　地

杂　地

玉泉路

停车场

设计地形等高线
原地形等高线

0　　20　　40　　60m

杭州植物园山水园地形设计

图名	园林景观竖向设计的实例（四）	图号	YL2-5（四）

2.3 园林景观的平面设计实例

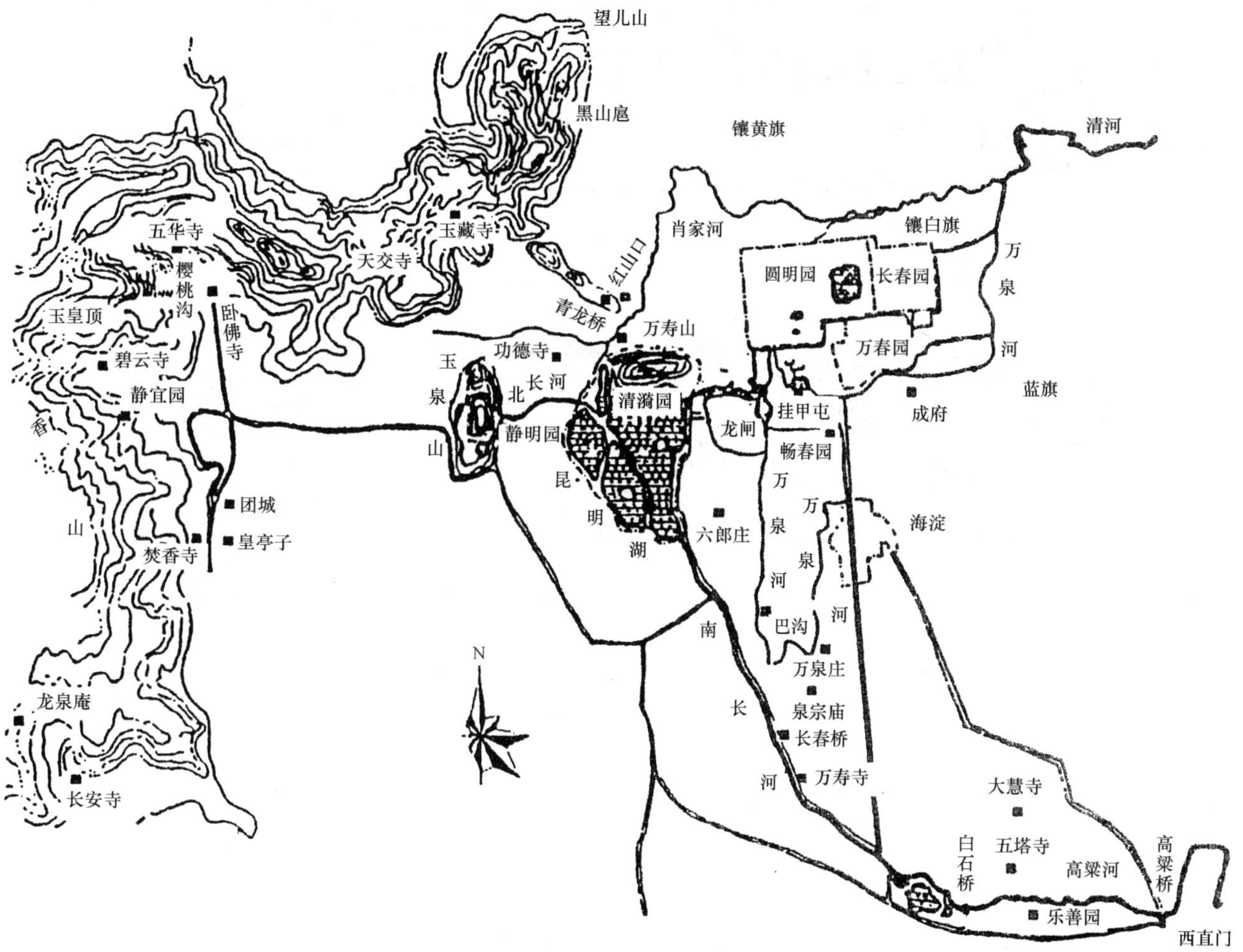

清代北京西郊园林景观平面图设计

图名	园林景观平面图设计实例（一）	图号	YL2-6（一）

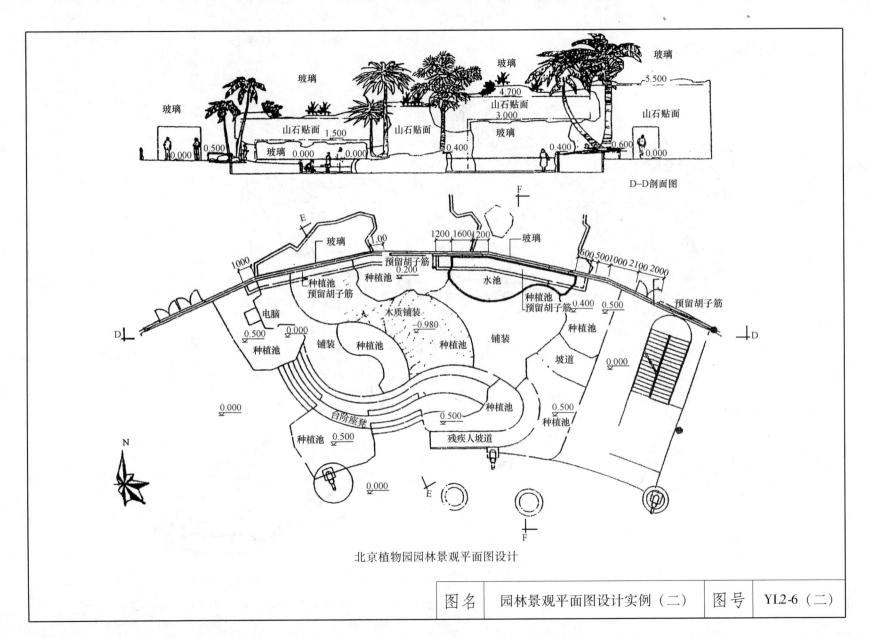

玻璃　玻璃　玻璃　玻璃

山石贴面　3.000
山石贴面　1.500　山石贴面　玻璃　山石贴面

4.700　5.500

0.500　玻璃　0.000　0.000　0.400　0.400　0.600

0.000　0.000

D–D剖面图

北京植物园园林景观平面图设计

| 图名 | 园林景观平面图设计实例（二） | 图号 | YL2-6（二） |

48

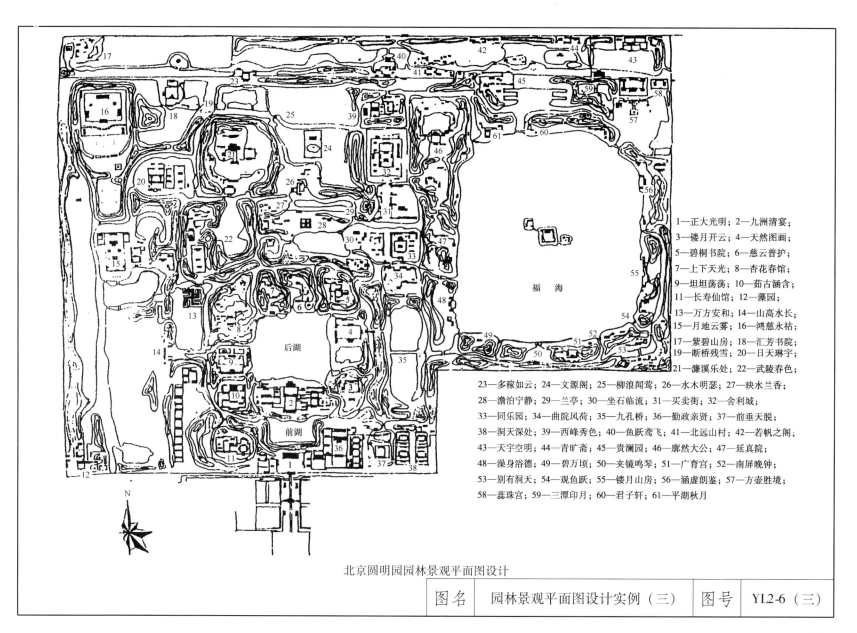

1—正大光明；2—九洲清宴；
3—镂月开云；4—天然图画；
5—碧桐书院；6—慈云普护；
7—上下天光；8—杏花春馆；
9—坦坦荡荡；10—茹古涵今；
11—长寿仙馆；12—藻园；
13—万方安和；14—山高水长；
15—月地云雾；16—鸿慈永祜；
17—紫碧山房；18—汇芳书院；
19—断桥残雪；20—日天琳宇；
21—濂溪乐处；22—武陵春色；

23—多稼如云；24—文源阁；25—柳浪闻莺；26—水木明瑟；27—映水兰香；
28—澹泊宁静；29—兰亭；30—坐石临流；31—买卖街；32—舍利城；
33—同乐园；34—曲院风荷；35—九孔桥；36—勤政亲贤；37—前垂天脱；
38—洞天深处；39—西峰秀色；40—鱼跃鸢飞；41—北远山村；42—若帆之阁；
43—天宇空明；44—青旷斋；45—贵澜园；46—廓然大公；47—延真院；
48—澡身浴德；49—碧万顷；50—夹镜鸣琴；51—广育宫；52—南屏晚钟；
53—别有洞天；54—观鱼跃；55—镂月山房；56—涵虚朗鉴；57—方壶胜境；
58—蕊珠宫；59—三潭印月；60—君子轩；61—平湖秋月

北京圆明园园林景观平面图设计

图名	园林景观平面图设计实例（三）	图号	YL2-6（三）

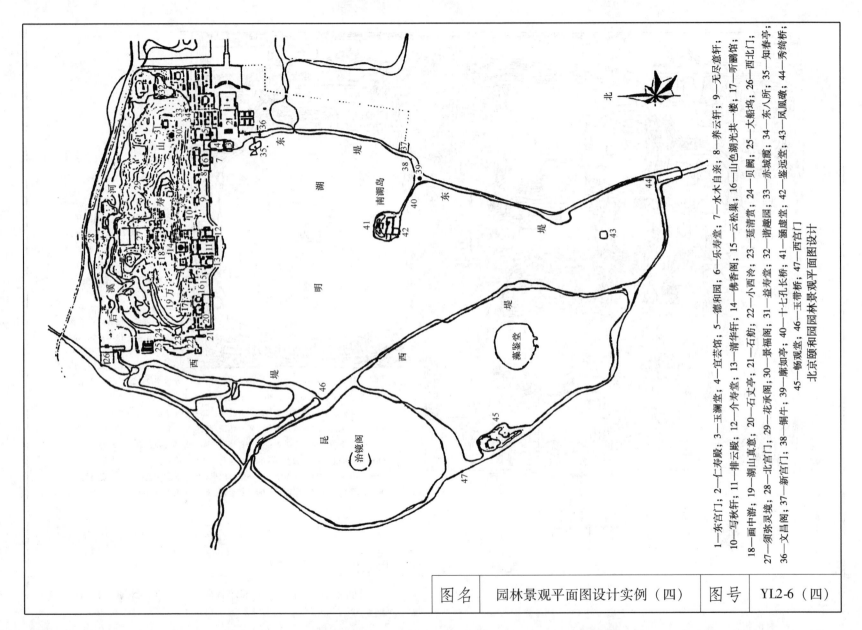

北京颐和园园林景观平面图设计

1—东宫门；2—仁寿殿；3—玉澜堂；4—宜芸馆；5—德和园；6—乐寿堂；7—水木自亲；8—荣云轩；9—无尽意轩；
10—写秋轩；11—排云轩；12—介寿堂；13—清华轩；14—佛香阁；15—云松巢；16—山色湖光共一楼；17—听鹂馆；
18—画中游；19—湖山真意；20—石丈亭；21—石舫；22—小西冷；23—延清赏；24—贝阙；25—大船坞；26—西北门；
27—须弥灵境；28—北宫门；29—北承阁；30—景福阁；31—益寿堂；32—谐趣园；33—赤城霞；34—东八所；35—知春亭；
36—文昌阁；37—新宫门；38—赧如亭；39—铜牛；40—十七孔长桥；41—涵虚堂；42—鉴远堂；43—玉带桥；44—秀漪桥；
45—畅观堂；46—玉带桥；47—西宫门

| 图名 | 园林景观平面图设计实例（四） | 图号 | YL2-6（四） |

50

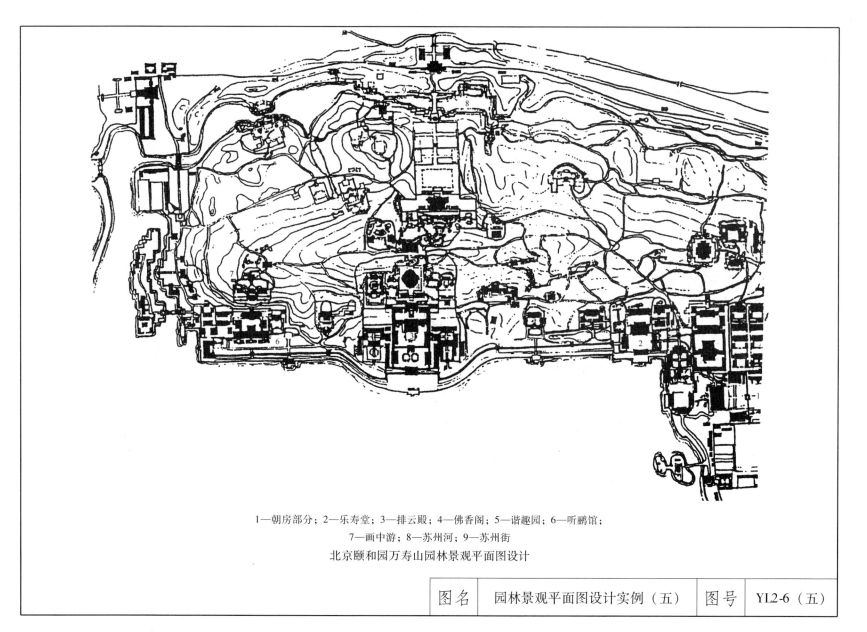

1—朝房部分；2—乐寿堂；3—排云殿；4—佛香阁；5—谐趣园；6—听鹂馆；
7—画中游；8—苏州河；9—苏州街

北京颐和园万寿山园林景观平面图设计

| 图名 | 园林景观平面图设计实例（五） | 图号 | YL2-6（五） |

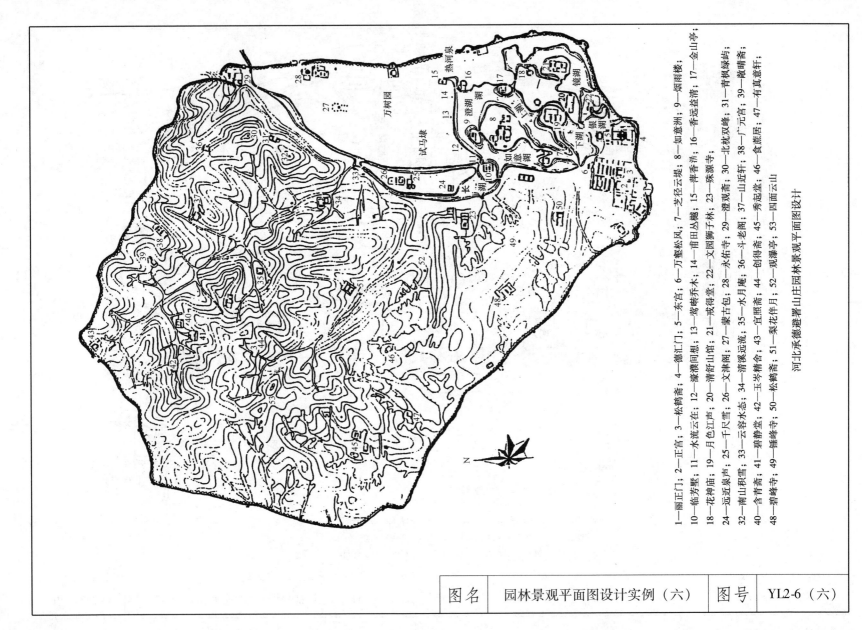

1—丽正门；2—正宫；3—松鹤斋；4—德汇门；5—东宫；6—万壑松风；7—芝径云堤；8—如意洲；9—烟雨楼；
10—临芳墅；11—水流云在；12—濠濮间想；13—莺啭乔木；14—甫田丛樾；15—香远益清；16—澄香沜；17—金山亭；
18—花神庙；19—月色江声；20—清舒山馆；21—戒得堂；22—文园狮子林；23—珠源寺；
24—远近泉声；25—千尺雪；26—文津阁；27—蒙古包；28—水佑寺；29—澄观斋；30—北枕双峰；31—青枫绿屿；
32—南山积雪；33—云容水态；34—清溪远流；35—水月庵；36—斗老阁；37—山近轩；38—广元宫；39—敞晴斋；
40—含青斋；41—碧静堂；42—玉岑精舍；43—宜照斋；44—创得斋；45—秀起堂；46—食蔗居；47—有真意轩；
48—远近斋；49—睡峰寺；50—松鹤斋；51—梨花伴月；52—观瀑亭；53—四面云山

河北承德避暑山庄园林景观平面图设计

N

| 图名 | 园林景观平面图设计实例（六） | 图号 | YL2-6（六） |

52

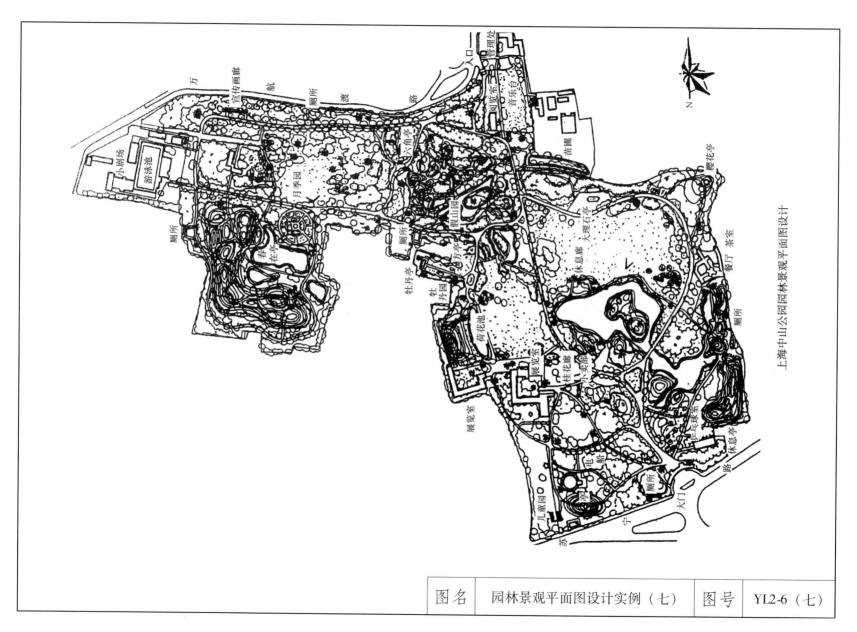

| 图名 | 园林景观平面图设计实例（七） | 图号 | YL2-6（七） |

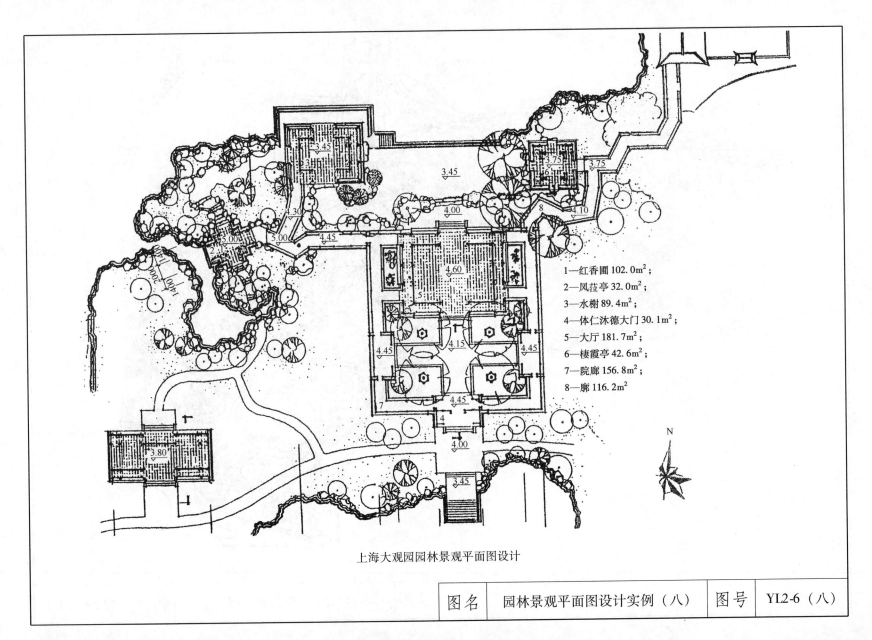

1—红香圃 102.0m²；

2—凤菭亭 32.0m²；

3—水榭 89.4m²；

4—体仁沐德大门 30.1m²；

5—大厅 181.7m²；

6—棲霞亭 42.6m²；

7—院廊 156.8m²；

8—廊 116.2m²

上海大观园园林景观平面图设计

| 图名 | 园林景观平面图设计实例（八） | 图号 | YL2-6（八） |

1—大门；14—谊园；
2—飞瀑流彩；15—风情街；
3—喷泉广场；16—文物点；
4—滟湖；17—管理室；
5—玻璃温室；18—厕所；
6—玫瑰园；19—休息廊；
7—岩石园；20—白云酒家；
8—林中小憩；21—山林；
9—花钟；22—小卖部；
10—装饰花坛；23—主雕塑；
11—花溪浏香；24—花架廊；
12—荧光湖；25—柱廊
13—醉花苑

往山顶公园

广园路

广州云台公园园林景观平面图设计

| 图名 | 园林景观平面图设计实例（九） | 图号 | YL2-6（九） |

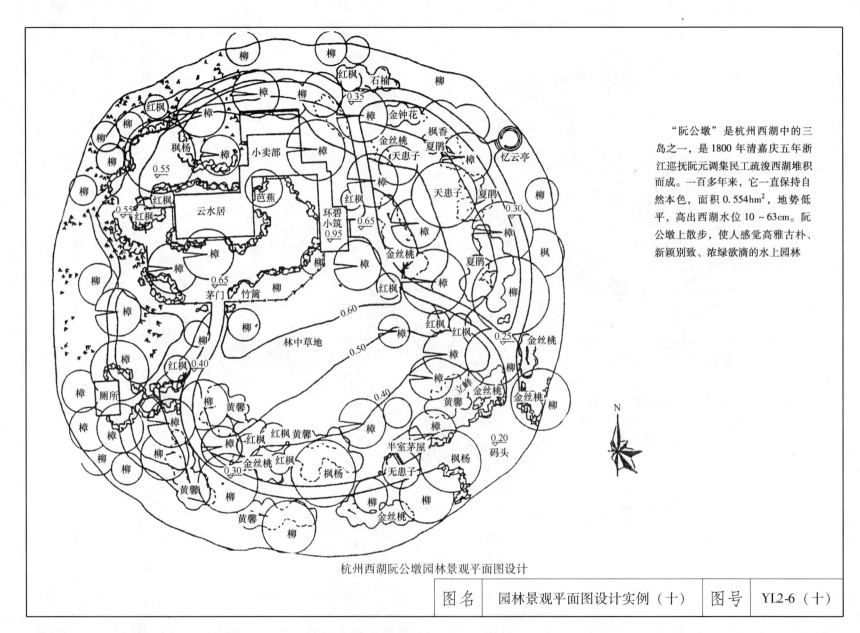

"阮公墩"是杭州西湖中的三岛之一，是1800年清嘉庆五年浙江巡抚阮元调集民工疏浚西湖堆积而成。一百多年来，它一直保持自然本色，面积0.554hm²，地势低平，高出西湖水位10～63cm。阮公墩上散步，使人感觉高雅古朴、新颖别致、浓绿欲滴的水上园林

杭州西湖阮公墩园林景观平面图设计

图名	园林景观平面图设计实例（十）	图号	YL2-6（十）

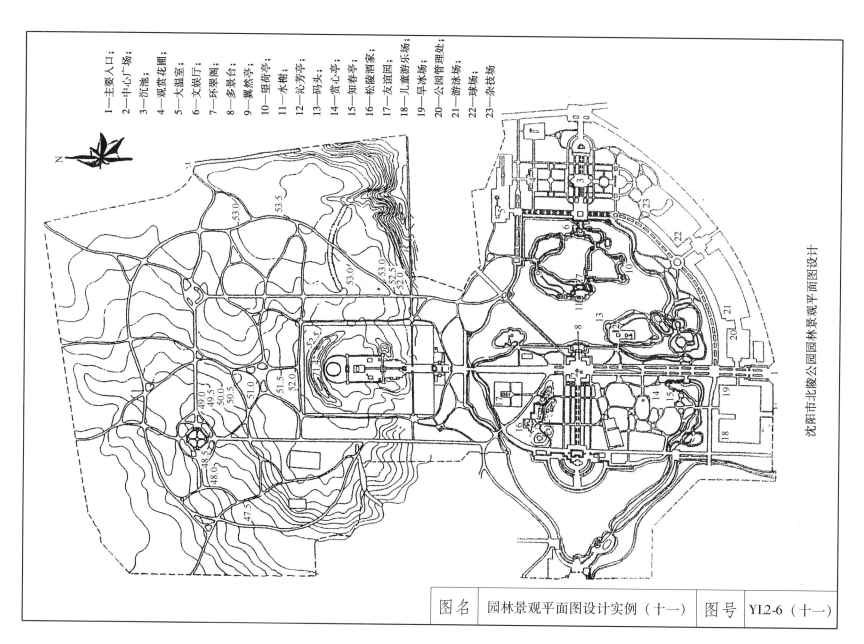

1——主要入口；
2——中心广场；
3——沉池；
4——观赏花圃；
5——大温室；
6——文娱厅；
7——环翠阁；
8——多景台；
9——翼然亭；
10——望荷亭；
11——水榭；
12——沁芳亭；
13——码头；
14——赏心亭；
15——知春亭；
16——松陵酒家；
17——友谊园；
18——儿童游乐场；
19——旱冰场；
20——公园管理处；
21——游泳场；
22——球场；
23——杂技场；

沈阳市北陵公园园林景观平面图设计

| 图名 | 园林景观平面图设计实例（十一） | 图号 | YL2-6（十一） |

57

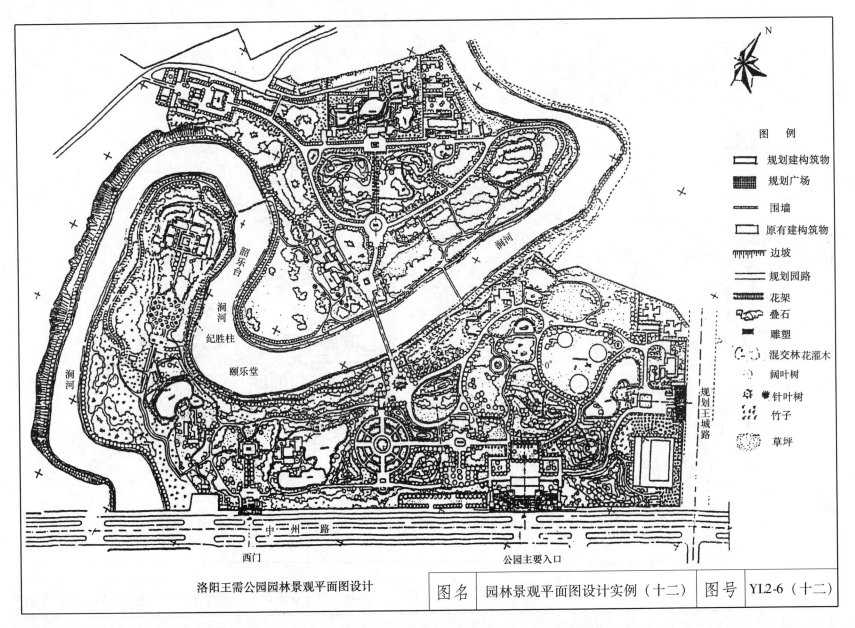

洛阳王需公园园林景观平面图设计

韶乐台

涧河

涧河

纪胜柱

颐乐堂

涧河

涧河

西门

中 州 路

公园主要入口

规划王城路

N

图　例

☐ 规划建构筑物

▧ 规划广场

▭ 围墙

☐ 原有建构筑物

〒 边坡

═ 规划园路

▥ 花架

⬮ 叠石

◼ 雕塑

⬭ 混交林花灌木

⬭ 阔叶树

✾ 针叶树

⬭ 竹子

⬭ 草坪

| 图　名 | 园林景观平面图设计实例（十二） | 图　号 | YL2-6（十二） |

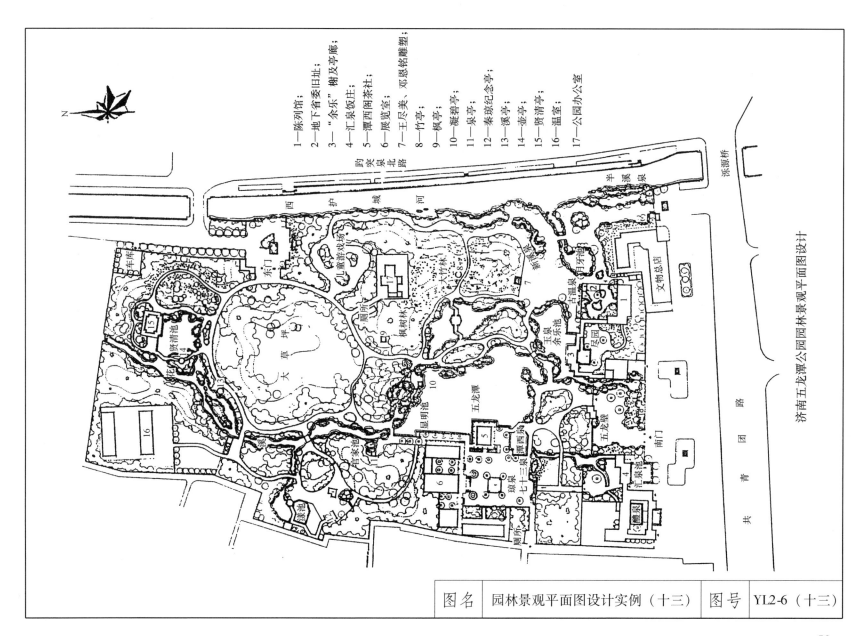

1—陈列馆；
2—地下省委旧址；
3—"余乐" 树及亭廊；
4—汇泉饭庄；
5—潭西阁茶社；
6—展览室；
7—王尽美、邓恩铭铜雕塑；
8—竹亭；
9—枫亭；
10—凝碧亭；
11—泉亭；
12—秦琼纪念亭；
13—溪亭；
14—壶亭；
15—贤清亭；
16—温室；
17—公园办公室

济南五龙潭公园园林景观平面图设计

| 图名 | 园林景观平面图设计实例（十三） | 图号 | YL2-6（十三） |

59

3 园林水景工程施工

3.1 园林水景的作用与特点

序号	分 类		园林水景的作用与特点	简明示意图
1	园林水景主要作用	水面系带作用	水面具有将不同的园林空间和园林景点联系起来，而避免景观结构松散的作用。这种作用就叫做水面的系带作用： （1）将水作为一种关联因素，可以使散落的景点之间产生紧密结合的关系，互相呼应，共同成景。一些曲折而狭长的水面，在造景中能够将许多景点串联起来，形成一个线状分布的风景带。例如扬州瘦西湖，其带状水面绵延数千米，一直达到平山堂 （2）一些宽广坦荡的水面，如杭州西湖，则把环湖的山、树、塔、庙、亭、廊等众多景点景物，和湖面上的苏堤、断桥、白堤、阮公墩等名胜古迹，紧紧地连在一起，构成了一个丰富多彩、优美动人的巨大风景面。园林水体这种具有广泛联系特点的造景作用，称为面形系带作用	线形系带　　　　　面形系带
		水面统一作用	许多零散的景点均以水面作为联系纽带时，水面的统一作用就成了造景最基本的作用。如苏州拙政园中，众多的景点均以水面为底景，使水面处于全园构图核心的地位，所有景物景点都围绕着水面布置，就使景观结构更加紧密，风景体系也就呈现出来，景观的整体性和统一性就大大加强了。从园林中许多建筑的题名来看，也都反映了对水景的依赖关系，例如许多景点中的"倒影楼"、"倒影塔"等。水体的这种作用，还能把水面自身统一起来。不同平面形状和不同大小的水面，只要相互连通或者相互邻近，就可以统一成一个整体。无论是动态的水还是静态的水，当其以不同形状、不同大小和位置错落的湖、池、溪、泉等形态呈现在园林中时，哪怕形状、大小、位置差别多大，它们都能够相互协调和统一，这是它们都含有水这一共同而又唯一的造景联系因素的缘故	苏州拙政园芙蓉榭

图名	园林水景的作用与特点（一）	图号	YL3-1（一）

序号	分 类		园林水景的作用与特点	简明示意图
1	园林水景主要作用	水面焦点作用	飞涌的喷泉、狂跌的瀑布等动态水景，其形态和声响很容易引起人们的注意，对人们的视线具有一种收聚、吸引的作用。这类水景往往能够成为园林某一空间中的视线焦点和主景。这就是水体的直接焦点作用。由于水面将园林空间在很大程度上敞开起来，水中的岛、堤、半岛，甚至某一段向水凸出的湖岸等，都可能构成水体空间中的视觉焦点。这种视觉焦点是水面所造成的，因此，可以认为这是园林水体间接的视觉焦点作用。在设计中，除了要直接处理好水景与环境的尺度与比例关系外，还应考虑它们所处的位置和间接形成焦点的作用。通常将水景安排在向心空间的中心点上、轴线的轴心上、空间的醒目处或视线容易集中的地方，这样，可使其突出起来并成为焦点。作为直接焦点布置的水景设计形式有：喷泉、瀑布、水帘、水墙、壁泉等	 视线或轴线的焦点　空间的中心 视线或轴线的端点　视线易到之处
		水面基面作用	大面积的水面视域开阔坦荡，可作为岸畔景物和水中景观的基调、底面使用。当水面不大，但水面在整个空间中仍具有面的感觉时，水面仍可作为岸畔或水中景物的基面，产生倒影，扩大和丰富空间。如北京北海公园的琼华岛有被水面托起浮水之感，正是运用了大面积的水面来达到这种效果。又如西班牙阿尔罕布拉宫中的柘榴院，院中宁静的水面将城堡立面倒影入水，使城堡丰富的立面更加完整和动人；当水面大的时候，它不仅可以蓄洪防涝，而且，还可以供人们在水上大范围内进行旅游，游客可以在游船上尽情地欣赏祖国大好河山及各式各样、风格特异的风景。例如：在著名的八百里洞庭湖中游览，全身置于一望无际的青山绿水之中，仿佛远景之山、远景之房屋、远景之"岳阳楼"等全是从这青山绿水中长出来的，美不胜收。 　　"洗秋"和"饮绿"是北京颐和园谐趣园内两座临水建筑物。"洗秋"的平面为面阔三间的长方形，它的中轴线正对着谐趣园的入口宫门；而"饮绿"的平面为正方形，位于水池拐角的突出部位。这两座建筑物之间以短廊连成一整体。宁静的水面将两座临水建筑物立面倒影入水，使体型上更加完美动人、轻快舒畅。红柱、灰顶、略施彩画，反映了当时我国皇家园林的建筑格调	 北京颐和园谐趣园"洗秋"、"饮绿"

图名	园林水景的作用与特点（二）	图号	YL3-1（二）

序号	分 类		园林水景的作用与特点	简明示意图
2	园林水景应用主要特点	隐 约	配植着疏林的堤埂、岛屿和岸边的各种景物相互之间进行组合，或者相互进行分隔，将使水景时而遮掩、时而显露、时而透出，就可以获得隐隐约约、朦朦胧胧的水景效果	隐约——虚实、藏露结合
		引 出	庭园水池设计中，不管有无实际需要，也将池边留出一个水口，并通过一条小溪引水出园，到园外再截断。对水体的这种处理，其特点还是在尽量扩大水体的空间感，向人暗示园内水池就是源泉，暗示其流水可以通到园外很远的地方。所谓"山要有根，水要有源"的古代画理，在今天的园林水景设计中也还有应用	引出——引水出园　隔流——隔而不断
		隔 流	对水景空间进行视线上的分隔，使水流隔而不断，似断却连	
		引 入	和水的引出方法相同，但效果相反。水的引入，暗示的是水池的源头在园外，而且源远流长	引入——引水入园　收聚——小水面聚合
		收 聚	大水面宜分，小水面宜聚。面积较小的几块水面相互聚拢，可以增强水景表现。特别是在坡地造园，由于地势所限，不能开辟很宽大的水面，就可以随着地势升降，安排几个水面高度不一样的较小水体，相互聚在一起，同样可以达到大水面的效果	
		沟 通	分散布置的若干水体，通过渠道、溪流顺序地串联起来，构成完整的水系，这就是沟通	沟通——使分散水面相连　水幕——建筑在水下
		水 幕	建筑被设置于水面之下，水流从屋顶均匀跌落，在窗前形成水幕。再配合音乐播放，则既有跌落的水幕，又有流动的音乐，室内水景别具一格	
		开 阔	水面广阔坦荡，天光水色，烟波浩渺，有空间无限之感。这种水景效果的造成，常见的是利用天然湖泊赋予人工补景、点景，使水景完全融入环境之中。而水边景物如山、树、建筑等，看起来都比较遥远	开阔——大尺度的水景空间　象征——以沙浪象征水波日本式的枯山水
		象 征	以水面为陪衬景，对水面景物给予特殊的造型处理，利用景物象形、表意、传神的作用，来象征某一方面的主题意义，使水景的内涵更深，更有想象和回味的空间	

图名	园林水景的作用与特点（三）	图号	YL3-1（三）

序号	分类		园林水景的作用与特点	简明示意图
2	园林水景应用主要特点	亲 和	通过各式各样贴近水面的汀步、平曲桥，跨入水中的亭、廊等建筑物，和又低又平的岸边等造景处理，把游人与水景的距离尽可能地缩短，水景与游人之间就体现出一种十分亲和的关系，使游人深深地感受到满意亲切	 亲和——建筑在水中　　建伸——建筑、阶梯向水中延伸
		延 伸	当前的许多园林建筑物是一半在岸上，一半延伸到水中；或岸边的树木采取树干向水面倾斜、树枝向水面垂落或向水心伸展的态势，临水之意显然。前者是向水的表面延伸，而后者却是向水上的空间延伸	
		藏 幽	水体在建筑群、园林绿地或其他的环境中，都应有意地把源头和出水口隐藏起来。如果有意地将水面的源头隐去，反而可给广大的游人留下源远流长、无穷无尽的感觉；又如把出水口有意藏起的水面，这湖里、池里、溪里的水，其去向如何，也更能引人遐想、回味无穷	 藏幽——水体在树林中　　渗透——水体穿插于建筑群之中
		渗 透	园林绿地中的水景空间和各种建筑物是相互渗透的。例如：水池、溪流在建筑群中流连、穿插，给建筑群带来了非常自然、鲜活的新气息。有了渗透，水景空间的形态更加富于变化、灵秀迷人	
		暗 示	池岸岸口向水面悬伸，让人感到水面似乎延伸到了岸口下面，这是水景的暗示作用。将庭院水体引入建筑物室内，水声、光影的渲染使人仿佛置身于水底世界，这也是水景的暗示效果	 暗示——引水入室
		迷 离	在园林绿地中，当水景的水面空间需要处理时，一般都是利用水中的堤埂、岛屿、植物以及各种形态不一的建筑物，与各种形态的水面相互包含与穿插，形成湖中有岛、岛中有湖，景观层次丰富的复合性水面空间。在这种空间中，其水景、树景、堤景、岛景、建筑景等层层开，不可穷尽。游人置身其中，顿觉境界相异、世外桃源、扑朔迷离	 迷离——湖中岛与岛中湖　　萦回——溪涧盘绕回还
		萦 回	蜿蜒曲折的小溪流，在树林、水草地、岛、湖滨之间回环盘绕，有些是静静地流淌着的清泉；有些是飞奔直流而下的瀑布，发出哗啦啦的响声，这些都很好地突出了风景流动感，其效果反映了园林水景的萦回特点	

图名	园林水景的作用与特点（四）	图号	YL3-1（四）

3.2 园林水景的平面设计

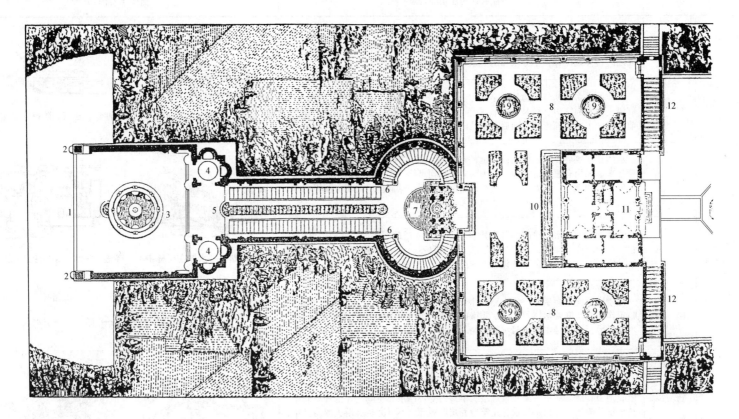

1—前台；2—塔门；3—喷池台座；4—石台座；5—水流；6—踏步；7—喷水贮水池；
8—花园；9—喷水池；10—阶梯；11—俱乐部；12—露台

图名	园林水景的平面设计（一）	图号	YL3-2（一）

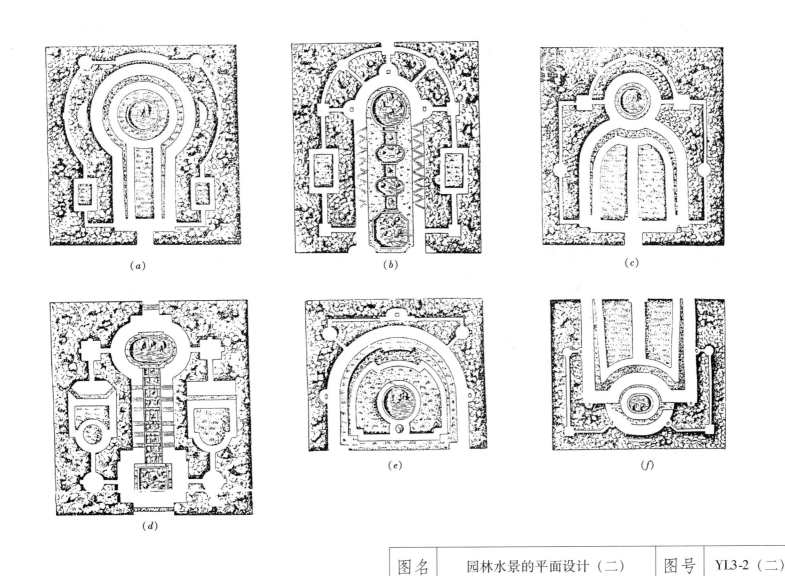

(a) (b) (c)

(d) (e) (f)

图名	园林水景的平面设计（二）	图号	YL3-2（二）

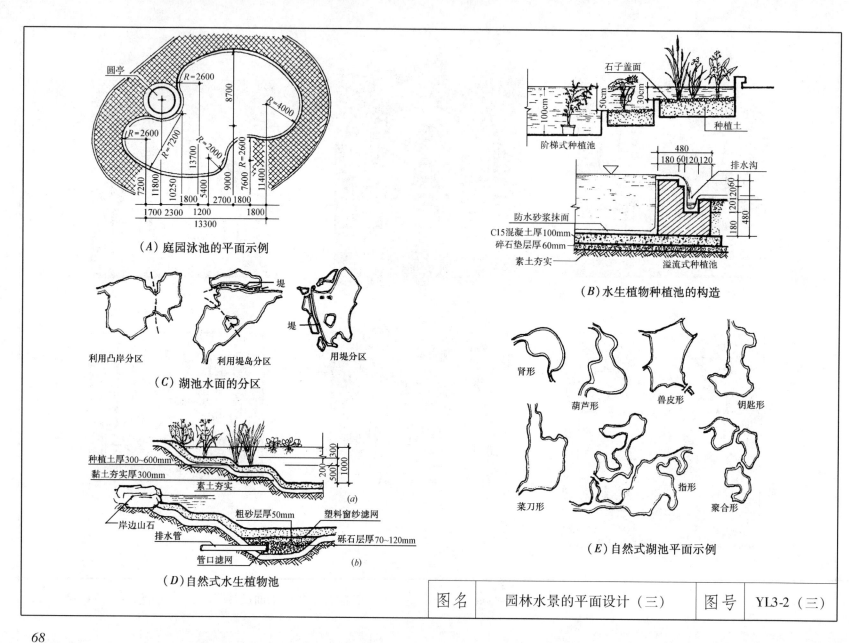

（A）庭园泳池的平面示例

（C）湖池水面的分区

利用凸岸分区　　　利用堤岛分区　　　用堤分区

（D）自然式水生植物池

（B）水生植物种植池的构造

阶梯式种植池

石子盖面

种植土

溢流式种植池

防水砂浆抹面
C15混凝土厚100mm
碎石垫层厚60mm
素土夯实

排水沟

（E）自然式湖池平面示例

肾形　　　葫芦形　　　兽皮形　　　钥匙形

菜刀形　　　指形　　　聚合形

种植土厚300~600mm
黏土夯实厚300mm
素土夯实
岸边山石
排水管
管口滤网
粗砂层厚50mm
塑料窗纱滤网
砾石层厚70~120mm

| 图名 | 园林水景的平面设计（三） | 图号 | YL3-2（三） |

（*a*）

（*b*）

（*A*）两种水体岸坡

（*a*）山石驳岸；（*b*）整形石砌驳岸

（*a*）小卵石池岸

（*b*）碎石池岩

（*B*）广州白天鹅宾馆内庭

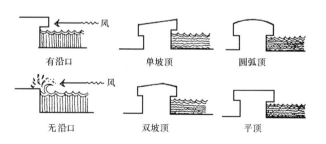

有沿口

无沿口

单坡顶

双坡顶

圆弧顶

平顶

（*C*）池壁的压顶形式

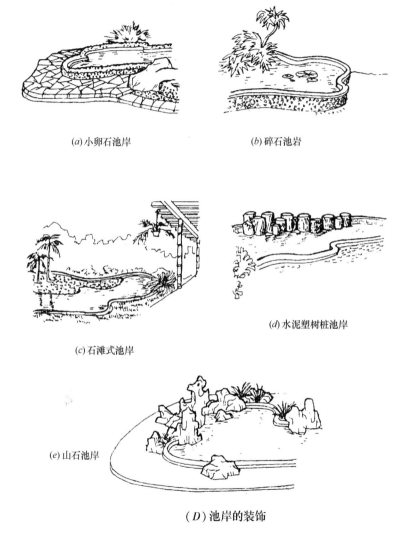

（*c*）石滩式池岸

（*d*）水泥塑树桩池岸

（*e*）山石池岸

（*D*）池岸的装饰

| 图名 | 园林水景的平面设计（四） | 图号 | YL3-2（四） |

69

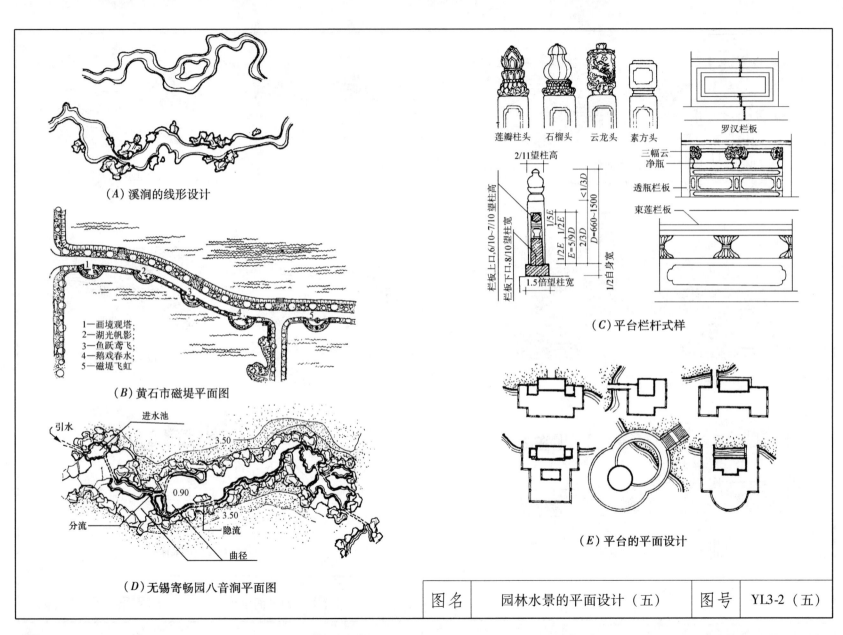

（A）溪涧的线形设计

（B）黄石市磁堤平面图

1—画境观塔；
2—湖光帆影；
3—鱼跃鸢飞；
4—鹅戏春水；
5—磁堤飞虹

进水池

引水

3.50

0.90

3.50

分流

隐流

曲径

（D）无锡寄畅园八音涧平面图

莲瓣柱头　石榴头　云龙头　素方头

罗汉栏板

三幅云

净瓶

透瓶栏板

束莲栏板

2/11望柱高

栏板上口1.6/10～7/10望柱高

栏板下口1.8/10望柱宽

1/5E

1/2E

1/2E　1/2E

E=5/9D

2/3D

1.5倍望柱宽

D=660～1500

<1/3D

1/2自身宽

（C）平台栏杆式样

（E）平台的平面设计

| 图名 | 园林水景的平面设计（五） | 图号 | YL3-2（五） |

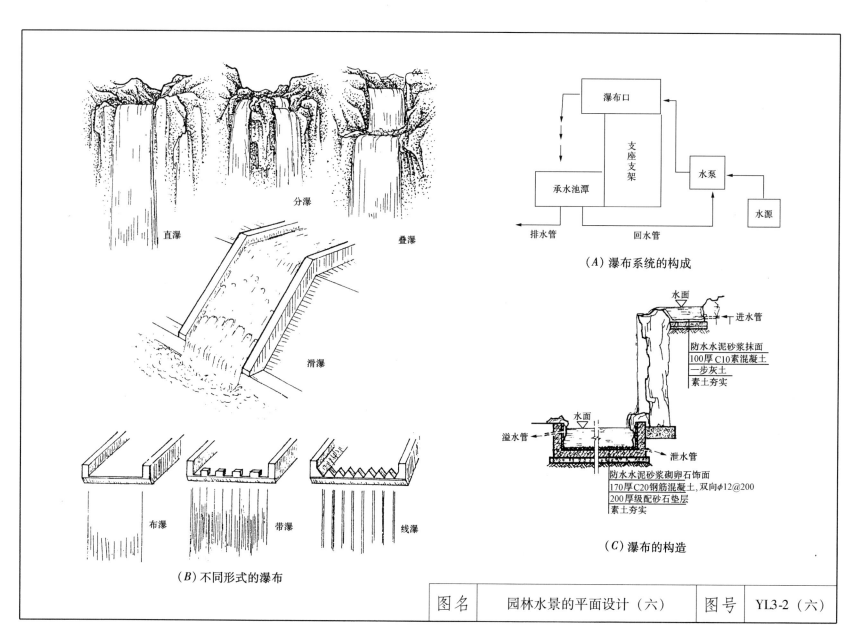

直瀑

分瀑

叠瀑

滑瀑

（A）瀑布系统的构成

瀑布口

支座支架

承水池潭

水泵

水源

排水管

回水管

布瀑

带瀑

线瀑

（B）不同形式的瀑布

水面

进水管

防水水泥砂浆抹面
100厚C10素混凝土
一步灰土
素土夯实

水面

溢水管

泄水管

防水水泥砂浆砌卵石饰面
170厚C20钢筋混凝土，双向φ12@200
200厚级配砂石垫层
素土夯实

（C）瀑布的构造

图名	园林水景的平面设计（六）	图号	YL3-2（六）

71

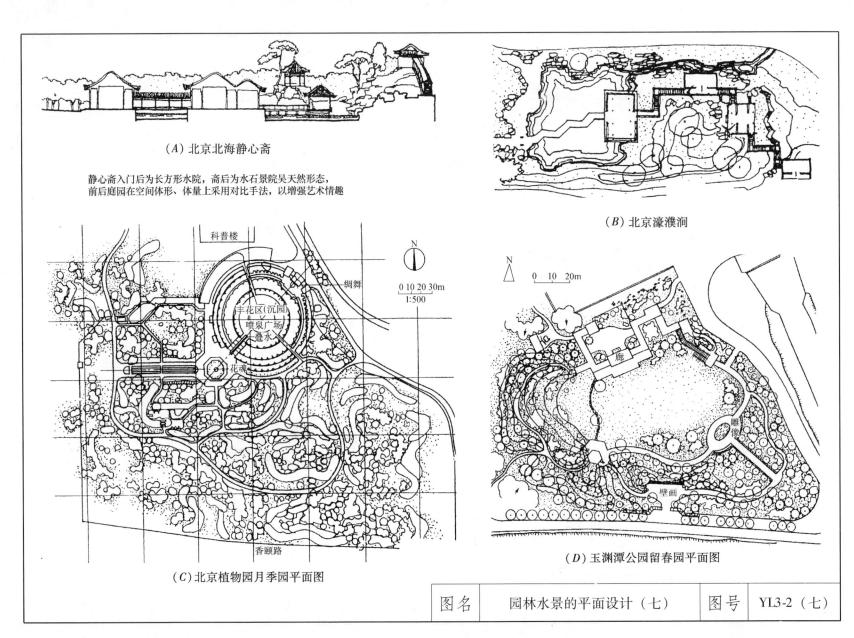

（A）北京北海静心斋

静心斋入门后为长方形水院，斋后为水石景院吴天然形态，
前后庭园在空间体形、体量上采用对比手法，以增强艺术情趣

（B）北京濠濮涧

科普楼

丰花区(沉园)
喷泉广场
叠水

花魂

绸舞

0 10 20 30m
1:500

香颐路

（C）北京植物园月季园平面图

廊

雕像

壁画

0 10 20m

（D）玉渊潭公园留春园平面图

| 图名 | 园林水景的平面设计（七） | 图号 | YL3-2（七） |

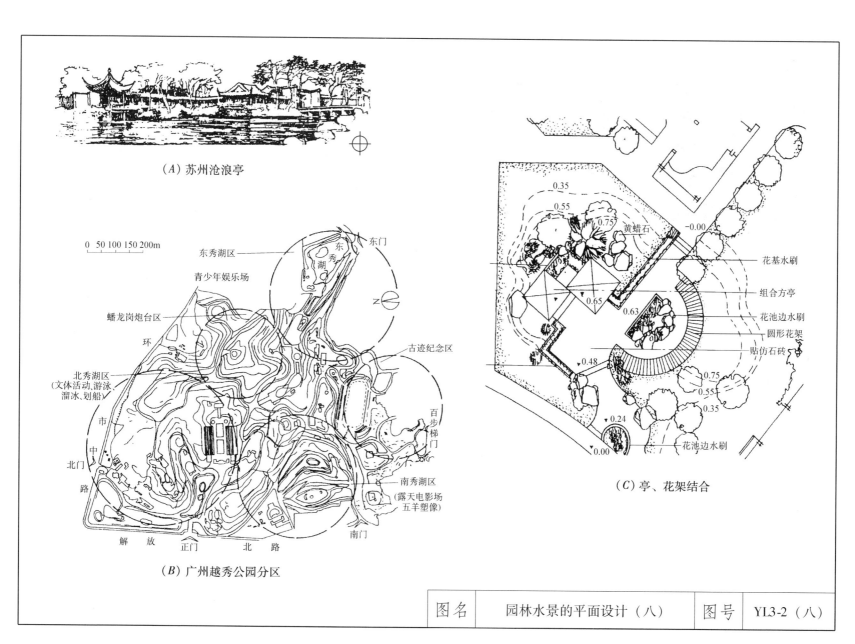

（A）苏州沧浪亭

0 50 100 150 200m

东秀湖区
青少年娱乐场
蟠龙岗炮台区
环
古迹纪念区
北秀湖区
（文体活动,游泳
溜冰、划船）
市
中
百步梯门
北门
路
南秀湖区
（露天电影场
五羊塑像）
南门
解放 正门 北路

（B）广州越秀公园分区

东门
东秀湖

0.35
0.55
0.75
黄蜡石
-0.00
花基水刷
组合方亭
0.65
0.63
花池边水刷
圆形花架
贴仿石砖
0.48
0.75
0.55
0.35
0.24
花池边水刷
0.00

（C）亭、花架结合

图名	园林水景的平面设计（八）	图号	YL3-2（八）

73

(A) 苏州拙政园波形廊

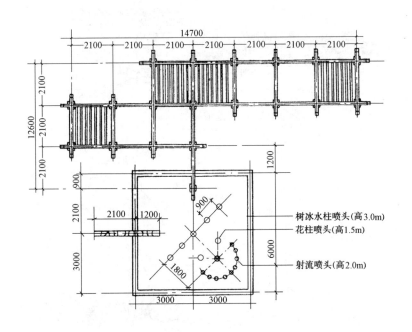

树冰水柱喷头(高3.0m)
花柱喷头(高1.5m)
射流喷头(高2.0m)

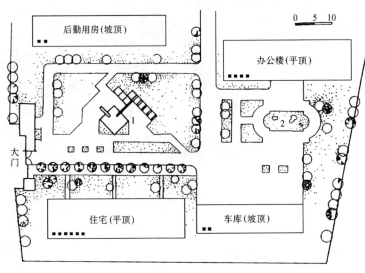

(B)南京军区防疫站花架水池的总平面图

1—喷水池花架；2—落地山石盆景

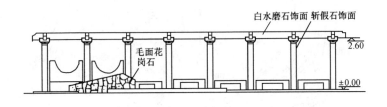

白水磨石饰面 斩假石饰面
毛面花岗石

(C)南京军区防疫站花架水池的平、立面图（单位：mm）

图名	园林水景的平面设计（九）	图号	YL3-2（九）

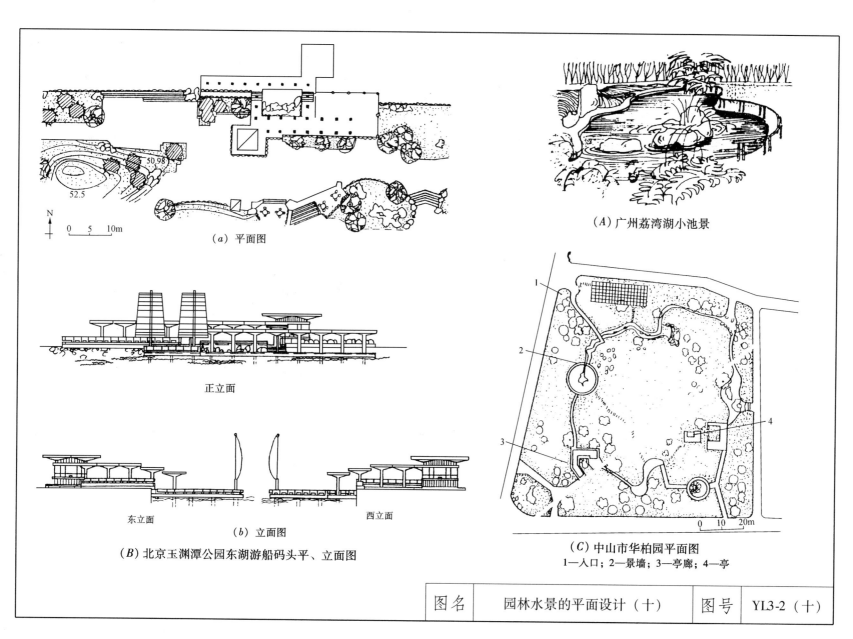

（a）平面图

N

0 5 10m

50.98

52.5

（A）广州荔湾湖小池景

正立面

东立面　　　　　　　　　西立面

（b）立面图

（B）北京玉渊潭公园东湖游船码头平、立面图

（C）中山市华柏园平面图
1—入口；2—景墙；3—亭廊；4—亭

0 10 20m

图名	园林水景的平面设计（十）	图号	YL3-2（十）

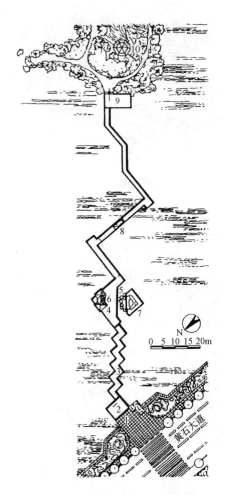

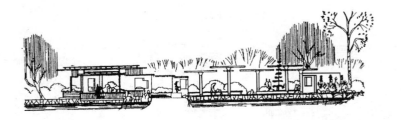

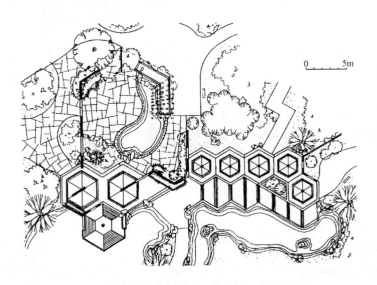

(B)伞亭水榭平面、立面图

(A)九曲桥平面图

1—入口；2—桥铭碑；3—小九曲；4—平台；5—汀步；6—双亭；
7—喷泉；8—石拱桥；9—出口平台；10—六角亭

图名	园林水景的平面设计（十一）	图号	YL3-2（十一）

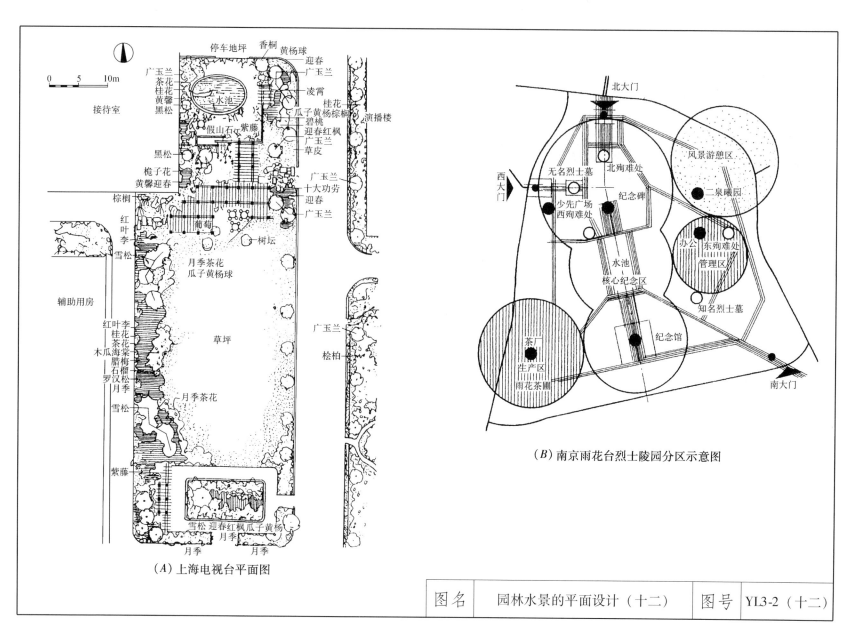

(A) 上海电视台平面图

(B) 南京雨花台烈士陵园分区示意图

| 图名 | 园林水景的平面设计（十二） | 图号 | YL3-2（十二） |

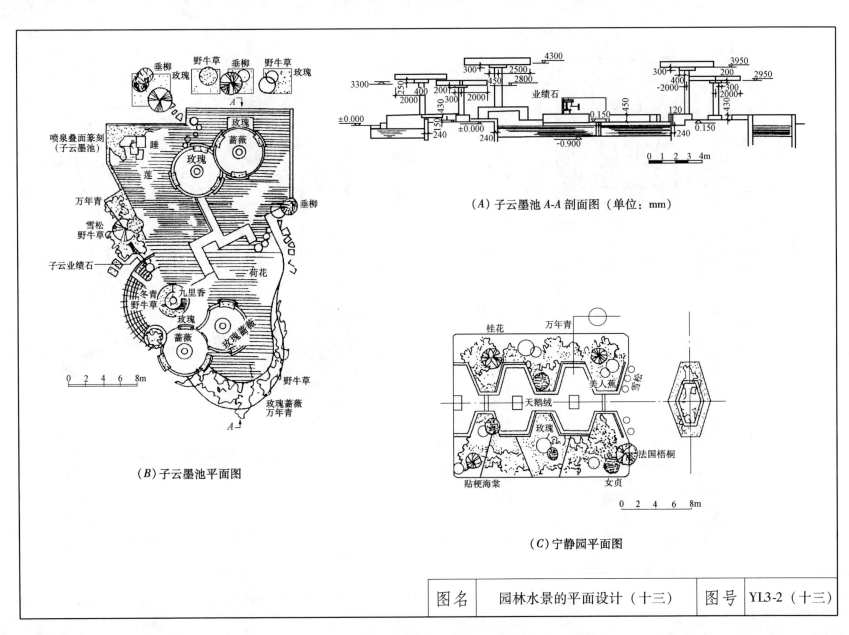

（B）子云墨池平面图

（A）子云墨池A-A剖面图（单位：mm）

（C）宁静园平面图

| 图名 | 园林水景的平面设计（十三） | 图号 | YL3-2（十三） |

（A）庭园立面透视图

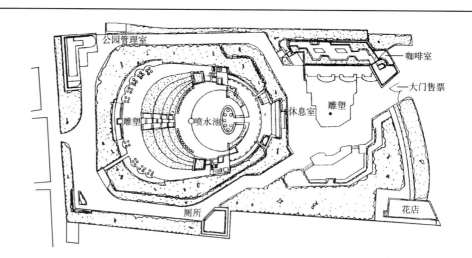

（B）上海玫瑰园平面图

（C）玫瑰宫透视图

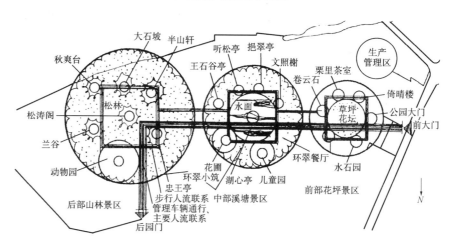

（D）江苏常熟虞山公园景区布局示意图

| 图名 | 园林水景的平面设计（十四） | 图号 | YL3-2（十四） |

79

(A)北京颐和园云松巢

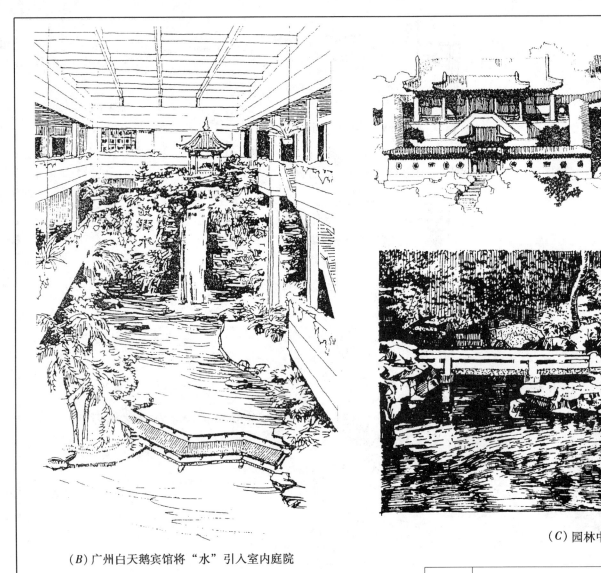

(B)广州白天鹅宾馆将"水"引入室内庭院

(C)园林中的水、石、树

| 图名 | 园林水景的平面设计（十五） | 图号 | YL3-2（十五） |

（A）辋川别业图局部

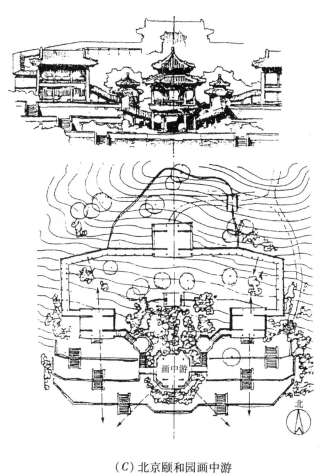

（C）北京颐和园画中游

（B）广州泮溪酒家庭园水廊景

图名	园林水景的平面设计（十六）	图号	YL3-2（十六）

81

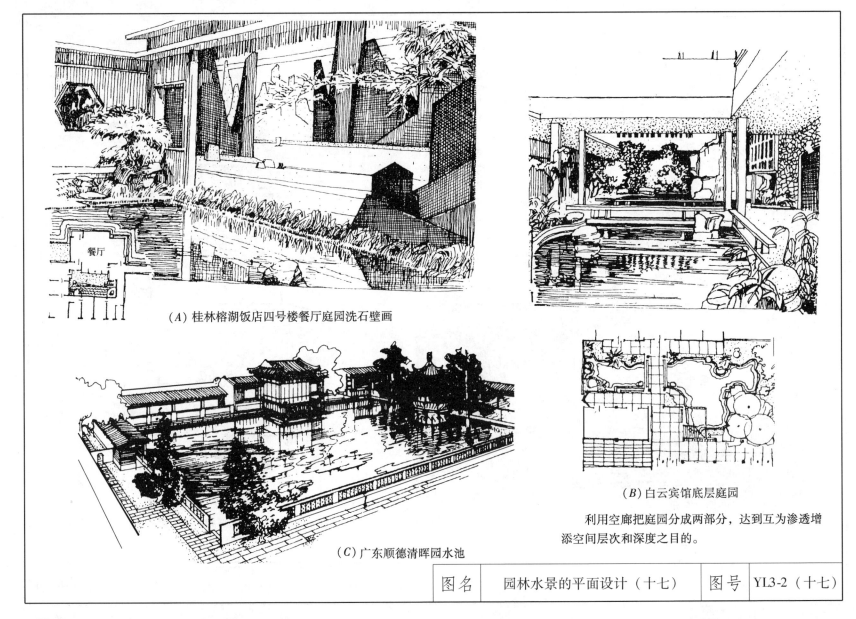

餐厅

(A) 桂林榕湖饭店四号楼餐厅庭园洗石壁画

(B) 白云宾馆底层庭园

利用空廊把庭园分成两部分，达到互为渗透增添空间层次和深度之目的。

(C) 广东顺德清晖园水池

| 图名 | 园林水景的平面设计（十七） | 图号 | YL3-2（十七） |

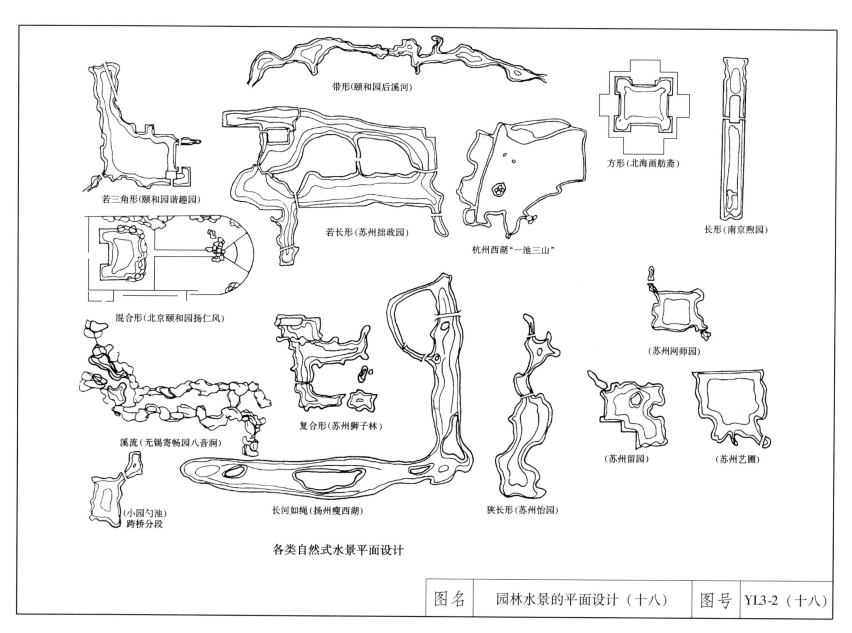

带形(颐和园后溪河)

方形(北海画舫斋)

若三角形(颐和园谐趣园)

若长形(苏州拙政园)

杭州西湖"一池三山"

长形(南京煦园)

混合形(北京颐和园扬仁风)

(苏州网师园)

复合形(苏州狮子林)

溪流(无锡寄畅园八音洞)

(苏州留园)

(苏州艺圃)

(小园勺池)
跨桥分段

长河如绳(扬州瘦西湖)

狭长形(苏州怡园)

各类自然式水景平面设计

图名	园林水景的平面设计（十八）	图号	YL3-2（十八）

83

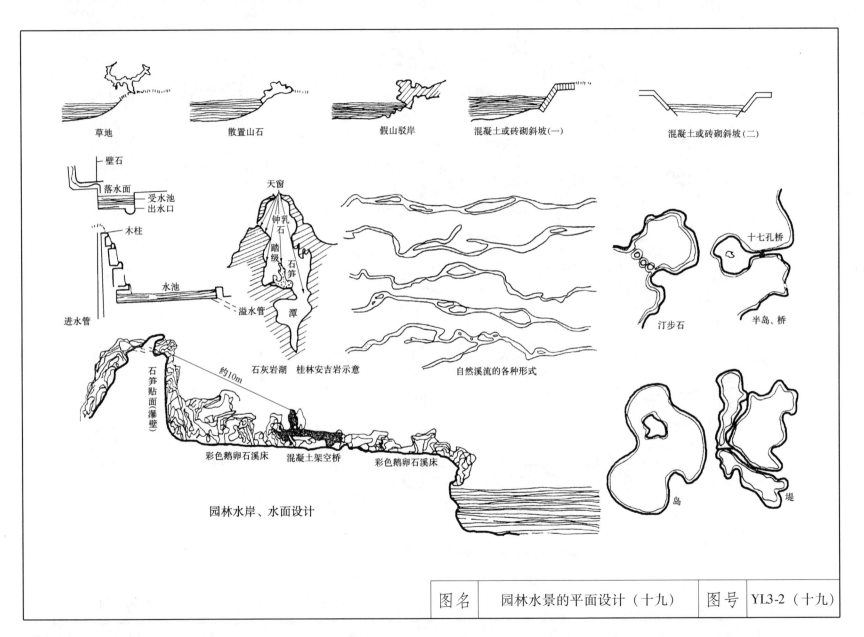

草地　　散置山石　　假山驳岸　　混凝土或砖砌斜坡（一）　　混凝土或砖砌斜坡（二）

壁石
落水面
受水池
出水口

木柱
水池
进水管
溢水管

天窗
钟乳石
踏级
石笋
潭

石灰岩湖　桂林安吉岩示意

自然溪流的各种形式

汀步石

十七孔桥
半岛、桥

约10m
石笋贴面(瀑壁)
彩色鹅卵石溪床　混凝土架空桥　彩色鹅卵石溪床

园林水岸、水面设计

岛

堤

| 图名 | 园林水景的平面设计（十九） | 图号 | YL3-2（十九） |

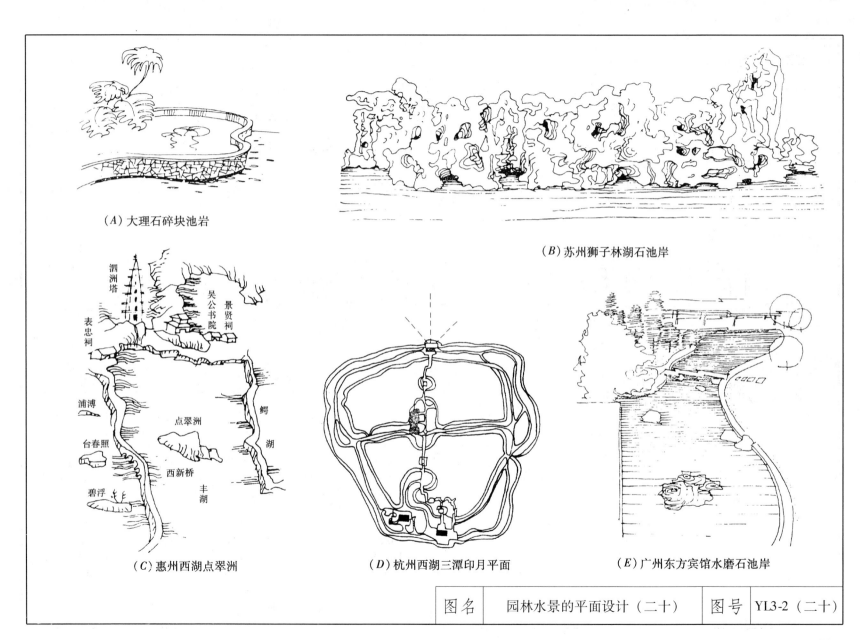

（A）大理石碎块池岩

（B）苏州狮子林湖石池岸

（C）惠州西湖点翠洲

（D）杭州西湖三潭印月平面

（E）广州东方宾馆水磨石池岸

| 图名 | 园林水景的平面设计（二十） | 图号 | YL3-2（二十） |

3.3 小型水闸

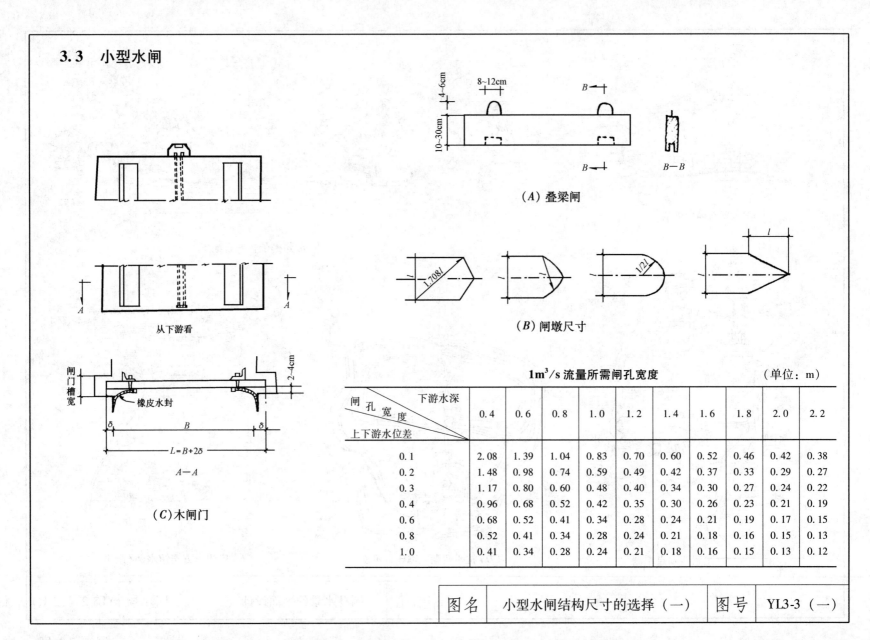

（A）叠梁闸

（B）闸墩尺寸

从下游看

（C）木闸门

1m³/s 流量所需闸孔宽度 （单位：m）

闸孔宽度 \ 下游水深 上下游水位差	0.4	0.6	0.8	1.0	1.2	1.4	1.6	1.8	2.0	2.2
0.1	2.08	1.39	1.04	0.83	0.70	0.60	0.52	0.46	0.42	0.38
0.2	1.48	0.98	0.74	0.59	0.49	0.42	0.37	0.33	0.29	0.27
0.3	1.17	0.80	0.60	0.48	0.40	0.34	0.30	0.27	0.24	0.22
0.4	0.96	0.68	0.52	0.42	0.35	0.30	0.26	0.23	0.21	0.19
0.6	0.68	0.52	0.41	0.34	0.28	0.24	0.21	0.19	0.17	0.15
0.8	0.52	0.41	0.34	0.28	0.24	0.21	0.18	0.16	0.15	0.13
1.0	0.41	0.34	0.28	0.24	0.21	0.18	0.16	0.15	0.13	0.12

图名	小型水闸结构尺寸的选择（一）	图号	YL3-3（一）

闸墙长度参考表

(单位：m)

闸墙高度	2.0	2.5	3.0	3.5	4.0	5.0
闸墙长度	4.4	4.5	4.6	4.8	4.9	5.7

注：闸墙顶与堤顶同高。翼墙顶同河岸平。

闸墙尺寸表

(单位：m)

闸墙高	1	1.5	2	2.5	3	4~4.5
顶宽	0.4	0.5	0.4~0.5	0.6	0.5~0.6	0.8
底宽	0.6	1.2	1.2~1.8	1.5	1.5~2.0	1.6

风浪高度表

浪高（m）＼风级＼长度（m）	4	5	6	7	8	9
200	0.20	0.30	0.40	0.50	0.60	0.70
400	0.20	0.30	0.40	0.50	0.70	0.80
600	0.25	0.30	0.45	0.60	0.75	0.90
800	0.30	0.40	0.50	0.60	0.80	1.00
1000	0.30	0.40	0.55	0.70	0.90	1.10

底板厚度表

闸上下游水位差（m）	底板厚度（m）
1.0	0.3
1.5	0.4
2.0	0.5
2.5	0.5
3.0	0.5
4.0	0.6

各种土壤底板长度为水位差的倍数

序号	土壤种类	底板长度等于水位差的倍数
1	细砂土和泥土	9.0
2	中砂和粗砂	7.6
3	细砾和中砾	6.0
4	圆砾和石砂的混合体	6.0
5	重壤土（重砂质黏土）	8.0
6	轻壤土（砂质黏土）	7.0
7	黏土	6.0
8	黏性砾石土	6.0

图名	小型水闸结构尺寸的选择（二）	图号	YL3-3（二）

3.4 小型园林水景的施工工艺

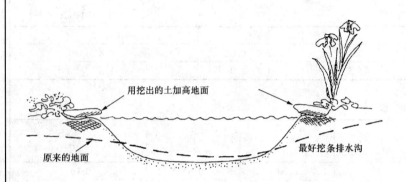

（A）开挖洼地

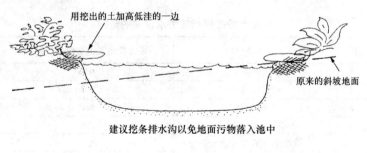

建议挖条排水沟以免地面污物落入池中

（B）开挖斜坡

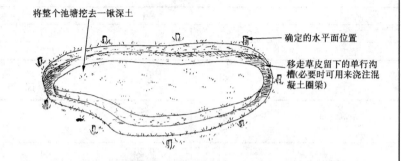

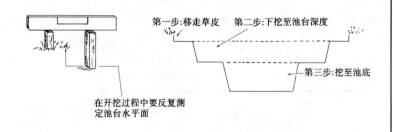

（C）开挖池塘

图名	小型园林水景的施工工艺（一）	图号	YL3-4（一）

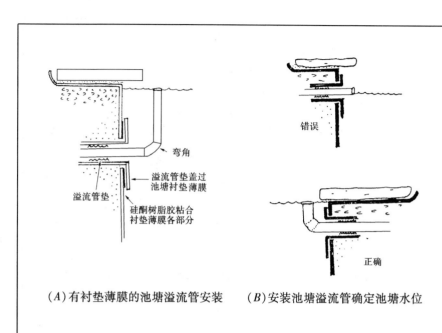

弯角

溢流管垫盖过
池塘衬垫薄膜

溢流管垫

硅酮树脂胶粘合
衬垫薄膜各部分

(A)有衬垫薄膜的池塘溢流管安装

错误

正确

(B)安装池塘溢流管确定池塘水位

建筑用透水帆布

碎石或小砾石

30cm深;每3m下降
2.5cm,在整个排水区
域内铺设成系统

10cm硬塑料
带孔排水管

15cm宽

(C)地下排水管道设置

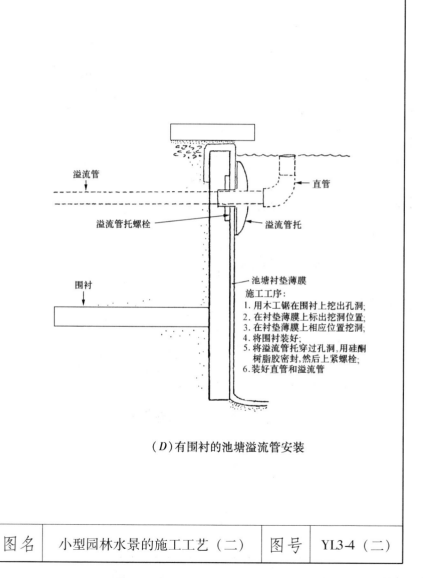

溢流管

直管

溢流管托螺栓

溢流管托

围衬

池塘衬垫薄膜

施工工序:
1.用木工锯在围衬上挖出孔洞;
2.在衬垫薄膜上标出挖洞位置;
3.在衬垫薄膜上相应位置挖洞;
4.将围衬装好;
5.将溢流管托穿过孔洞,用硅酮
树脂胶密封,然后上紧螺栓;
6.装好直管和溢流管;

(D)有围衬的池塘溢流管安装

| 图名 | 小型园林水景的施工工艺（二） | 图号 | YL3-4（二） |

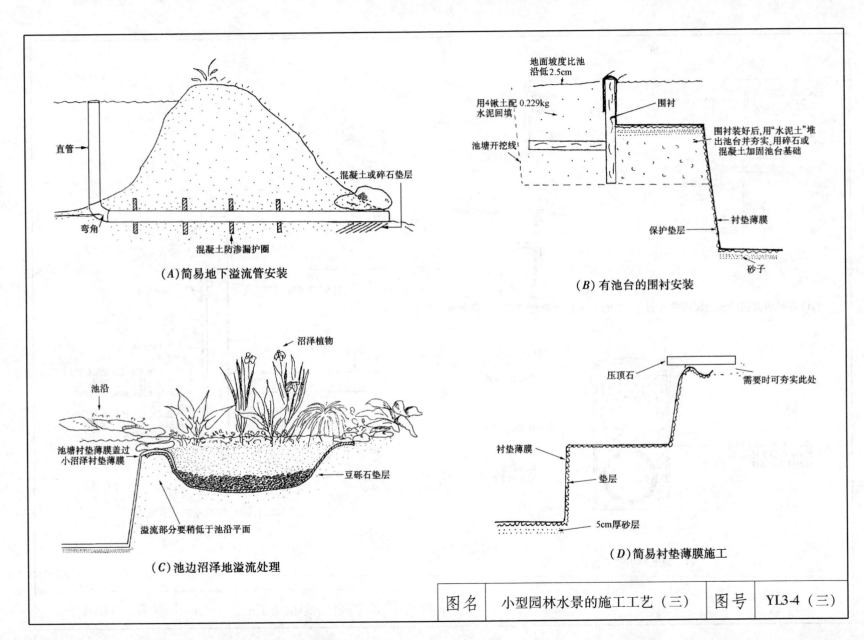

（A）简易地下溢流管安装

直管

弯角

混凝土或碎石垫层

混凝土防渗漏护圈

（B）有池台的围衬安装

地面坡度比池沿低2.5cm

用4锹土配0.229kg水泥回填

围衬

池塘开挖线

围衬装好后,用"水泥土"堆出池台并夯实,用碎石或混凝土加固池台基础

衬垫薄膜

保护垫层

砂子

（C）池边沼泽地溢流处理

沼泽植物

池沿

池塘衬垫薄膜盖过小沼泽衬垫薄膜

溢流部分要稍低于池沿平面

豆砾石垫层

（D）简易衬垫薄膜施工

压顶石

需要时可夯实此处

衬垫薄膜

垫层

5cm厚砂层

图名	小型园林水景的施工工艺（三）	图号	YL3-4（三）

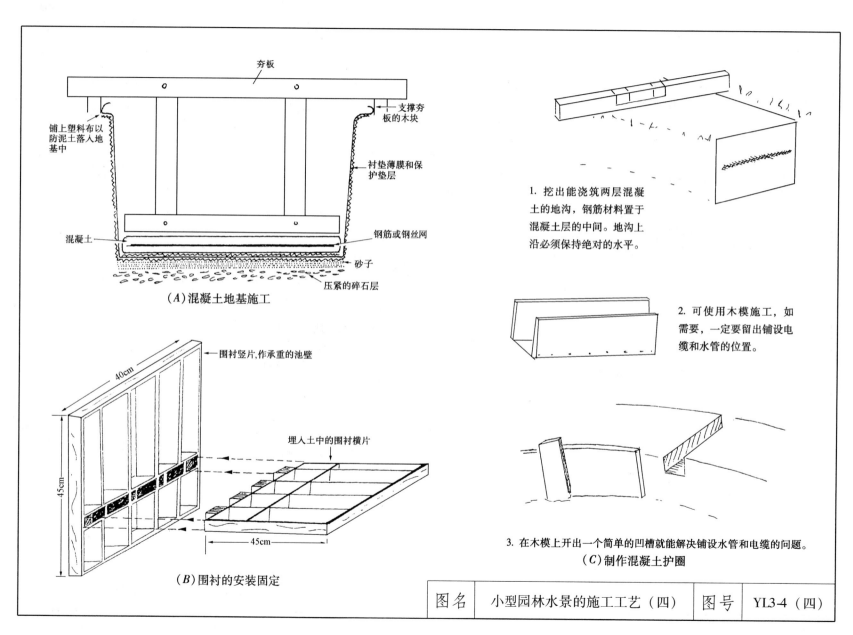

夯板

支撑夯板的木块

铺上塑料布以防泥土落入地基中

衬垫薄膜和保护垫层

混凝土

钢筋或钢丝网

砂子

压紧的碎石层

（A）混凝土地基施工

1. 挖出能浇筑两层混凝土的地沟，钢筋材料置于混凝土层的中间。地沟上沿必须保持绝对的水平。

围衬竖片，作承重的池壁

40cm

45cm

埋入土中的围衬横片

45cm

2. 可使用木模施工，如需要，一定要留出铺设电缆和水管的位置。

3. 在木模上开出一个简单的凹槽就能解决铺设水管和电缆的问题。

（C）制作混凝土护圈

（B）围衬的安装固定

| 图名 | 小型园林水景的施工工艺（四） | 图号 | YL3-4（四） |

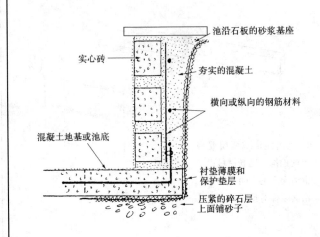

池沿石板的砂浆基座

实心砖

夯实的混凝土

横向或纵向的钢筋材料

混凝土地基或池底

衬垫薄膜和保护垫层

压紧的碎石层上面铺砂子

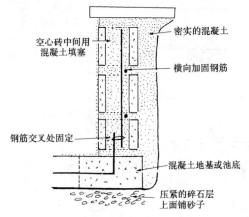

密实的混凝土

空心砖中间用混凝土填塞

横向加固钢筋

钢筋交叉处固定

混凝土地基或池底

压紧的碎石层上面铺砂子

（A）混凝土砖池壁施工

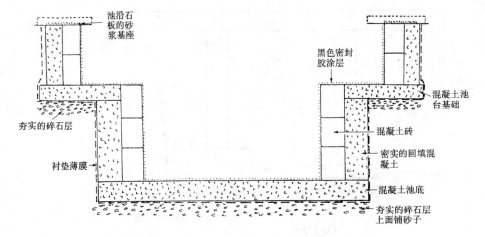

池沿石板的砂浆基座

黑色密封胶涂层

混凝土池台基础

夯实的碎石层

混凝土砖

衬垫薄膜

密实的回填混凝土

混凝土池底

夯实的碎石层上面铺砂子

施工工序：

注：每道工序之间相隔24小时

1. 浇筑混凝土池底；

2. 用砂浆砌池台以下的混凝土砖池壁；

3. 回填混凝土；

4. 浇筑混凝土边台基础；

5. 用砂浆砌上半部混凝土砖池壁；

6. 回填混凝土并夯实；

7. 做砂浆基座，铺上压顶石；

8. 抹底灰，刷黑色密封胶涂层。

（B）建造混凝土砖池塘

| 图名 | 小型园林水景的施工工艺（五） | 图号 | YL3-4（五） |

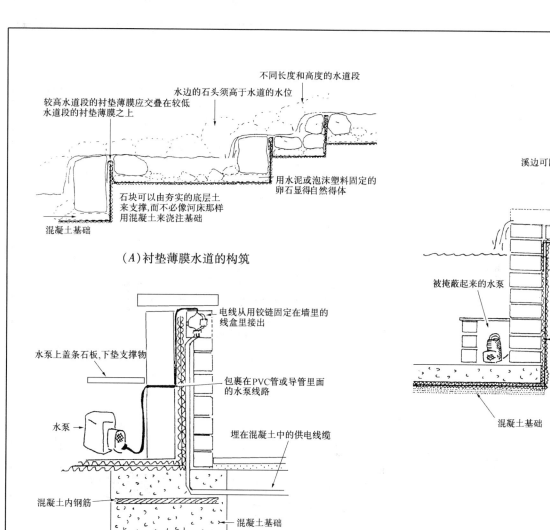

不同长度和高度的水道段

较高水道段的衬垫薄膜应交叠在较低
水道段的衬垫薄膜之上

水边的石头须高于水道的水位

用水泥或泡沫塑料固定的
卵石显得自然得体

石块可以由夯实的底层土
来支撑,而不必像河床那样
用混凝土来浇注基础

混凝土基础

（A）衬垫薄膜水道的构筑

电线从用铰链固定在墙里的
线盒里接出

水泵上盖条石板,下垫支撑物

包裹在PVC管或导管里面
的水泵线路

水泵

埋在混凝土中的供电线缆

混凝土内钢筋

混凝土基础

碎石

（C）伪装作业

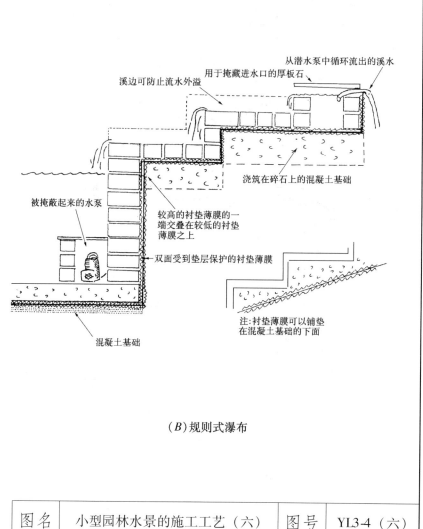

从潜水泵中循环流出的溪水

用于掩藏进水口的厚板石

溪边可防止流水外溢

浇筑在碎石上的混凝土基础

被掩蔽起来的水泵

较高的衬垫薄膜的一
端交叠在较低的衬垫
薄膜之上

双面受到垫层保护的衬垫薄膜

混凝土基础

注:衬垫薄膜可以铺垫
在混凝土基础的下面

（B）规则式瀑布

| 图名 | 小型园林水景的施工工艺（六） | 图号 | YL3-4（六） |

93

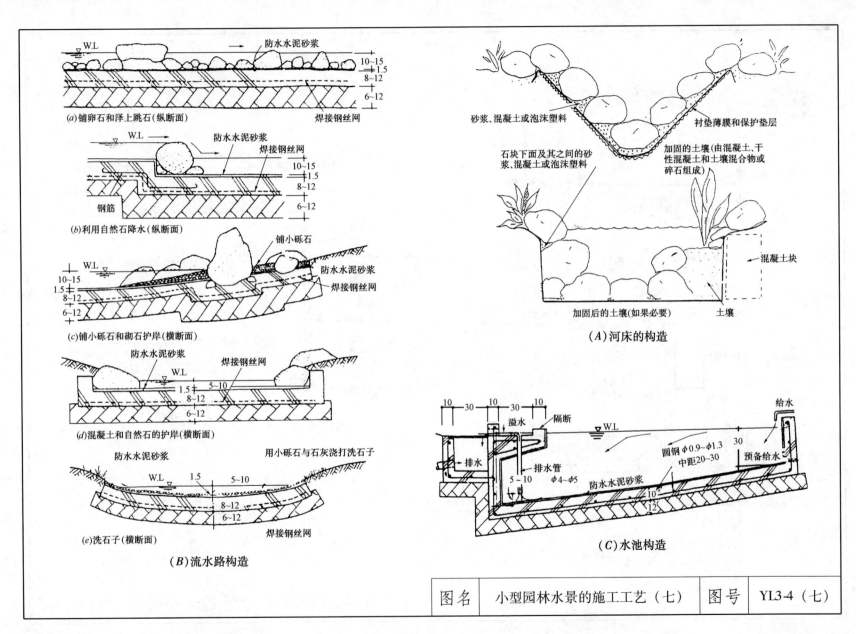

（a）铺卵石和浮上跳石（纵断面）

W.L
防水水泥砂浆
10~15
1.5
8~12
6~12
焊接钢丝网

（b）利用自然石降水（纵断面）

W.L
防水水泥砂浆
焊接钢丝网
钢筋
10~15
1.5
8~12
6~12

（c）铺小砾石和砌石护岸（横断面）

铺小砾石
防水水泥砂浆
焊接钢丝网
W.L
10~15
1.5
8~12
6~12

（d）混凝土和自然石的护岸（横断面）

防水水泥砂浆
焊接钢丝网
W.L
1.5
5~10
8~12
6~12

（e）洗石子（横断面）

防水水泥砂浆
用小砾石与石灰浇打洗石子
W.L
1.5
5~10
8~12
6~12
焊接钢丝网

（B）流水路构造

砂浆、混凝土或泡沫塑料
衬垫薄膜和保护垫层
石块下面及其之间的砂浆、混凝土或泡沫塑料
加固的土壤（由混凝土、干性混凝土和土壤混合物或碎石组成）
混凝土块
加固后的土壤（如果必要）
土壤

（A）河床的构造

给水
溢水
隔断
W.L
排水
排水管
圆钢φ0.9~φ1.3 中距20~30
预备给水
防水水泥砂浆
5~10
φ4~φ5
10
30
10
30
10
30
10
12

（C）水池构造

| 图名 | 小型园林水景的施工工艺（七） | 图号 | YL3-4（七） |

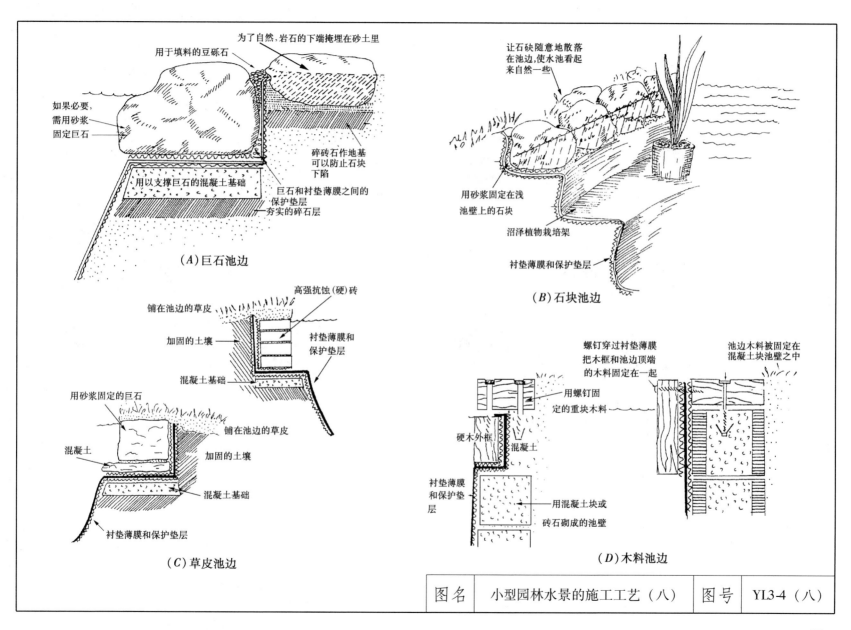

为了自然,岩石的下端掩埋在砂土里

用于填料的豆砾石

如果必要,需用砂浆固定巨石

碎砖石作地基可以防止石块下陷

用以支撑巨石的混凝土基础

巨石和衬垫薄膜之间的保护垫层

夯实的碎石层

（A）巨石池边

让石砾随意地散落在池边,使水池看起来自然一些

用砂浆固定在浅池壁上的石块

沼泽植物栽培架

衬垫薄膜和保护垫层

（B）石块池边

高强抗蚀（硬）砖

铺在池边的草皮

加固的土壤

衬垫薄膜和保护垫层

混凝土基础

用砂浆固定的巨石

铺在池边的草皮

混凝土

加固的土壤

混凝土基础

衬垫薄膜和保护垫层

（C）草皮池边

螺钉穿过衬垫薄膜把木框和池边顶端的木料固定在一起

池边木料被固定在混凝土块池壁之中

用螺钉固定的重块木料

硬木外框

混凝土

衬垫薄膜和保护垫层

用混凝土块或砖石砌成的池壁

（D）木料池边

| 图名 | 小型园林水景的施工工艺（八） | 图号 | YL3-4（八） |

95

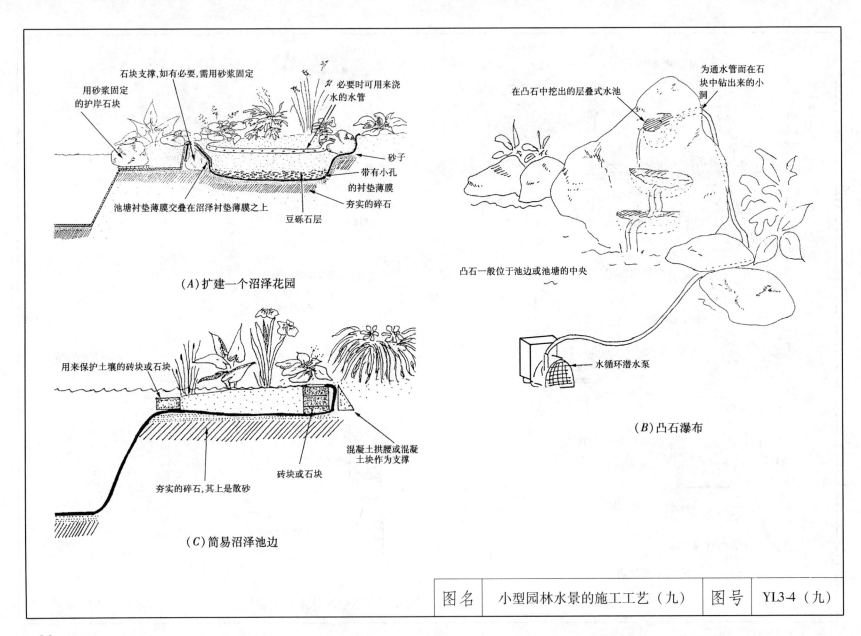

用砂浆固定的护岸石块

石块支撑,如有必要,需用砂浆固定

必要时可用来浇水的水管

砂子

带有小孔的衬垫薄膜

夯实的碎石

豆砾石层

池塘衬垫薄膜交叠在沼泽衬垫薄膜之上

(A)扩建一个沼泽花园

在凸石中挖出的层叠式水池

为通水管而在石块中钻出来的小洞

凸石一般位于池边或池塘的中央

用来保护土壤的砖块或石块

混凝土拱腰或混凝土块作为支撑

砖块或石块

夯实的碎石,其上是散砂

(C)简易沼泽池边

水循环潜水泵

(B)凸石瀑布

| 图名 | 小型园林水景的施工工艺（九） | 图号 | YL3-4（九） |

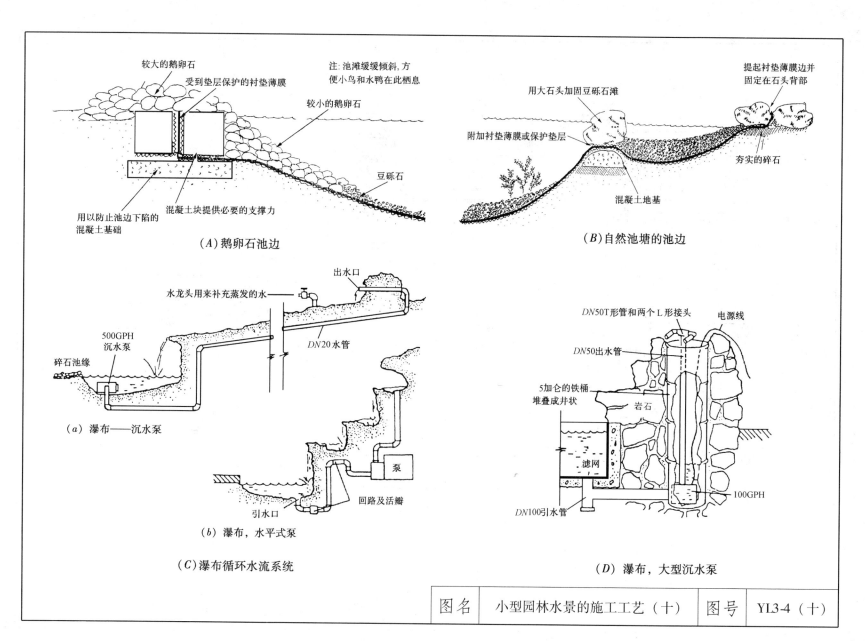

较大的鹅卵石

受到垫层保护的衬垫薄膜

注：池滩缓缓倾斜，方便小鸟和水鸭在此栖息

较小的鹅卵石

豆砾石

用以防止池边下陷的混凝土基础

混凝土块提供必要的支撑力

（A）鹅卵石池边

用大石头加固豆砾石滩

提起衬垫薄膜边并固定在石头背部

附加衬垫薄膜或保护垫层

夯实的碎石

混凝土地基

（B）自然池塘的池边

出水口

水龙头用来补充蒸发的水

500GPH沉水泵

碎石池缘

DN20水管

（a）瀑布——沉水泵

泵

回路及活瓣

引水口

（b）瀑布，水平式泵

（C）瀑布循环水流系统

DN50 T形管和两个L形接头

电源线

DN50出水管

5加仑的铁桶堆叠成井状

岩石

滤网

100GPH

DN100引水管

（D）瀑布，大型沉水泵

| 图名 | 小型园林水景的施工工艺（十） | 图号 | YL3-4（十） |

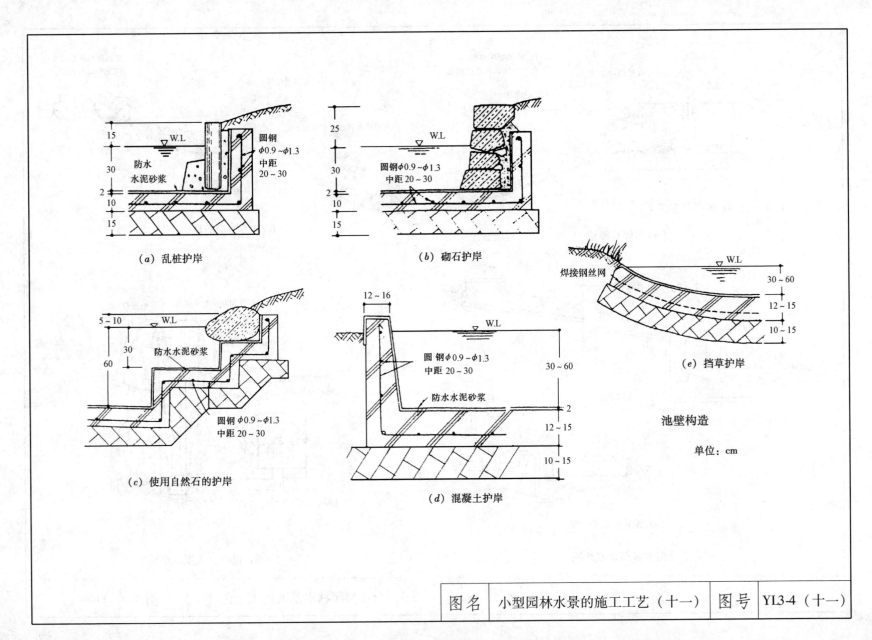

（a）乱桩护岸

（b）砌石护岸

（c）使用自然石的护岸

（d）混凝土护岸

（e）挡草护岸

池壁构造

单位：cm

| 图名 | 小型园林水景的施工工艺（十一） | 图号 | YL3-4（十一） |

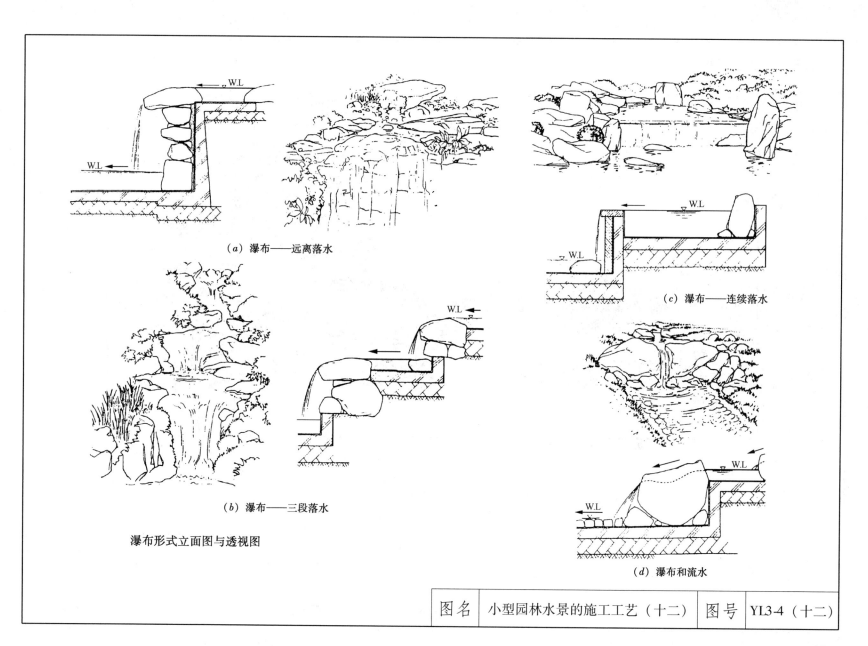

（a）瀑布——远离落水

（c）瀑布——连续落水

（b）瀑布——三段落水

瀑布形式立面图与透视图

（d）瀑布和流水

| 图名 | 小型园林水景的施工工艺（十二） | 图号 | YL3-4（十二） |

3.5 驳岸工程的设计与施工

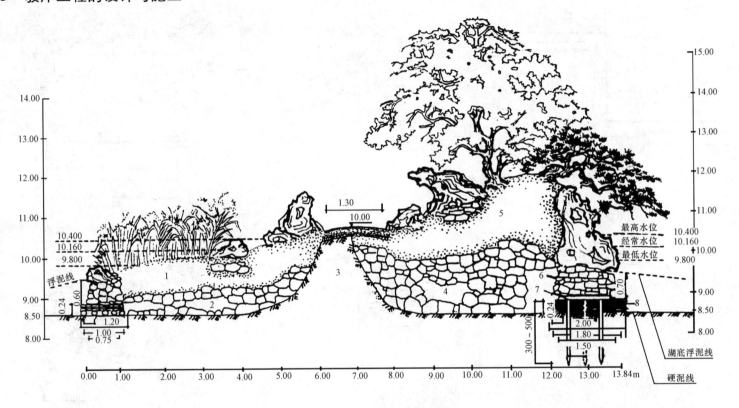

1—园土及西湖淤泥；2—灰鳢碎块填底；3—原有土埂；4—利用坟地灰鳢废物填底；5—灰鳢上方加埂土每30cm夯实；6—干砌块石；
7—桩头加盖石板；8—木柴沉褥，每束木柴直径10～12cm，间距30cm

杭州花港观鱼公园金鱼园驳岸设计

图名	驳岸工程的设计与施工（一）	图号	YL3-5（一）

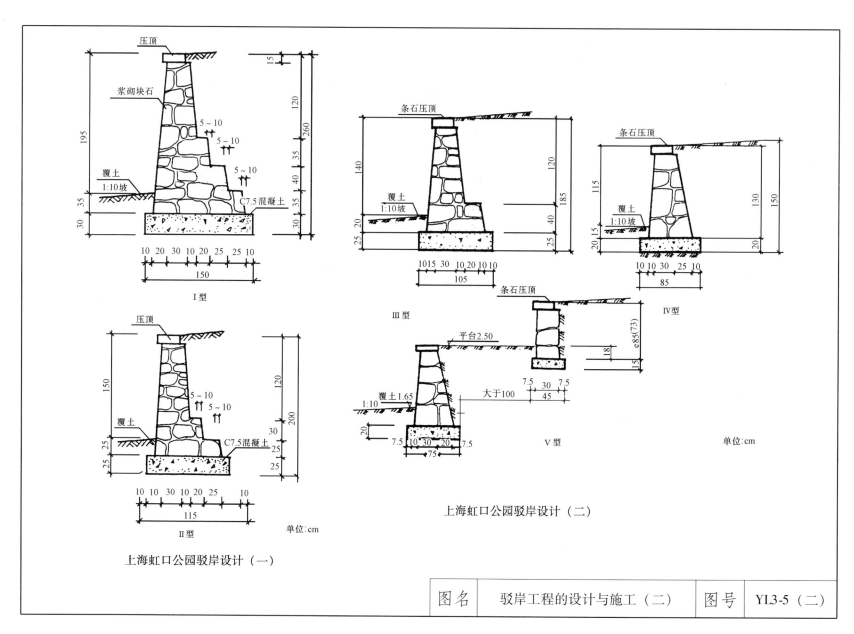

压顶

浆砌块石

5～10

5～10

5～10

覆土
1:10坡

C7.5混凝土

195

120

260

35

40

35

35

30

30

15

10 20 30 10 20 25 25 10

150

Ⅰ型

条石压顶

覆土
1:10坡

140

120

185

25

20

40

25

1015 30 10 20 10 10

105

Ⅲ型

条石压顶

覆土
1:10坡

115

130

150

20

15

20

10 10 30 25 10

85

Ⅳ型

条石压顶

平台2.50

e85(73)

18

15

大于100

7.5 30 7.5

45

Ⅴ型

压顶

5～10

5～10

覆土

C7.5混凝土

150

120

200

25

30

25

25

25

10 10 30 10 20 25 10

115

Ⅱ型

覆土1.65

1:10

20

7.5 10 30 20 7.5

75

单位:cm

单位:cm

上海虹口公园驳岸设计（二）

上海虹口公园驳岸设计（一）

| 图名 | 驳岸工程的设计与施工（二） | 图号 | YL3-5（二） |

101

上海虹口公园驳岸断面采用类型表

区间	标高（m）				高度（m）	驳岸类型	备注
	压顶	覆土	基础	平台			
0～1	3.25	1.85	1.40		1.40	Ⅲ	
1～2	3.20	1.65	1.15		1.55	Ⅲ	
2～3			城建局施工				
3～4	3.15	1.65	1.25		1.50	Ⅱ	覆土
4～5	3.00	1.70	1.25		1.30	Ⅲ	覆土
5～6	3.00	1.85	1.50		1.15	Ⅳ	
6～7	3.00	1.60	1.15		1.40	Ⅲ	
7～8	3.05	1.65	1.15	2.50		Ⅴ	踏步式
8～9	3.05	1.65	1.20		1.40	Ⅲ	覆土
9～10	3.10	1.70	1.25				外移
10～11	3.15	1.80	1.35		1.35	Ⅲ	内移
12～13	3.15	1.70	1.35		1.45	Ⅲ	地位变更
13～14	13.5					Ⅴ	踏步式
14～15	3.0				1.75	Ⅰ	外移
15～16	2.85				1.60	Ⅰ	原拆新建
16～17			整修				上装栏杆
17～18	3.30				1.50	Ⅱ	原拆外移
19～20			整修				
20～21	3.15					Ⅱ	踏步式
21～22	3.00				1.40	Ⅲ	
22～23	3.10				1.40	Ⅲ	
23～24	3.25				1.35	Ⅲ	
24～25	3.30				1.15	Ⅳ	
25～26	3.30				1.15	Ⅳ	
27～28	3.05				1.40	Ⅲ	

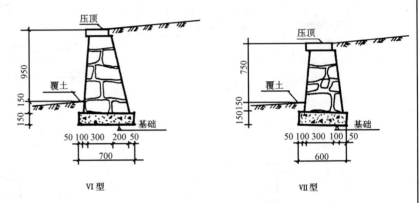

ⅤⅠ型　　　　　　ⅤⅡ型

注：1. 平面未经详细测量，采用断面平面位置须联系设计部门逐段放样决定。

2. 覆土面须填实。表面1：10坡度。

3. 所注标高按城建局新做窨井，井角以3.15m标高为准。

4. 块石驳岸截面大于500mm，用细石混凝土灌浆。小于500mm用M15水泥砂浆基础C75混凝土。

5. 每30m左右处做三油二毡伸缩缝一道（截面变化边）。每20m毛竹出水口。

上海虹口公园驳岸设计（三）

图名	驳岸工程的设计与施工（三）	图号	YL3-5（三）

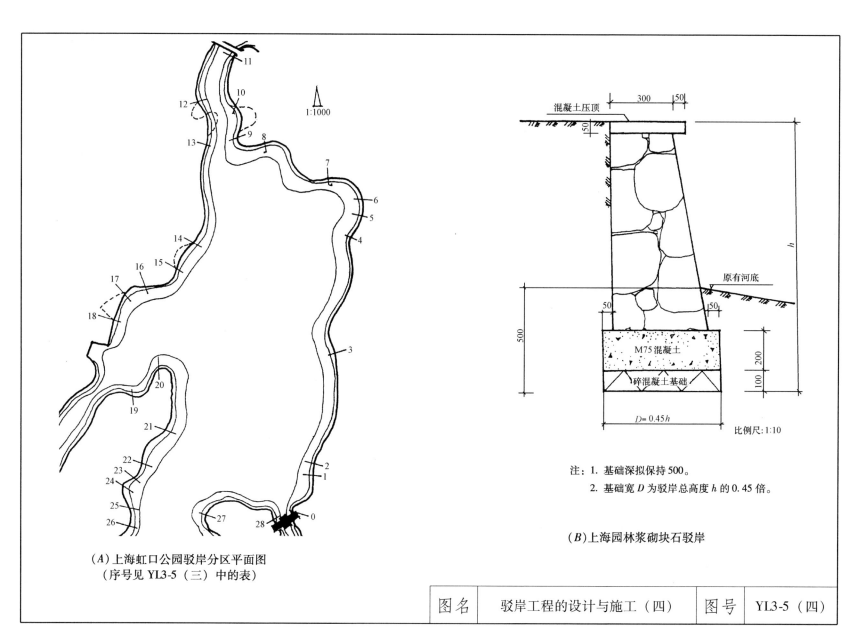

（A）上海虹口公园驳岸分区平面图
（序号见 YL3-5（三）中的表）

1:1000

300　50

混凝土压顶

原有河底

M75 混凝土

碎混凝土基础

$D=0.45h$

比例尺1:10

注：1. 基础深拟保持500。
　　2. 基础宽 D 为驳岸总高度 h 的0.45倍。

（B）上海园林浆砌块石驳岸

| 图名 | 驳岸工程的设计与施工（四） | 图号 | YL3-5（四） |

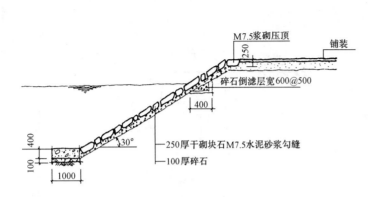

M7.5浆砌压顶

铺装

碎石倒滤层宽600@500

400

250厚干砌块石M7.5水泥砂浆勾缝

100厚碎石

30°

400

100

1000

（a）斜坡式干砌石护坡驳岸剖面做法

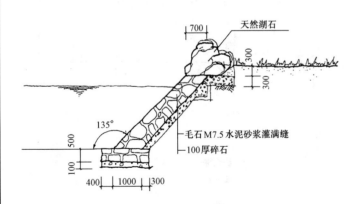

700

天然湖石

300

300

135°

毛石M7.5水泥砂浆灌满缝

100厚碎石

500

100

400 1000 300

（b）后倾式嵌湖石驳岸剖面做法

（A）斜坡驳岸做法两例

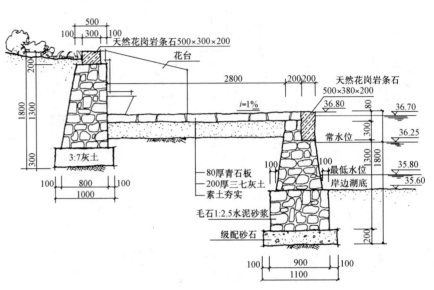

500

100 300 100

天然花岗岩条石500×300×200

花台

200

2800

200 200

天然花岗岩条石
500×380×200

36.80

80

36.70

1800

1300

i=1%

300

常水位

36.25

3:7灰土

1300

1800

300

最低水位

35.80

100 800 100

1000

80厚青石板

200厚三七灰土

素土夯实

100

岸边湖底

35.60

毛石1:2.5水泥砂浆

级配砂石

200

100 900 100

1100

（B）小路驳岸剖面做法

| 图名 | 驳岸工程的设计与施工（五） | 图号 | YL3-5（五） |

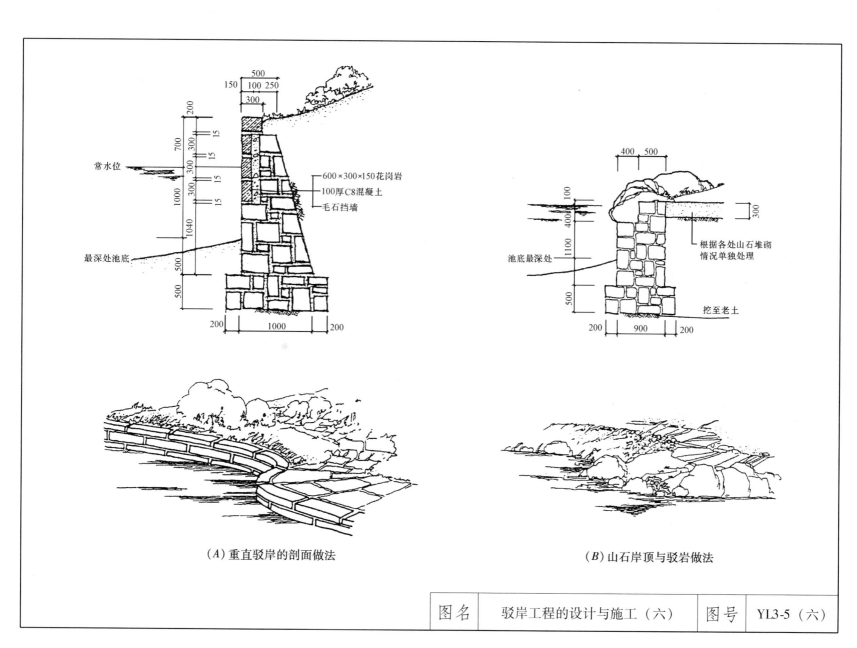

常水位

600×300×150花岗岩

100厚C8混凝土

毛石挡墙

最深处池底

根据各处山石堆砌
情况单独处理

池底最深处

挖至老土

（A）重直驳岸的剖面做法

（B）山石岸顶与驳岩做法

| 图名 | 驳岸工程的设计与施工（六） | 图号 | YL3-5（六） |

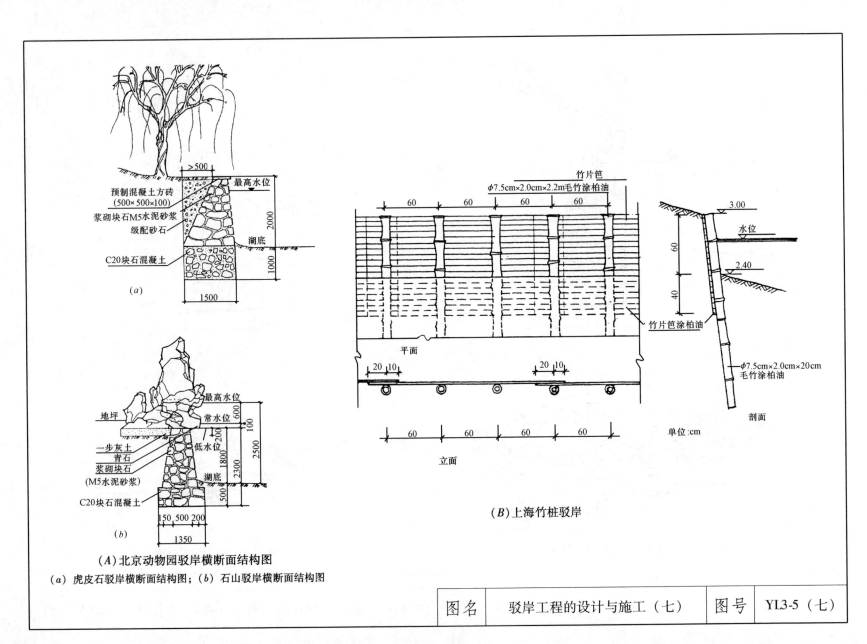

（a）

预制混凝土方砖
（500×500×100）

浆砌块石M5水泥砂浆

级配砂石

C20块石混凝土

> 500

最高水位

2000

湖底

1000

1500

（A）北京动物园驳岸横断面结构图

地坪

一步灰土

青石

浆砌块石
（M5水泥砂浆）

C20块石混凝土

最高水位

常水位

低水位

湖底

600

100

200

2500

2300

1800

500

150 500 200

1350

（b）

（a）虎皮石驳岸横断面结构图；（b）石山驳岸横断面结构图

φ7.5cm×2.0cm×2.2m毛竹涂柏油

竹片笆

60 60 60 60

竹片笆涂柏油

平面

20 10

20 10

60 60 60 60

立面

（B）上海竹桩驳岸

3.00

水位

2.40

60

40

φ7.5cm×2.0cm×20cm
毛竹涂柏油

剖面

单位:cm

| 图名 | 驳岸工程的设计与施工（七） | 图号 | YL3-5（七） |

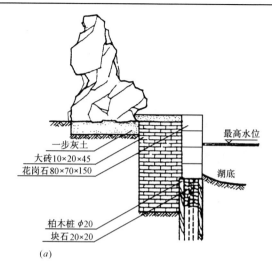

一步灰土
大砖10×20×45
花岗石80×70×150
最高水位
湖底
柏木桩φ20
块石20×20

(a)

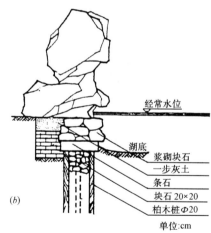

经常水位
湖底
浆砌块石
一步灰土
条石
块石 20×20
柏木桩φ20

单位:cm

(b)

（A）颐和园驳岸横断面图
（a）条石驳岸横断面结构图；（b）后溪河山石驳岸横断面结构图

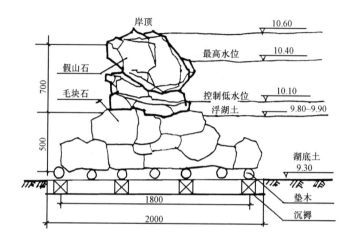

岸顶
10.60
最高水位
10.40
假山石
毛块石
控制低水位
10.10
浮湖土
9.80~9.90
湖底土
9.30
垫木
沉褥
1800
2000
700
500

（B）杭州西湖苏堤部分驳岸设计

| 图名 | 驳岸工程的设计与施工（八） | 图号 | YL3-5（八） |

3.6 喷泉工程的设计与施工

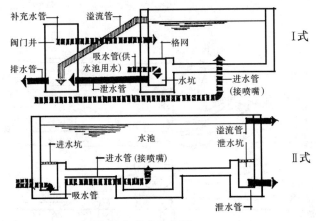

（A）水池管线布置示意图

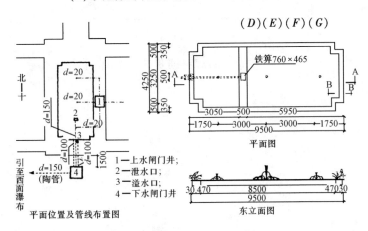

（B）北京某经济植物园水池设计图（一）

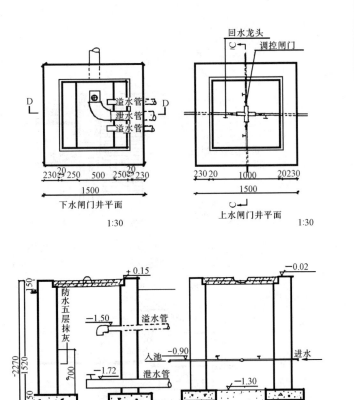

（C）北京某经济植物园水池设计图（二）

| 图名 | 城市喷泉水池的设计实例（一） | 图号 | YL3-6（一） |

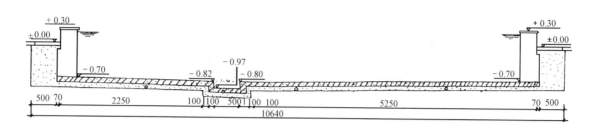

剖面图 A-A

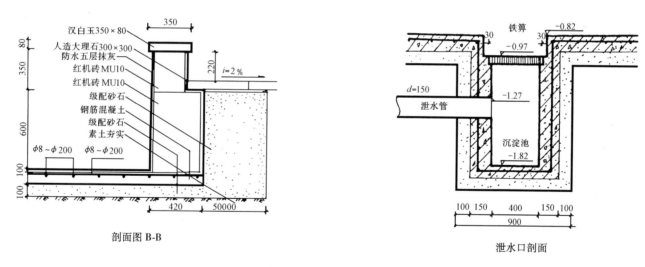

剖面图 B-B

泄水口剖面

北京某经济植物园水池设计图（三）

| 图名 | 城市喷泉水池的设计实例（二） | 图号 | YL3-6（二） |

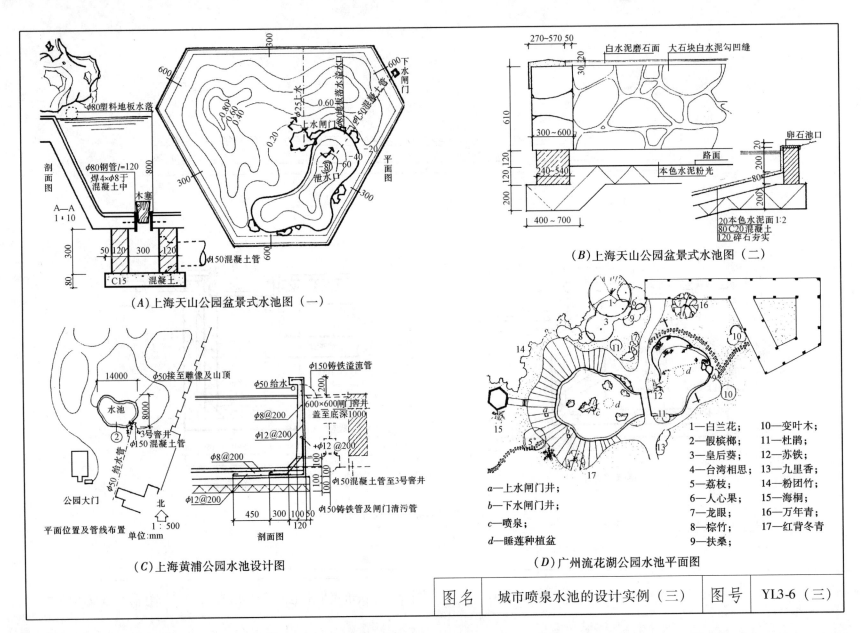

(A)上海天山公园盆景式水池图（一）

(B)上海天山公园盆景式水池图（二）

(C)上海黄浦公园水池设计图

(D)广州流花湖公园水池平面图

1—白兰花；　10—变叶木；
2—假槟榔；　11—杜鹃；
3—皇后葵；　12—苏铁；
4—台湾相思；13—九里香；
5—荔枝；　　14—粉团竹；
6—人心果；　15—海桐；
7—龙眼；　　16—万年青；
8—棕竹；　　17—红背冬青；
9—扶桑；

a—上水闸门井；
b—下水闸门井；
c—喷泉；
d—睡莲种植盆

图名	城市喷泉水池的设计实例（三）	图号	YL3-6（三）

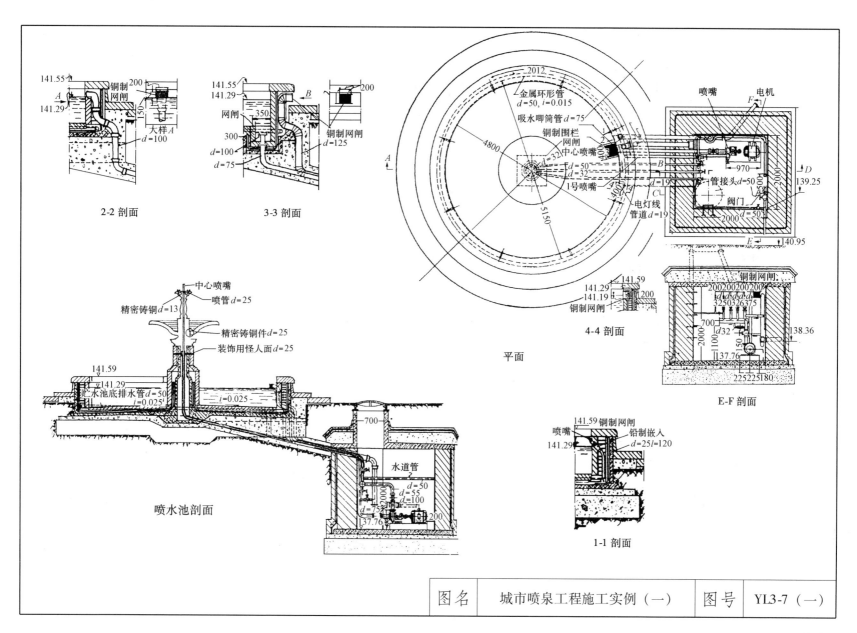

2-2 剖面

3-3 剖面

平面

4-4 剖面

E-F 剖面

1-1 剖面

喷水池剖面

| 图名 | 城市喷泉工程施工实例（一） | 图号 | YL3-7（一） |

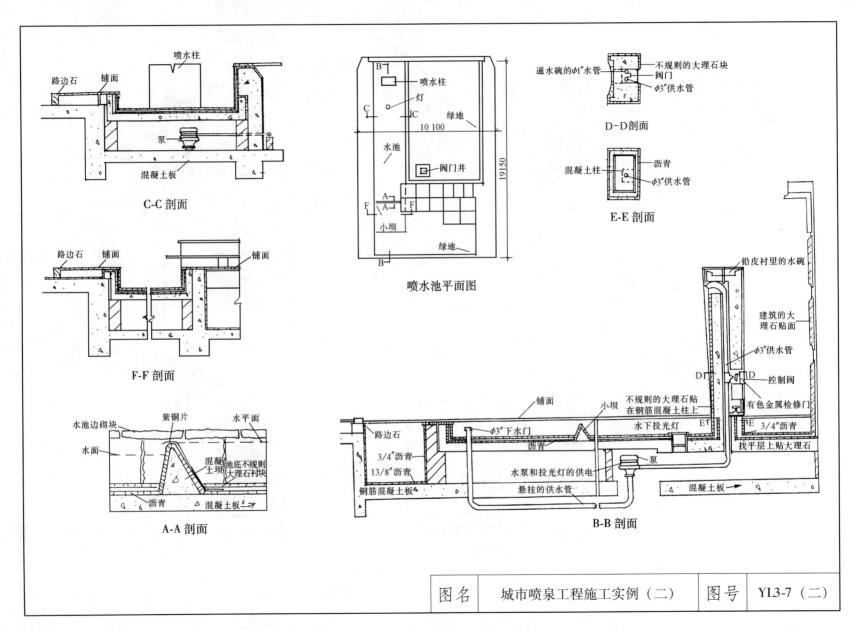

C-C 剖面

喷水柱
路边石 铺面
泵
混凝土板

F-F 剖面

路边石 铺面
铺面

A-A 剖面

水池边砌块 紫铜片 水平面
水面
沥青 混凝土板
混凝土坝 池底不规则
大理石衬块

喷水池平面图

B
喷水柱
灯
C JC
绿地
水池 10 100
阀门井
19150
A
A
F F
小坝
绿地
B

D-D 剖面

通水碗的φ1″水管
不规则的大理石块
阀门
φ3″供水管

E-E 剖面

混凝土柱
沥青
φ3″供水管

B-B 剖面

铅皮衬里的水碗
建筑的大理石贴面
φ3″供水管
控制阀
有色金属检修门
3/4″沥青
找平层上贴大理石
铺面
小坝
不规则的大理石贴
在钢筋混凝土柱上
水下投光灯
路边石
φ3″下水门
沥青
3/4″沥青
13/8″沥青
水泵和投光灯的供电
钢筋混凝土板
悬挂的供水管
泵
混凝土板

图名	城市喷泉工程施工实例（二）	图号	YL3-7（二）

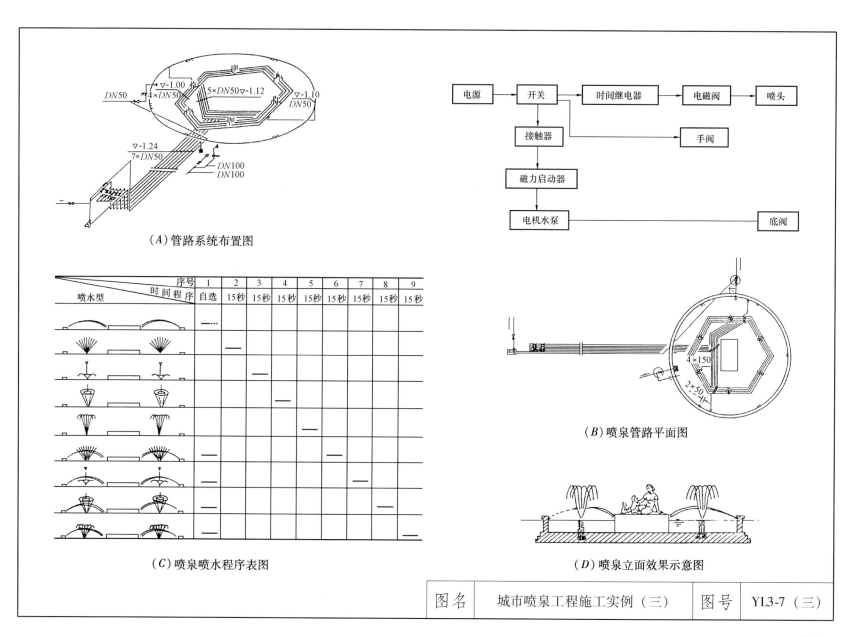

(A)管路系统布置图

(B)喷泉管路平面图

(C)喷泉喷水程序表图

(D)喷泉立面效果示意图

| 图名 | 城市喷泉工程施工实例（三） | 图号 | YL3-7（三） |

113

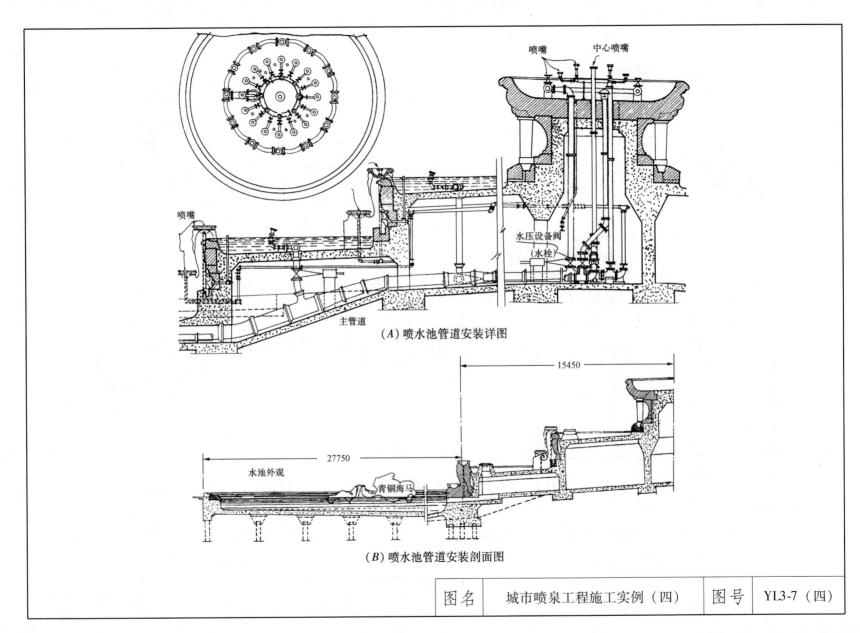

喷嘴　中心喷嘴

喷嘴

水压设备阀

（水栓）

主管道

(A) 喷水池管道安装详图

15450

27750

水池外观

青铜海马

(B) 喷水池管道安装剖面图

图名	城市喷泉工程施工实例（四）	图号	YL3-7（四）

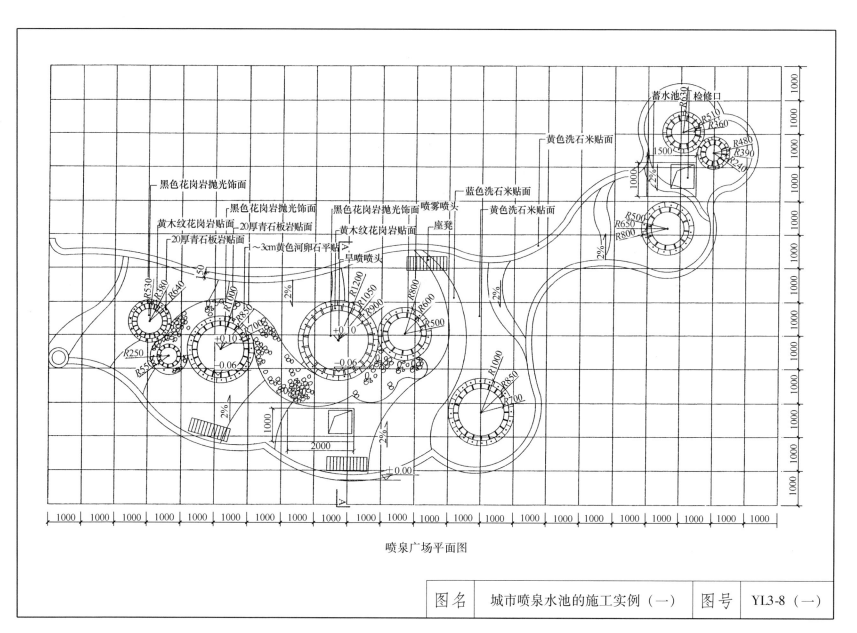

黄色洗石米贴面

蓄水池 检修口

黑色花岗岩抛光饰面

黑色花岗岩抛光饰面

黑色花岗岩抛光饰面 喷雾喷头

蓝色洗石米贴面

黄色纹花岗岩贴面

20厚青石板岩贴面

座凳

黄色洗石米贴面

20厚青石板岩贴面

~3cm黄色河卵石平贴

黄木纹花岗岩贴面

旱喷喷头

喷泉广场平面图

| 图名 | 城市喷泉水池的施工实例（一） | 图号 | YL3-8（一） |

115

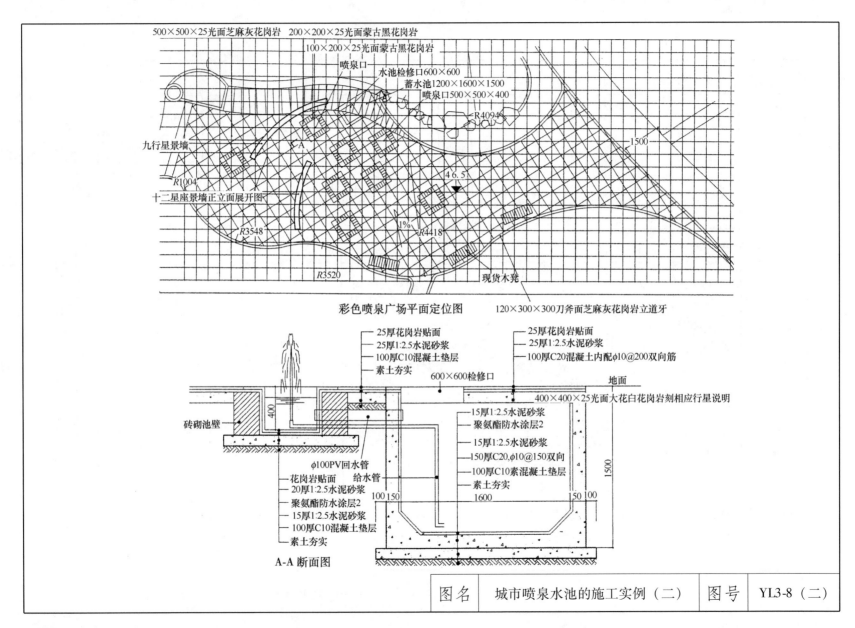

500×500×25光面芝麻灰花岗岩　200×200×25光面蒙古黑花岗岩

100×200×25光面蒙古黑花岗岩

喷泉口

水池检修口600×600

蓄水池1200×1600×1500

喷泉口500×500×400

R40948

九行星景墙

R1004

十二星座景墙正立面展开图

R3548

1%

R4418

R3520

现货木凳

△6.5

1500

彩色喷泉广场平面定位图

120×300×300刀斧面芝麻灰花岗岩立道牙

25厚花岗岩贴面
25厚1:2.5水泥砂浆
100厚C10混凝土垫层
素土夯实

25厚花岗岩贴面
25厚1:2.5水泥砂浆
100厚C20混凝土内配φ10@200双向筋

600×600检修口

地面

400×400×25光面大花白花岗岩刻相应行星说明

砖砌池壁

400

φ100PV回水管　给水管

花岗岩贴面
20厚1:2.5水泥砂浆
聚氨酯防水涂层2
15厚1:2.5水泥砂浆
100厚C10混凝土垫层
素土夯实

15厚1:2.5水泥砂浆
聚氨酯防水涂层2
15厚1:2.5水泥砂浆
150厚C20,φ10@150双向
100厚C10素混凝土垫层
素土夯实

1500

100 150

1600

150 100

A-A断面图

| 图名 | 城市喷泉水池的施工实例（二） | 图号 | YL3-8（二） |

116

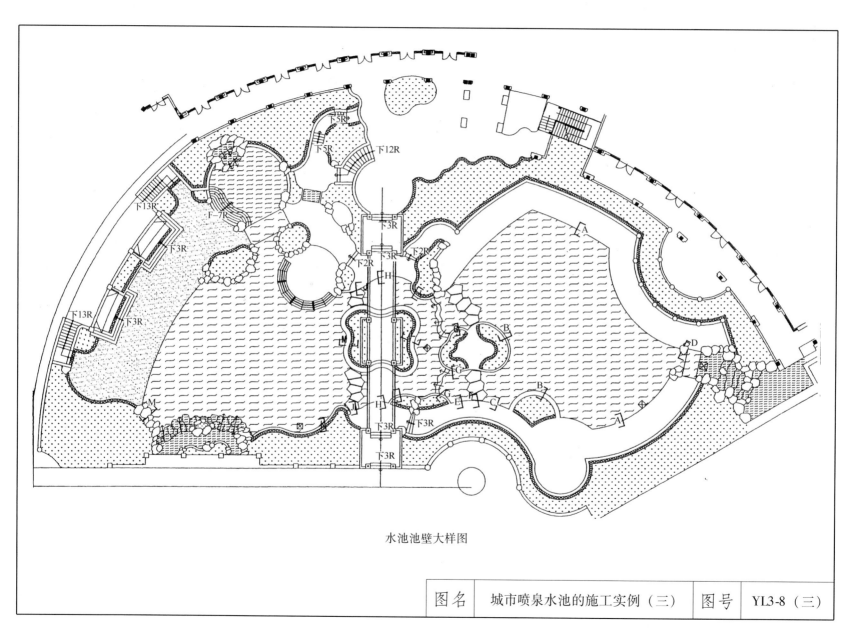

水池池壁大样图

| 图名 | 城市喷泉水池的施工实例（三） | 图号 | YL3-8（三） |

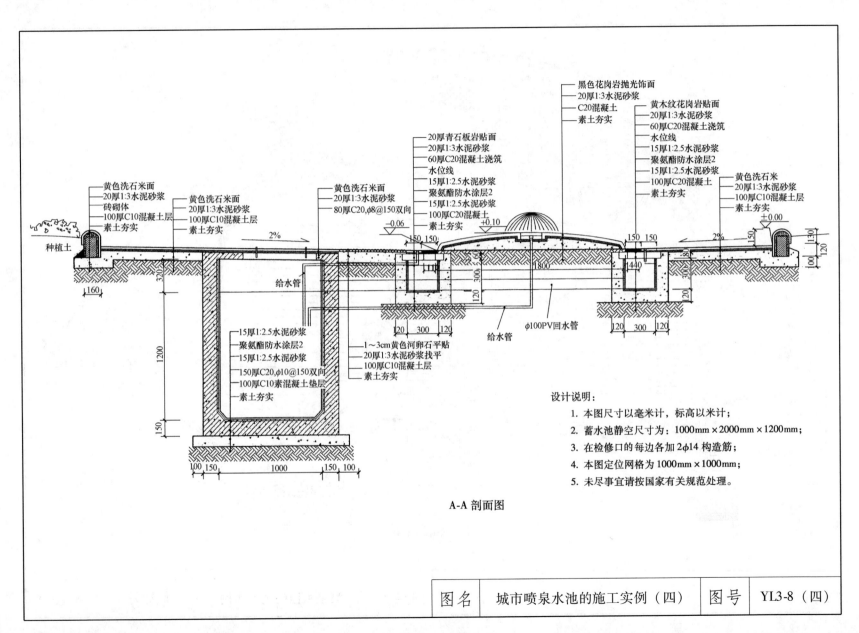

A-A 剖面图

黑色花岗岩抛光饰面
20厚1:3水泥砂浆
C20混凝土
素土夯实

黄木纹花岗岩贴面
20厚1:3水泥砂浆
60厚C20混凝土浇筑
水位线
15厚1:2.5水泥砂浆
聚氨酯防水涂层2
15厚1:2.5水泥砂浆
100厚C20混凝土
素土夯实

20厚青石板岩贴面
20厚1:3水泥砂浆
60厚C20混凝土浇筑
水位线
15厚1:2.5水泥砂浆
聚氨酯防水涂层2
15厚1:2.5水泥砂浆
100厚C20混凝土
素土夯实

黄色洗石米面
20厚1:3水泥砂浆
80厚C20,φ8@150双向
素土夯实

黄色洗石米面
20厚1:3水泥砂浆
100厚C10混凝土层
素土夯实

黄色洗石米面
20厚1:3水泥砂浆
砖砌体
100厚C10混凝土层
素土夯实

黄色洗石米
20厚1:3水泥砂浆
100厚C10混凝土层
素土夯实

种植土

给水管

给水管

φ100PV回水管

15厚1:2.5水泥砂浆
聚氨酯防水涂层2
15厚1:2.5水泥砂浆
150厚C20,φ10@150双向
100厚C10素混凝土垫层
素土夯实

1~3cm黄色河卵石平贴
20厚1:3水泥砂浆找平
100厚C10混凝土层
素土夯实

设计说明：
1. 本图尺寸以毫米计，标高以米计；
2. 蓄水池静空尺寸为：1000mm×2000mm×1200mm；
3. 在检修口的每边各加2φ14构造筋；
4. 本图定位网格为1000mm×1000mm；
5. 未尽事宜请按国家有关规范处理。

| 图名 | 城市喷泉水池的施工实例（四） | 图号 | YL3-8（四） |

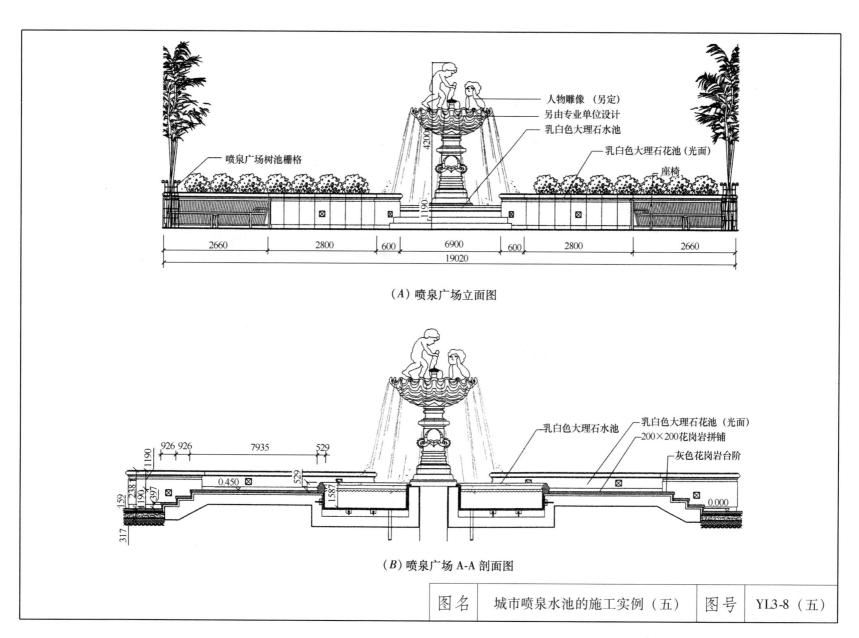

人物雕像（另定）
另由专业单位设计
乳白色大理石水池
乳白色大理石花池（光面）
座椅
喷泉广场树池栅格

4200
1190

2660　2800　600　6900　600　2800　2660
19020

（A）喷泉广场立面图

乳白色大理石水池
乳白色大理石花池（光面）
200×200花岗岩拼铺
灰色花岗岩台阶

926　926　7935　529
1190
0.450
529
1587
238
190
397
159
0.000
317

（B）喷泉广场 A-A 剖面图

| 图名 | 城市喷泉水池的施工实例（五） | 图号 | YL3-8（五） |

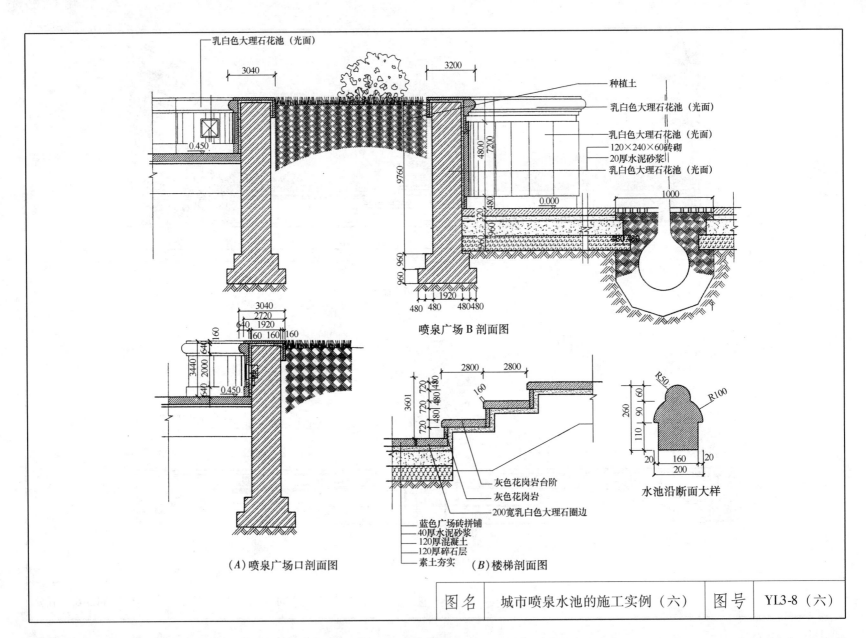

乳白色大理石花池（光面）

3040

3200

种植土

乳白色大理石花池（光面）

乳白色大理石花池（光面）

120×240×60砖砌

20厚水泥砂浆

乳白色大理石花池（光面）

0.450

9760

4800

7200

480

0.000

1000

960 960

960 320

480 480

480 480

480 1920 480 480

喷泉广场 B 剖面图

3040

2720

640 1920

160 160 160 160

3440 2000 640 640

0.450

(A)喷泉广场口剖面图

2800 2800

160

3601 720 720 480 480 480 720 720

灰色花岗岩台阶

灰色花岗岩

200宽乳白色大理石圈边

蓝色广场砖拼铺

40厚水泥砂浆

120厚混凝土

120厚碎石层

素土夯实

(B)楼梯剖面图

R50

R100

260 60 90 110

20 160 20

200

水池沿断面大样

图名	城市喷泉水池的施工实例（六）	图号	YL3-8（六）

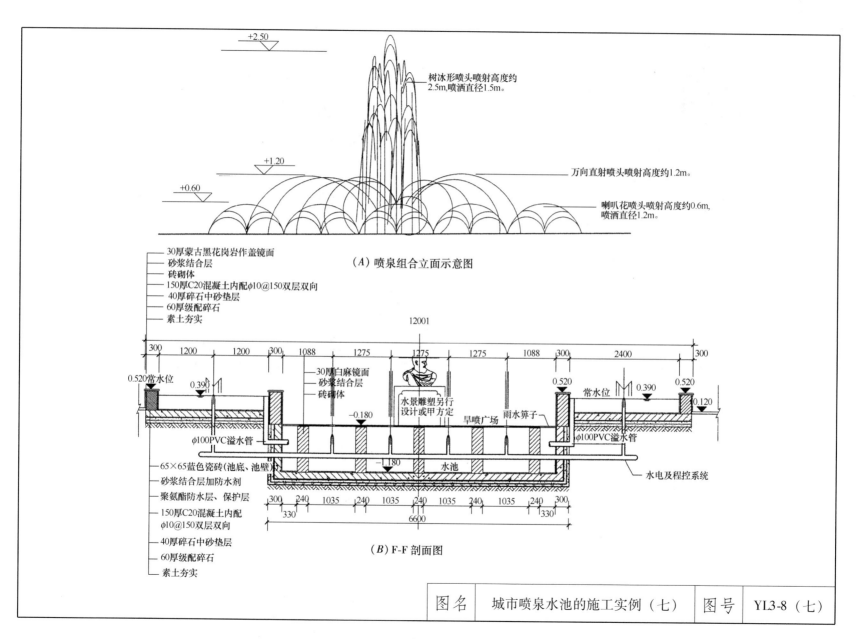

+2.50

树冰形喷头-喷射高度约2.5m,喷洒直径1.5m。

+1.20

万向直射喷头喷射高度约1.2m。

+0.60

喇叭花喷头喷射高度约0.6m,喷洒直径1.2m。

30厚蒙古黑花岗岩作盖镜面
砂浆结合层
砖砌体
150厚C20混凝土内配φ10@150双层双向
40厚碎石中砂垫层
60厚级配碎石
素土夯实

（A）喷泉组合立面示意图

12001

300　1200　1200　300　1088　1275　1275　1275　1088　300　2400　300

0.520常水位
0.390

30厚白麻镜面
砂浆结合层
砖砌体

0.520
常水位　0.390
0.520
0.120

−0.180

水景雕塑另行设计或甲方定

旱喷广场　雨水箅子

φ100PVC溢水管

φ100PVC溢水管

水电及程控系统

65×65蓝色瓷砖(池底、池壁)
砂浆结合层加防水剂
聚氨酯防水层、保护层
150厚C20混凝土内配φ10@150双层双向
40厚碎石中砂垫层
60厚级配碎石
素土夯实

−1.180　水池

300　240　1035　240　1035　240　1035　240　1035　240　1035　240　300
330　6600　330

（B）F-F剖面图

| 图名 | 城市喷泉水池的施工实例（七） | 图号 | YL3-8（七） |

121

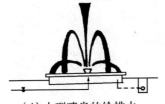

（A）小型喷泉的给排水

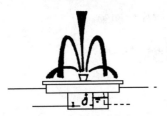

（B）设水泵房循环供水

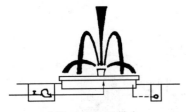

（C）小型加压供水

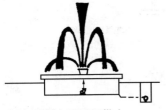

（D）用潜水泵循环供水

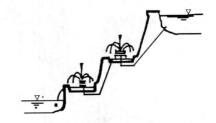

（E）利用高位蓄水池供水

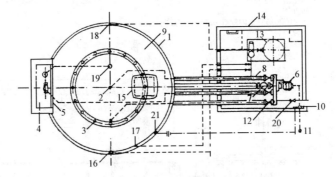

（F）喷泉工程的给排水系统

1—喷水池；2—加气喷头；3—装有直射流喷头的环状管；4—高位水池；5—堰；6—水泵；
7—吸水滤网；8—吸水关闭阀；9—低位水池；10—风控制盘；11—风传感计；12—平衡阀；13—过滤器；
14—泵房；15—阻涡流板；16—除污器；17—真空管线；18—可调眼球状进水装置；19—溢流排水口；
20—控制水位的补水阀；21—液位控制器

图名	喷泉工程的给排水方式与系统	图号	YL3-9

序号	名 称	喷泉水形	序号	名 称	喷泉水形	序号	名 称	喷泉水形
1	屋顶形		8	撒水形		15	单射形	
2	喇叭形		9	扇形		16	水幕形	
3	圆弧形		10	孔雀形		17	拱顶形	
4	蘑菇形（涌泉形）		11	多层花形		18	向心形	
5	吸力形		12	牵牛花形		19	圆柱形	
6	旋转形		13	半球形		20	编织形	
7	喷雾形		14	蒲公英形			a. 向外编织	
							b. 向内编织	
							c. 篱笆形	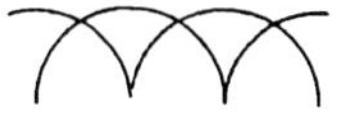

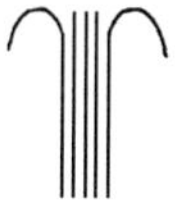

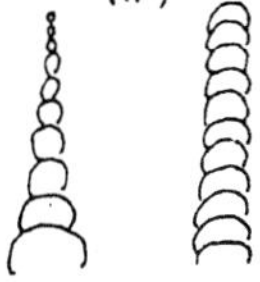

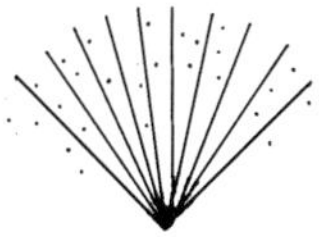

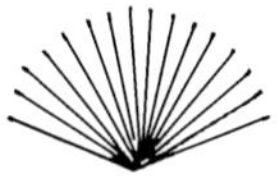

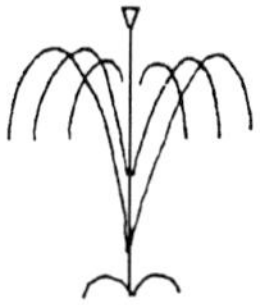

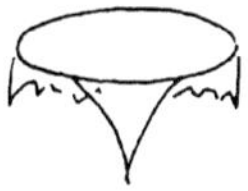

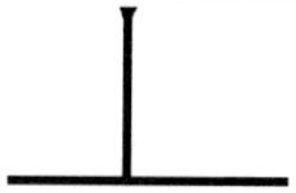

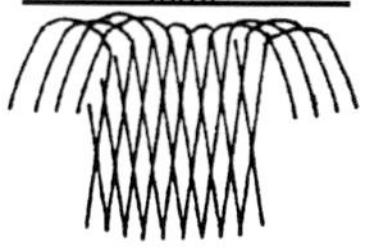

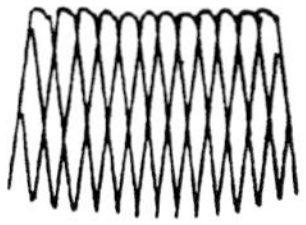

图名	喷泉水姿的基本形式	图号	YL3-10

123

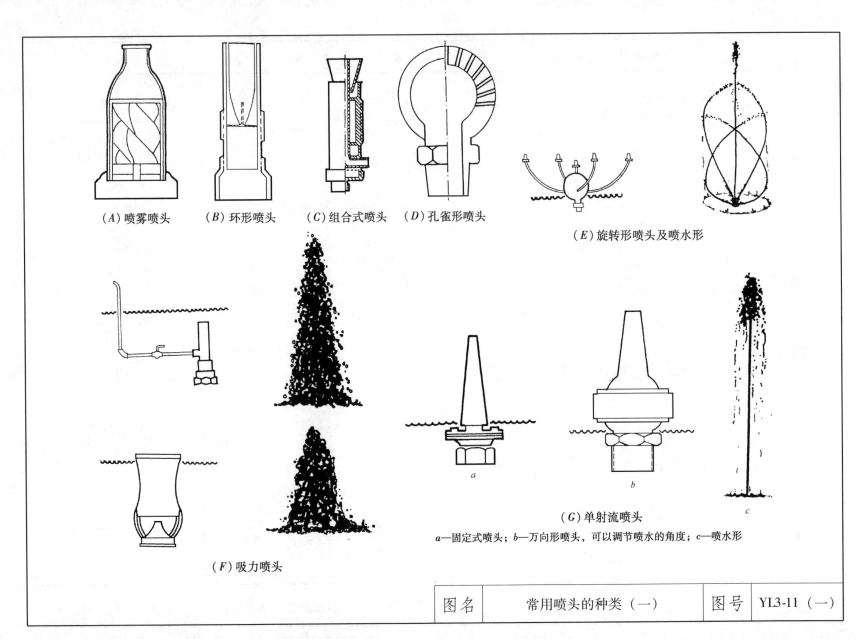

（A）喷雾喷头　　（B）环形喷头　　（C）组合式喷头　　（D）孔雀形喷头

（E）旋转形喷头及喷水形

（F）吸力喷头

（G）单射流喷头

a—固定式喷头；b—万向形喷头，可以调节喷水的角度；c—喷水形

图名	常用喷头的种类（一）	图号	YL3-11（一）

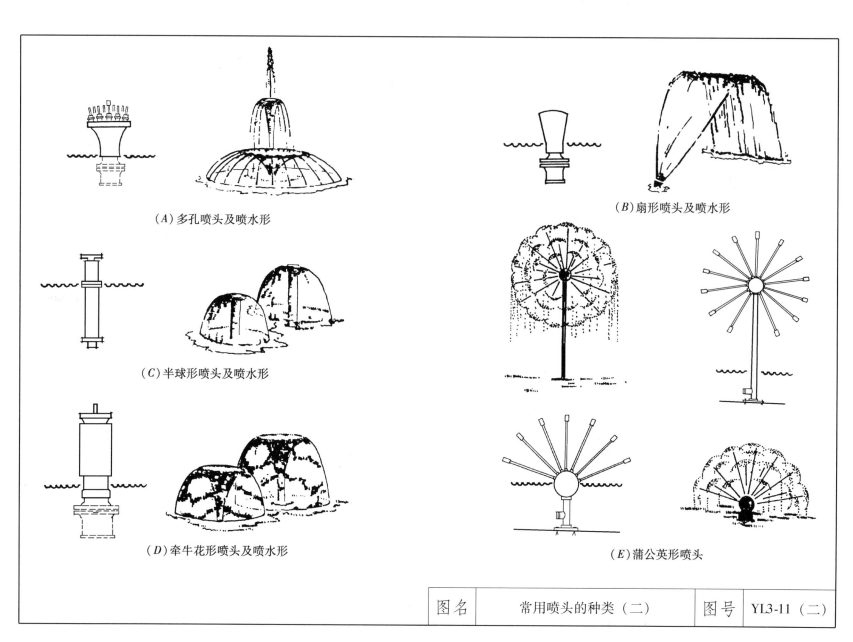

（A）多孔喷头及喷水形

（B）扇形喷头及喷水形

（C）半球形喷头及喷水形

（D）牵牛花形喷头及喷水形

（E）蒲公英形喷头

| 图名 | 常用喷头的种类（二） | 图号 | YL3-11（二） |

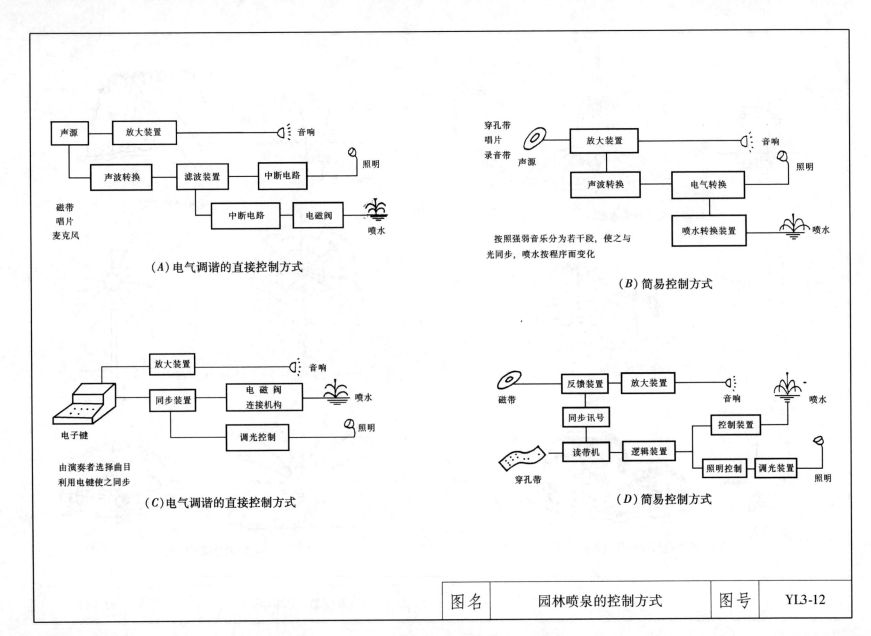

（A）电气调谐的直接控制方式

（B）简易控制方式

按照强弱音乐分为若干段，使之与
光同步，喷水按程序而变化

（C）电气调谐的直接控制方式

由演奏者选择曲目
利用电键使之同步

（D）简易控制方式

| 图名 | 园林喷泉的控制方式 | 图号 | YL3-12 |

4 园林假山工程施工

4.1 假山的功能与类别

城市假山的功能作用

序号	分类	城市假山的功能作用	简明示意图
1	假山能成为园林划分空间和组织空间的手段	假山在中国园林中运用如此广泛并不是偶然的，人工造山是有目的的。园林要求达到"虽由人作，宛自天开"的高超艺术境界。园主为了满足游览活动的需要，必然要建造一些体现人工美的园林建筑。采用假山来组织空间，可以结合作为障景、对景、框景、背景、夹景等灵活手段的运用。例如我国明清时代所建北京的颐和园、圆明园、北海公园，苏州的网师园、拙政园的某些局部，承德的避暑山庄等。我国的园林设计工程师们善于运用"各个景点"的手法，根据用地功能和造景特色将园子化整为零，形成丰富多彩的景区。这就需要划分和组织空间。划分空间的手段很多，但利用假山划分空间是从地形骨架的角度来划分的，具有灵活和自然的特点。特别是采用山水相映成趣的结合来组织空间，使空间更富有性格的变化。 　　例如颐和园仁寿殿和昆明湖之间的地带，是宫殿区、居住区和游览区的交界，这里用土山带石的做法堆了一座假山。假山在分隔空间的同时结合了障景处理，在宏伟的仁寿殿后面，把园路收缩得很窄，并采用"之"字线形穿插而形成山区小道。一出谷口，辽阔、疏朗、明亮的昆明湖突然展现在眼前。这种"欲放先收"的造景手法取得了很好的现实效果。 　　又例如圆明园"武陵春色"要表现世外桃源的意境，利用土山分隔成独立的空间，其中又运用了两山夹水，时收时放的手法作出桃花溪、桃花洞、渔港等地形变化，于极狭处见辽阔，似塞又通，由暗窥明，给人以"山重水复疑无路，柳暗花明又一村"的联想。 　　又如拙政园枇杷园和远香堂、腰门一带的空间采用假山结合云墙的方式划分空间，从枇杷园内通过园洞门北望雪香云蔚亭，又以山石作为前置夹景，都是成功的实例	 网师园主庭园之空间层次处理 1—平石桥；2—月到风来亭；3—濯缨水阁；4—小山丛桂轩

图名	城市假山的功能作用（一）	图号 YI4-1（一）

128

序号	分 类	城市假山的功能作用	简 明 示 意 图
2	假山可成为自然山水中的地形骨架与主要的景色	假山之所以得到广泛的应用，主要在于假山可以满足某种要求和愿望。在我国悠久的历史中，历代有名的和无名的假山匠师们吸取了土作、石作、泥瓦作等方面的工程技术和中国山水画的传统理论和技法，通过实践创造了我国独特、优秀的假山工艺。 如若采用突出主景的布景方式的园林，特别要重视将假山作为自然山水中的地形骨架与主要景色，或以山为主景，以山石为驳岸的水池作主景。整个园林的地形骨架、起伏、曲折皆以此为基础来变化。例如我国金代在太液池中用土石相间的手法堆叠的琼华岛（今北京的北海公园）、明代南京徐达王府之西园（今南京之瞻园）、明代所建的如今的上海之豫园、清代扬州之个园和苏州的环秀山庄等。这些著名园林的总体布局都是以山为主、以水为辅，其中建筑并不一定占主要的地位。这类园林实际上是假山园	北海琼华岛白塔
3	假山中运用山石小品来点缀园林空间和陪衬建筑、植物	假山是以造景游览为主要目的，充分地结合其他多方面的功能作用，以土、石等为材料，以自然山水为蓝本并加以艺术的提炼和夸张，用人工再造的山水景物的通称。山石的这种作用在我国南北方各地园林中均有所见，特别是以江南私家园林运用最为广泛。 例如苏州留园东部庭院的空间基本上是用山石和植物装点的，有的以山石作花台，或者石峰凌空，或者借粉墙前散置，或者以竹与石结合作为长廊间转折的小空间和窗外的对景。例如"揖峰轩"这个庭院，在大天井中部立石峰，天井周围的角落里布置自然多变的山石花台，就是小天井或一线夹巷，也布置以合宜体量的特置石峰。游人环游其中，一个石景往往可以兼作几条视线的对景。石景又以漏窗为框景，增添了画面层次和明暗的变化。仅仅四五处山石小品布置，却由于游览视线的变化而得到几十幅不同的画面效果。 又如北京动物园爬虫馆的门厅左侧的鳄鱼展览室，采用有空调设施的室内景园手法，构筑池山，又以芭蕉象征热带植物，右侧假山且作山泉小瀑，在花木水石配合下，几尾鳄鱼或爬伏池岸或潜游池底，颇富热带气息	 北京动物园爬虫馆室内景园

图名	城市假山的功能作用（二）	图号	YL4-1（二）

序号	分　类	城市假山的功能作用	简　明　示　意　图
4	运用山石做挡土墙、驳岸、护坡及花台	在园林坡度较陡的土山坡地常常散置着山石，用以护坡。这些山石可以阻挡和分散地面径流，降低地面径流的速度，达到减少水土流失的目的。例如北京的北海公园南山部分的群置山石、颐和园龙王庙土山上的散点山石等都有减少雨水冲刷的效果。在坡度更陡的山上往往开辟成自然式的台地，在山的内侧所形成的垂直土面多采用山石做挡土墙。自然山石挡土墙与挡土墙的基本功能相同，而在外观上曲折、起伏、凸凹多致。例如颐和园中的"圆明斋"、"写秋轩"，北海公园的"酣古堂"、"亩鉴室"等周围都是自然山石挡土墙的佳品。 　　建筑空间室内室外的划分是由传统的房屋概念形成的。在园林建筑中，室内外空间都很重要，在创造统一和谐的环境角度上，它的含义也不尽相同。按照一般概念，在以建筑物围合的庭院空间布局中，中心的露天庭院与四周的厅、廊、亭、榭，前者被视为室外空间，后者被视为室内空间的范围看，也可以把这些厅、廊、亭、榭视如围合单一空间的门、窗、墙面一样的手段，用它们来围合庭院空间，亦即是形成一个更大规模的半封闭的"室内"空间，而"室外"空间相应是庭院以外的空间了。例如北海公园濠濮间的空间处理是一个优良的范例，其建筑本身的平面布局并不奇特，但通过建筑物厅、桥、廊、亭、榭曲折的错落变化，以及对室外空间的精心安排，诸如叠石堆山、引水筑池、绿化栽植等，使建筑和园林互相延伸、渗透，构成有机的整体，从而形成空间变化莫测、层次丰富、和谐完整、艺术格调很高的一组建筑空间。 　　如若园林在使用土地面积有限的情况下，要堆起较高的土山，常利用山石作山脚的藩篱。这样，由于土容易崩溃而石可以砌成石墙，就可以缩小土山所占的底盘面积，而又具有相当的高度和体量。例如颐和园"仁寿殿"西面的土山、无锡的寄畅园西岸的土山都是采用这种做法。这是在规划的建筑范围中创造出自然疏密的变化，这与我国传统的雕刻艺术有不少相通的手法，有着异曲同工的艺术效果

北海濠濮涧

濠濮涧北为水庭，南为山庭。叠石假山与建筑物高低错落，相互穿插，空间富于变化。山石树丛通过水榭空廊的渗透，亦丰富了园景的层次 |

图名	城市假山的功能作用（三）	图号	YL4-1（三）

序号	分 类	城市假山的功能作用	简 明 示 意 图
5	假山可以作为室内外自然式样的家具或器具的摆设	园林中的屏风、石榻、石桌、石几、石凳、石栏等，既不怕日晒夜露，又可结合造景。例如现置无锡惠山山麓唐代之"听松石床"（又称"偃人石"），床、枕兼得于一石，石床另端又镌有李阳冰所题的篆字"听松"，是实用结合造景的好例子。此外，山石还用作室内外楼梯、园桥、汀石和镶嵌门、窗、墙等。 　　由于地区不同，历代匠师叠山，风格不尽相同。江南园林与北方园林的叠山，由于历史上的相互渗透，虽各有其个性，但多有相通处，近年来，许多地区广泛采用人工塑山，一般以砖砌体为躯干，饰以颜色、水泥砂浆。山形、色质和气势颇清新，能够根据不同的庭景来塑造。例如广州文化公园内的一座园中院，其西庭、中庭、东庭都以人工塑制的山石，构成三种不同意境的水石庭，使支柱层下的各式平庭，显得新颖而富野趣；其西庭位于电梯间与卫生间之间，花架、水廊前后呼应。大胆利用庭南的梯壁，塑出岩岭突兀，深深的壁型山岩洞穴。中庭与西庭不同，壁上的山石不采取嶙峋突兀的山石，而是将至顶的全部墙面塑成整片峭壁，壁上满刻民间传说的浮雕，壁下一片池水，给此壁潭岩与水石庭赋予了崭新的意境。东庭也是水石庭，却以山潭式的方法来构设，它巧妙地利用了北厅与贵宾室建筑的高差，使塑出的山石具有巍巍山巅之感，相形之下山下池潭变得更为幽深。此外，该园中还启用了具有鲜明的岭南传统"群散"式来布局。北面的水石庭，启用了以孤赏石为主题来布置芭蕉院，启用了以井泉为主题布置的"廉泉"室内景园，启用了用英石叠砌的岭南传统的壁形山，可谓对我国岭南传统水型和景石的继承和运用作了较全面的探索。在这个案例中也可以看出，一定的水型与相应的景石的结合，已越来越多地成为庭院构设的主要手段了。 　　园林中用山石放在水池里、草坪上做成汀步小路，既有造景作用，又满足了散步游览的功能需要。山石布置在草坪上、树下、园路边，就可以代替园林桌凳，具有自然别致的使用效果。此外，山石上还可以刻字，作为名景、植物名的标牌石，指引路线的指路石和警示游人的劝诫石等	 园中院西庭 园中院东庭 园中院中庭

图名	城市假山的功能作用（四）	图号	YL4-1（四）

4.2 假山工程平面设计实例

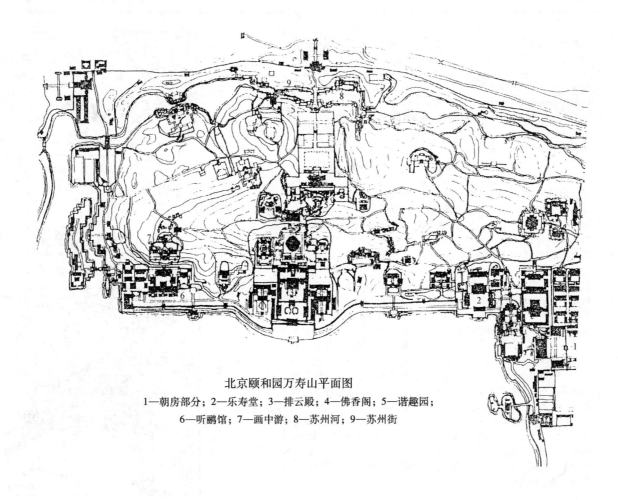

北京颐和园万寿山平面图

1—朝房部分；2—乐寿堂；3—排云殿；4—佛香阁；5—谐趣园；
6—听鹂馆；7—画中游；8—苏州河；9—苏州街

图名	假山工程平面设计实例（一）	图号	YL4-2（一）

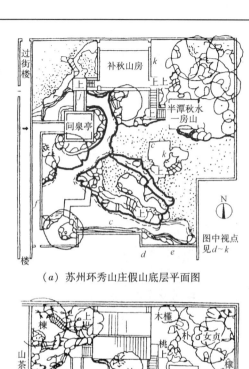

（a）苏州环秀山庄假山底层平面图

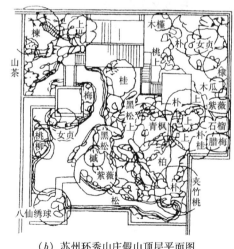
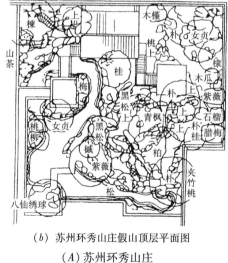

（b）苏州环秀山庄假山顶层平面图

（A）苏州环秀山庄

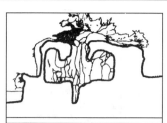

（a）两山夹涧，以虚胜实

（d）两山对峙，山实谷虚

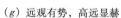

（g）远观有势，高远显赫

跨水为桥，引蔓通津

（b）跨水为桥，引蔓通津

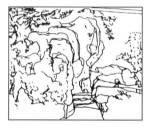

（e）悬崖栈道，起伏上下

（h）环中套环，深远独具

（i）驳岸高下，水岫不穷

（f）陂陀散点，疏密有致

（i）步移景异，峦顶洞观

（B）苏州环秀山庄掇山

图名	假山工程平面设计实例（二）	图号	YI4-2（二）

133

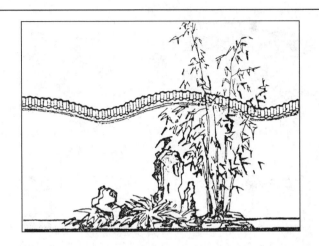

粉墙前的树石小景

镶隅、蹲配与抱角

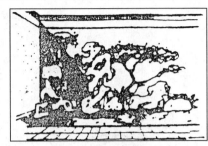

苏州网师园壁山

尺幅窗与无心画

承德避暑山庄云山胜地云梯

石笑

与建筑结合的山石

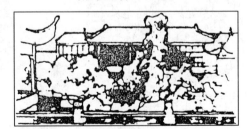

苏州留园冠云峰

图名	假山工程平面设计实例（三）	图号	YI4-2（三）

(A)广州文化公园园中院北庭景观

(B)苏州怡园入口庭园

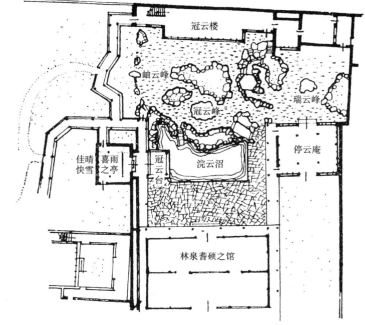

(C)苏州留园冠云峰水石庭平面

| 图名 | 假山工程平面设计实例（四） | 图号 | YL4-2（四） |

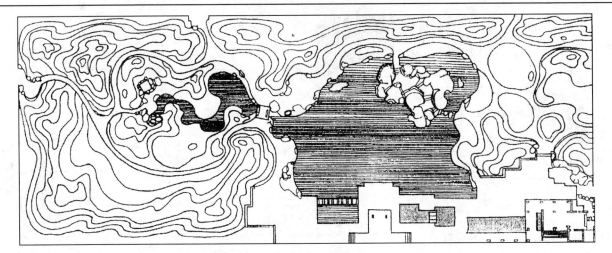

（A）北京国际贸易中心庭园

（B）北京北海看画廊室内山洞

（C）粉壁置石

| 图名 | 假山工程平面设计实例（五） | 图号 | YI4-2（五） |

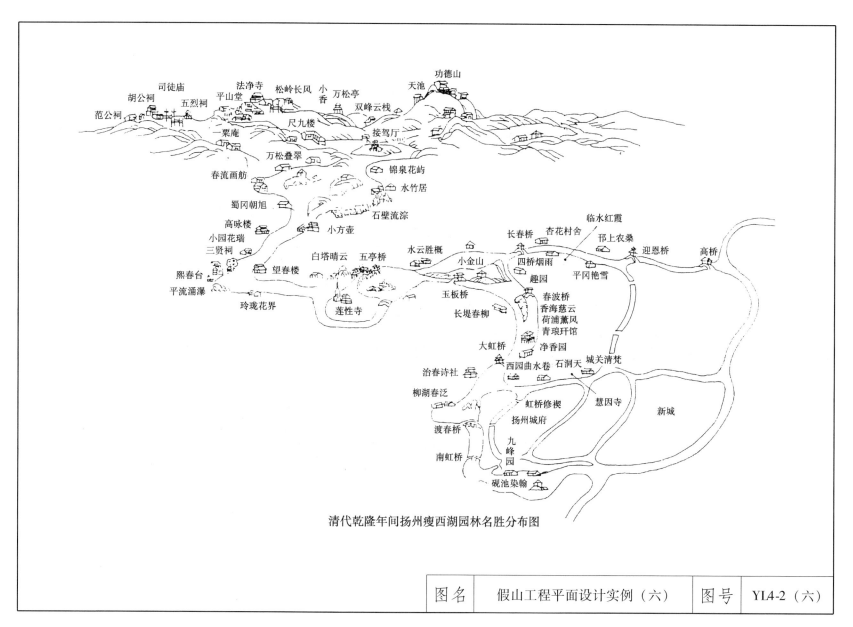

清代乾隆年间扬州瘦西湖园林名胜分布图

| 图名 | 假山工程平面设计实例（六） | 图号 | YL4-2（六） |

杭州太子湾公园鸟瞰

| 图名 | 假山工程平面设计实例（七） | 图号 | YI4-2（七） |

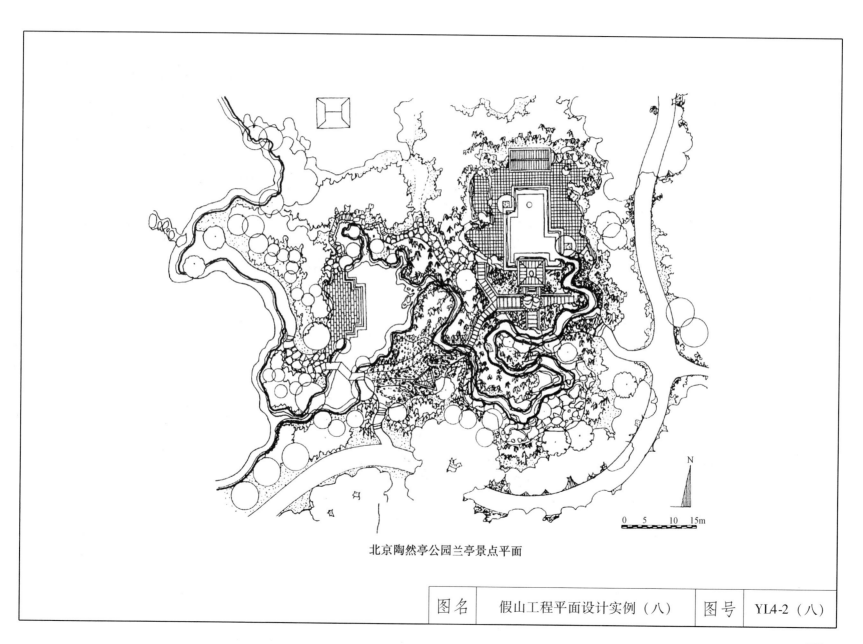

北京陶然亭公园兰亭景点平面

| 图名 | 假山工程平面设计实例（八） | 图号 | YL4-2（八） |

（A）广州泮溪酒家水石庭

（B）钢筋混凝土结构水廊

（C）苏州畅园，为一宅园，规模极小，西南隅以人工方法堆叠山石，并于其上建一四角亭，用曲廊与其他建筑相连。

（D）广州文化公园园中院壁形山景

图名	假山工程平面设计实例（九）	图号	YI4-2（九）

4.3 假山的结构

环透式假山

层叠式假山

竖立式假山

(B)假山的结构形式

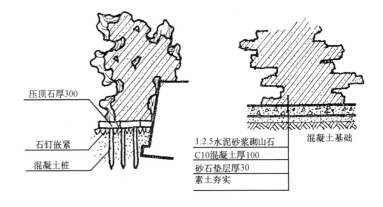

压顶石厚300
石钉嵌紧
混凝土桩

1:2.5水泥砂浆砌山石
C10混凝土厚100
砂石垫层厚30
素土夯实

混凝土基础

(A)桩基础

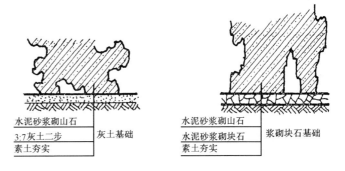

水泥砂浆砌山石
3:7灰土二步
素土夯实

灰土基础

水泥砂浆砌山石
水泥砂浆砌块石
素土夯实

浆砌块石基础

(C)假山基础

| 图名 | 假山结构的基本形式（一） | 图号 | YL4-3（一） |

141

（A）假山的类型

（a）、（b）仿真型；（c）写意型；（d）透漏型；（e）、（f）实用型；（g）盆景型

（B）石景的种类

（a）子母石；（b）散兵石；（c）单峰石；（d）象形石；（e）石玩石

| 图名 | 假山结构的基本形式（二） | 图号 | YL4-3（二） |

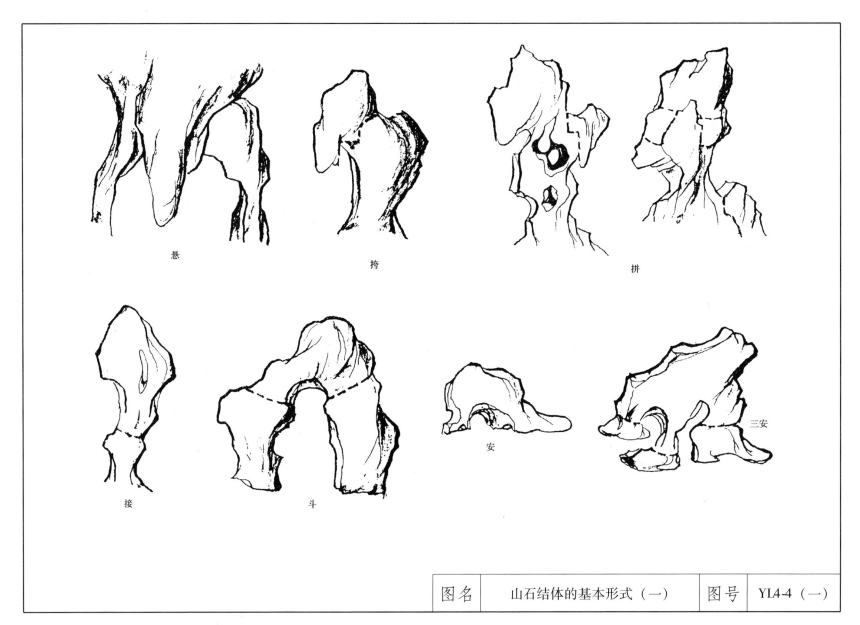

悬　　　　　　　　　　挎　　　　　　　　　　拼

接　　　　　　　　　　斗　　　　　　　　安　　　　　　三安

图名	山石结体的基本形式（一）	图号	YI4-4（一）

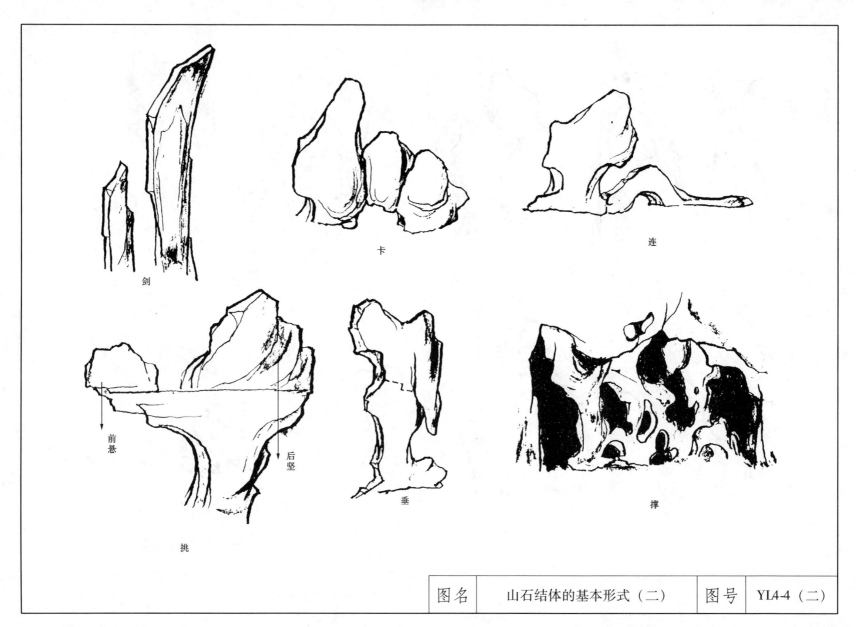

剑

卡

连

前悬

后坚

挑

垂

撑

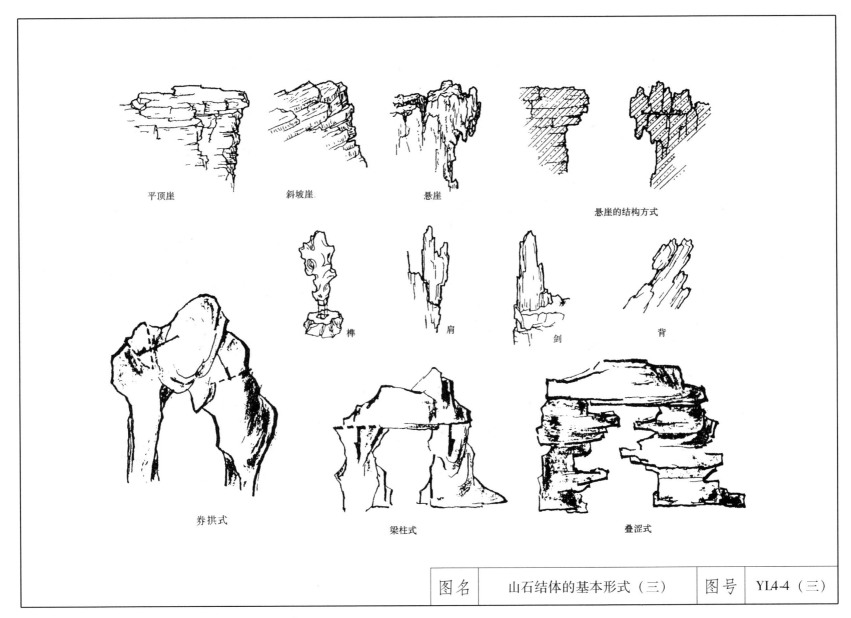

平顶崖   斜坡崖   悬崖

悬崖的结构方式

桦   肩   剑   背

券拱式

梁柱式   叠涩式

| 图名 | 山石结体的基本形式（三） | 图号 | YL4-4（三） |

145

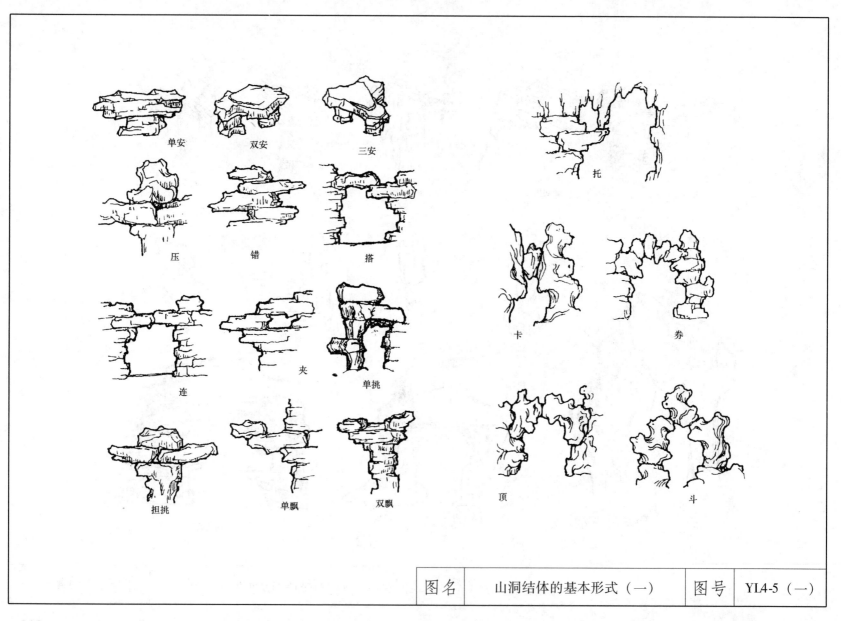

单安　　双安　　三安

压　　错　　搭

托

连　　夹　　单挑

卡　　券

担挑　　单飘　　双飘

顶　　斗

| 图名 | 山洞结体的基本形式（一） | 图号 | YL4-5（一） |

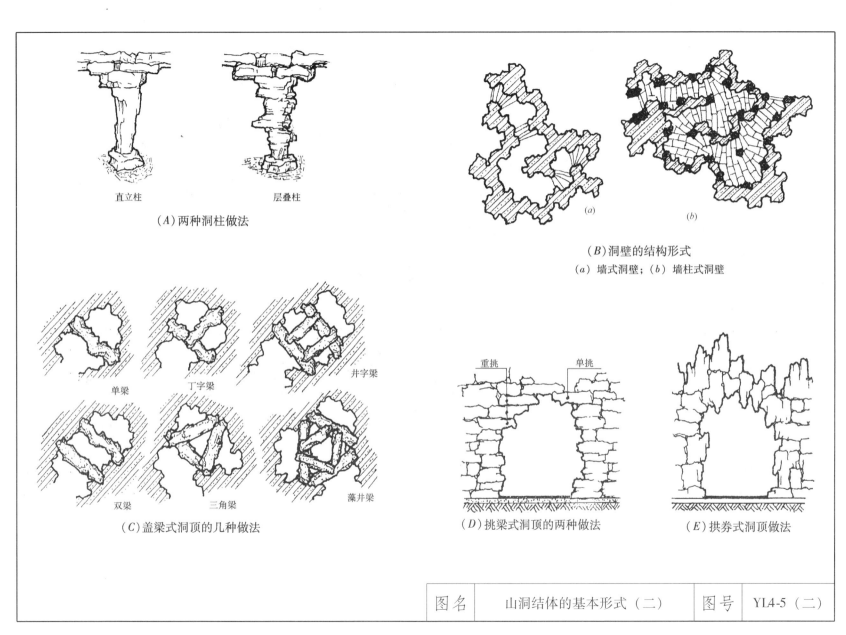

直立柱   层叠柱

（A）两种洞柱做法

(a)   (b)

（B）洞壁的结构形式
（a）墙式洞壁；（b）墙柱式洞壁

单梁   丁字梁   井字梁

双梁   三角梁   藻井梁

（C）盖梁式洞顶的几种做法

重挑 单挑

（D）挑梁式洞顶的两种做法   （E）拱券式洞顶做法

| 图名 | 山洞结体的基本形式（二） | 图号 | YL4-5（二） |

4.4 假山结构设计

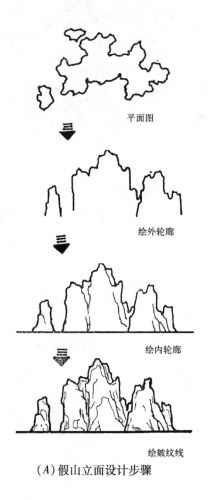

平面图

绘外轮廓

绘内轮廓

绘皱纹线

（A）假山立面设计步骤

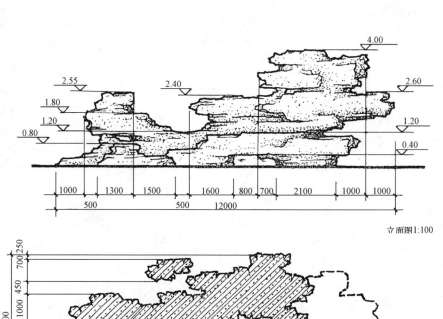

立面图1:100

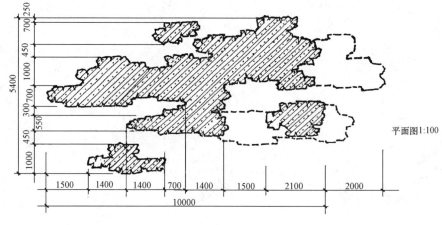

平面图1:100

（B）假山平、立面设计图示例

| 图名 | 假山平面图及立面图的设计 | 图号 | YL4-6 |

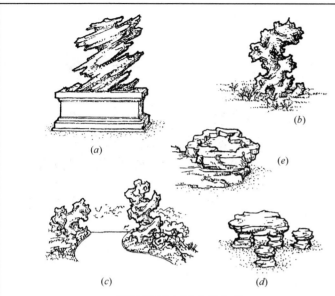

(a)

(b)

(e)

(c) *(d)*

（B）石景的四种布置方式

（a）特置；（b）孤置；（c）对置；（d）、（e）山石器设

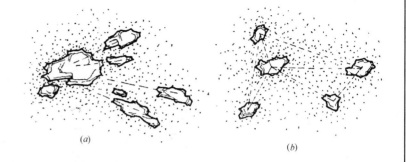

(a)

(b)

（A）子母石与散兵石的平面布置

（a）子母石的呼应；（b）散兵石的相互关系

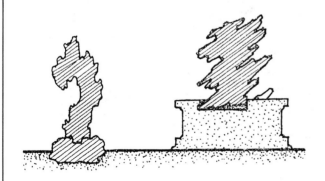

（C）单峰石两种特置方法

兼有大小弯

有小弯无大弯　　有大弯无小弯

（D）花台平面布置

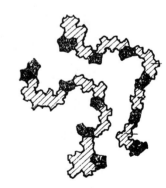

（E）柱间墙的连接方式

| 图名 | 假山石景的设计布置方式（一） | 图号 | YI4-7（一） |

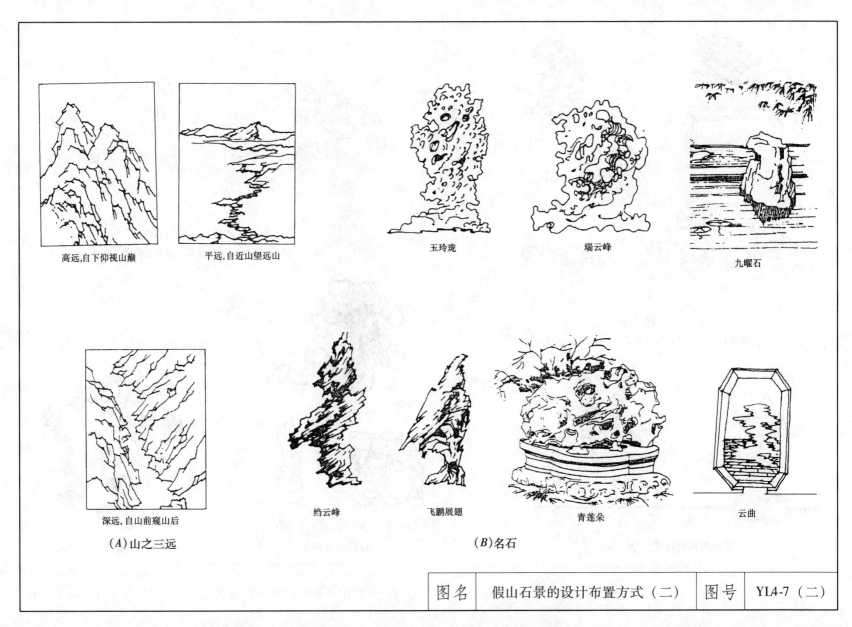

高远,自下仰视山巅　　　平远,自近山望远山

玉玲珑　　　瑞云峰　　　九曜石

深远,自山前窥山后

(A)山之三远

绉云峰　　飞鹏展翅　　青莲朵　　云曲

(B)名石

| 图名 | 假山石景的设计布置方式（二） | 图号 | YL4-7（二） |

150

（A）亭与塑石基座

（B）朝鲜金刚山栏杆

（C）方向对比（假山与水池）

（D）一半是山石、一半是琉璃建筑的小卖部

图名	假山石景的设计布置方式（三）	图号	YL4-7（三）

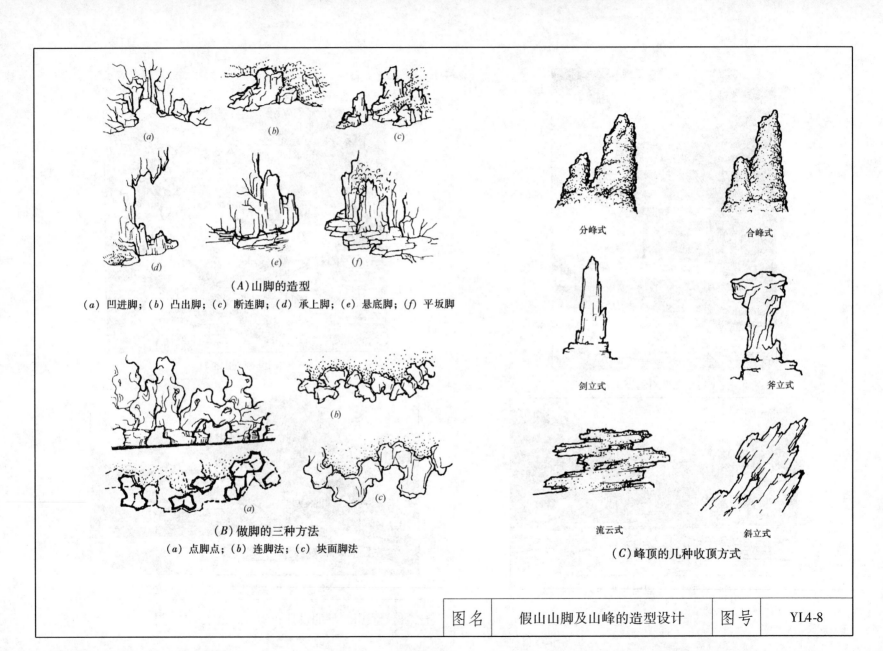

(A)山脚的造型

(a) 凹进脚；(b) 凸出脚；(c) 断连脚；(d) 承上脚；(e) 悬底脚；(f) 平坂脚

(B)做脚的三种方法

(a) 点脚点；(b) 连脚法；(c) 块面脚法

分峰式　　合峰式

剑立式　　斧立式

流云式　　斜立式

(C)峰顶的几种收顶方式

| 图名 | 假山山脚及山峰的造型设计 | 图号 | YL4-8 |

(a) 直条形不稳定

(b) 转折形很稳定

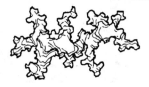

(c) 有余脉时最稳定

（A）石山平面与山的稳定性

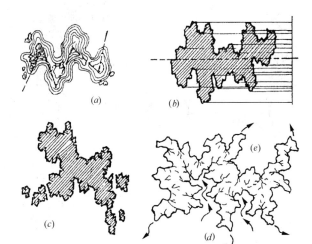

(a)　*(b)*

(c)　*(d)*　*(e)*

（B）假山平面的变化

（*a*）转折；（*b*）错落；（*c*）断续；（*d*）延伸；（*e*）环抱

对称居中

杂乱无章

重心不稳

纹理不顺

刀山剑树

铜墙铁壁

鼠洞蚁穴

叠罗汉

（C）假山与石景造型的忌病

图名	假山平面变化及造型的忌病	图号	YL4-9

153

4.5 假山工程的施工

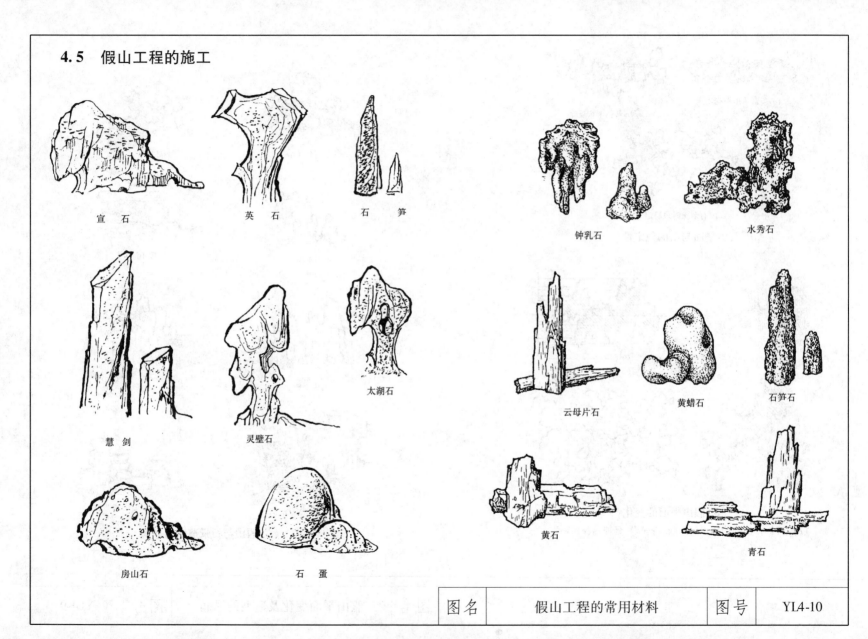

宣 石

英 石

石 笋

钟乳石

水秀石

慧 剑

灵璧石

太湖石

云母片石

黄蜡石

石笋石

房山石

石 蛋

黄石

青石

图名	假山工程的常用材料	图号	YL4-10

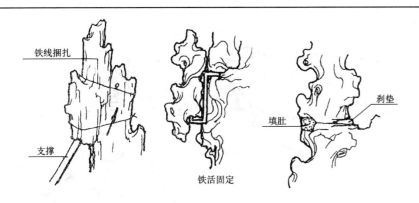

铁线捆扎

支撑

铁活固定

填肚

刹垫

（A）山石衔接与固定方法

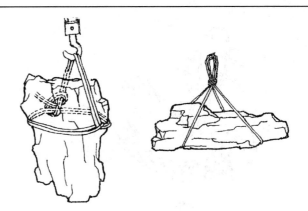

（B）山石的吊拴方法

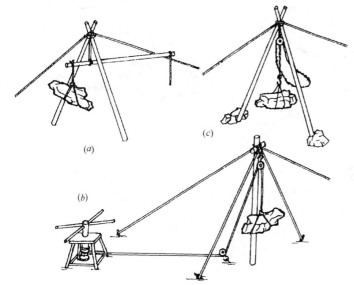

（a）

（b）

（c）

（C）山石的起重方法

（a）吊称起重；（b）绞磨起重；（c）手动葫芦起重

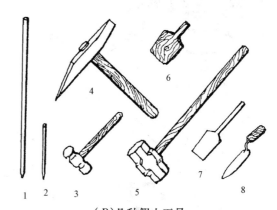

1 2 3 4 5 6 7 8

（D）几种假山工具

1—大钢钎；2—錾子；3—锤头；4—琢镐；

5—大铁锤；6—灰板；7—砖刀；8—柳叶抹

图名	假山工程施工的设施及运用（一）	图号	YL4-11（一）

155

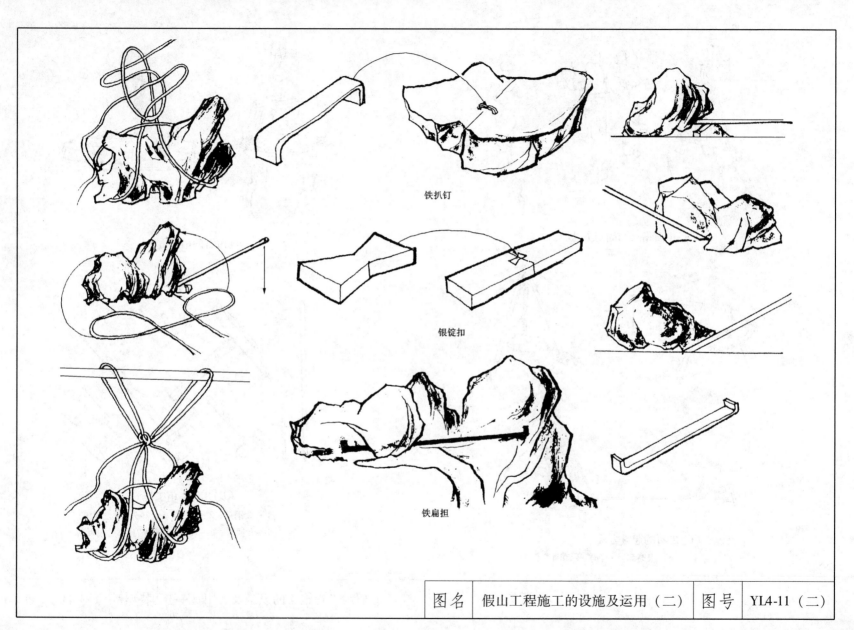

铁扒钉

银锭扣

铁扁担

| 图名 | 假山工程施工的设施及运用（二） | 图号 | YL4-11（二） |

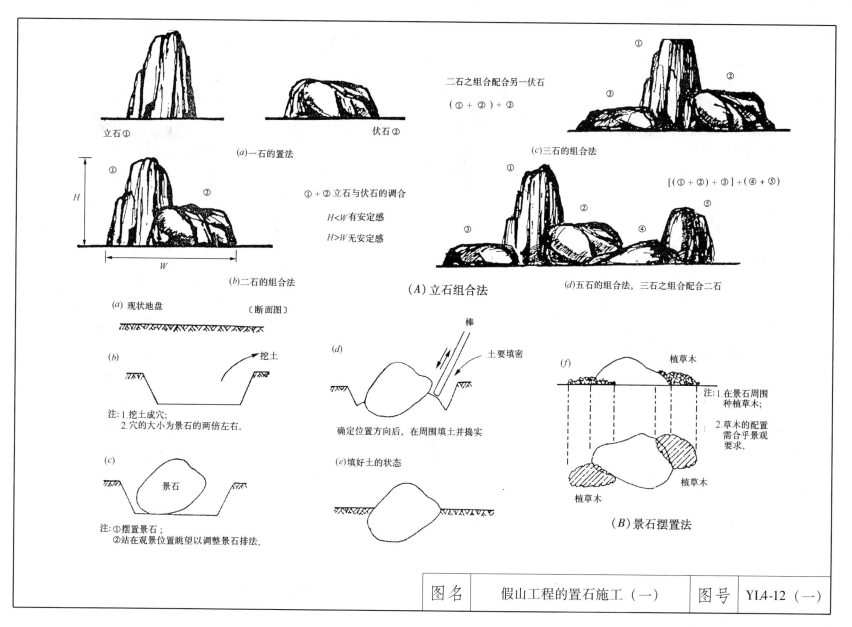

立石① 伏石②

(a)一石的置法

① ② 立石与伏石的调合

$H<W$有安定感

$H>W$无安定感

(b)二石的组合法

二石之组合配合另一伏石

(①＋②)＋③

(c)三石的组合法

[(①＋②)＋③]＋(④＋⑤)

(d)五石的组合法，三石之组合配合二石

（A）立石组合法

(a) 现状地盘 〔断面图〕

(b) 挖土

注:1.挖土成穴;
  2.穴的大小为景石的两倍左右。

(c) 景石

注:①摆置景石;
  ②站在观景位置眺望以调整景石排法。

(d) 棒 土要填密

确定位置方向后，在周围填土并捣实

(e)填好土的状态

(f) 植草木

注:1.在景石周围种植草木;
  2.草木的配置需合乎景观要求。

植草木 植草木

（B）景石摆置法

| 图名 | 假山工程的置石施工（一） | 图号 | YL4-12（一） |

157

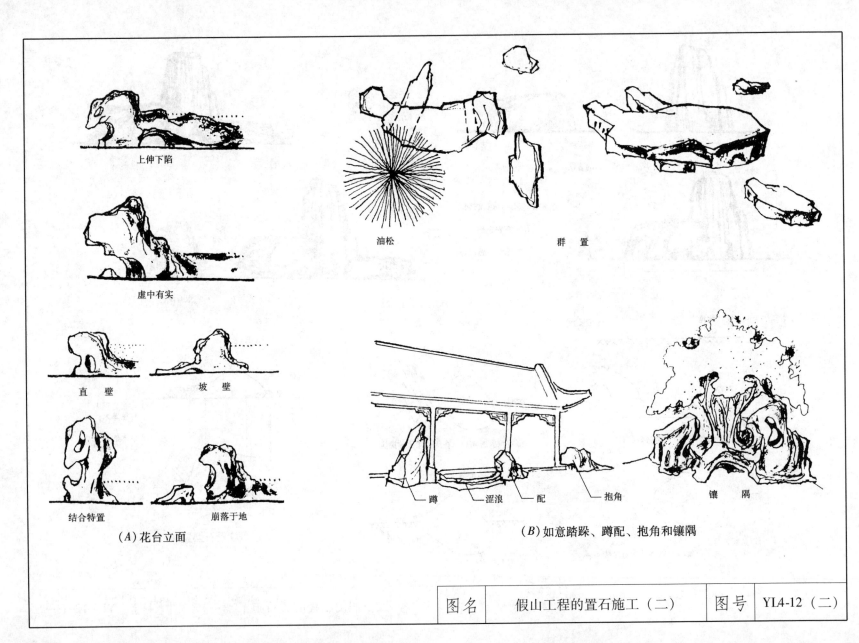

上伸下陷

虚中有实

油松

群置

直壁　　坡壁

结合特置　　崩落于地

（A）花台立面

蹲　　涩浪　　配　　抱角

镶隅

（B）如意踏跺、蹲配、抱角和镶隅

| 图名 | 假山工程的置石施工（二） | 图号 | YI4-12（二） |

158

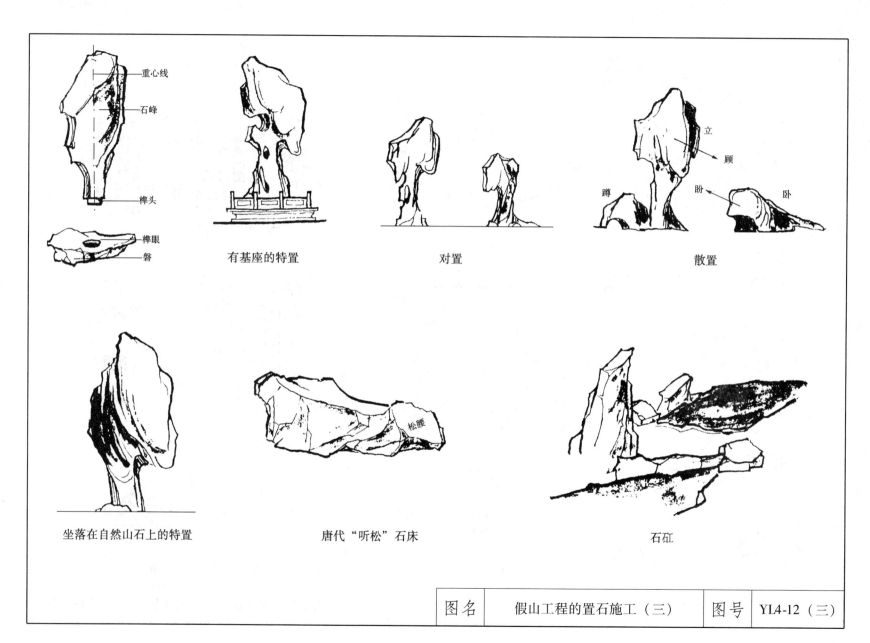

重心线
石峰
榫头
榫眼
磐
有基座的特置

对置

立
顾
蹲
盼
卧
散置

坐落在自然山石上的特置

松腰
唐代"听松"石床

石矼

| 图名 | 假山工程的置石施工（三） | 图号 | YL4-12（三） |

159

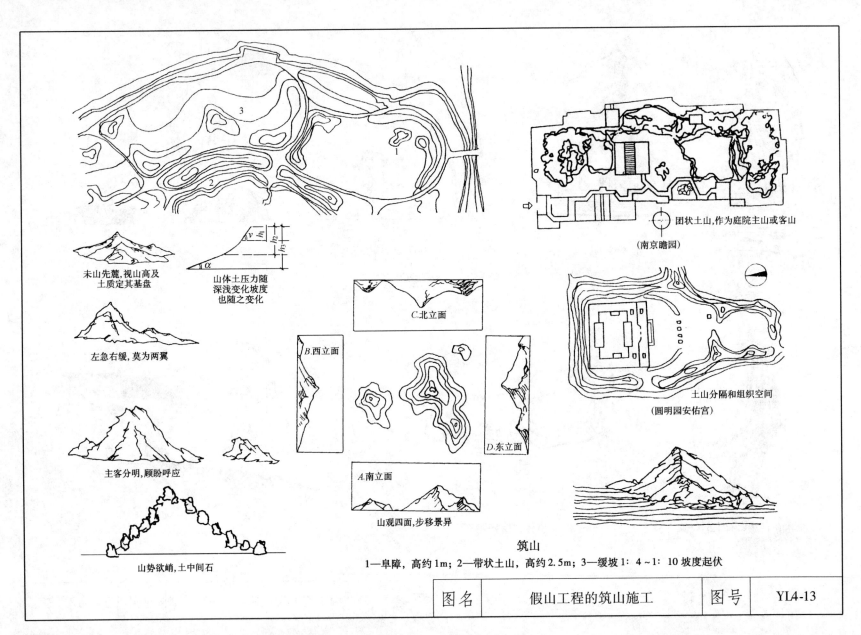

未山先麓,视山高及
土质定其基盘

山体土压力随
深浅变化坡度
也随之变化

左急右缓,莫为两翼

主客分明,顾盼呼应

山势欲峭,土中间石

C.北立面

B.西立面

D.东立面

A.南立面

山观四面,步移景异

团状土山,作为庭院主山或客山

(南京瞻园)

土山分隔和组织空间

(圆明园安佑宫)

筑山

1—阜障, 高约1m; 2—带状土山, 高约2.5m; 3—缓坡1: 4~1: 10坡度起伏

| 图名 | 假山工程的筑山施工 | 图号 | YL4-13 |

160

5 园林挡墙景观工程施工

5.1 园林挡墙构筑物的类型与构造

园林挡墙构筑物的功能作用及类型

序号	分类	园林挡墙构筑物的功能作用	简明示意图
1	园林挡土墙	（1）在一般的园林建筑工程中，经常要进行挖湖堆山、修桥筑路和平整场地等地形改造工程活动。当地形改造中相邻的两块地出现较大高差时，场地之间就需要设置挡土墙，以保证高地和低地之间正常交接，保持各自场地形状的相对完整和结构的安全，防止陡坡坍塌与滑坡。 （2）为了在某一园林的局部中隔离噪声、阻挡视线，或者需要为游人提供某种屏障性景物，也要设置一些挡土墙。 （3）园林内一些陡坡、陡坎，需要像挡土墙一样进行必要的工程处理，才能保证安全地使用。 （4）在一些面积较小的园林局部，当自然地形呈斜坡地时，要将其改造成平坦地，以便能在其上修筑房屋。为了获取最大面积的平地，可以将地形设计为两层或几层台地；这时，上下台地之间若以斜坡相接，则斜坡本身需要占用较多的面积；坡度越缓，所占面积越大。如不用斜坡而用挡土墙来连接台地，就可以少占面积，使平地的面积更大些。 （5）当上下台地地块之间高度差过大，下层台地空间受到强烈压抑时，地块之间挡土墙的设计可以化整为零，分作几层台阶形的挡土墙，以缓和台地之间高度变化太强烈的矛盾。这就说明挡土墙还有削弱高度差的作用。 （6）挡土墙也可以起到造景和美化园林立面的作用。由于挡土墙是园林空间的一种竖向界面，在这种界面上进行一些造型造景和艺术装饰，就可以使园林的立面景观更加丰富多彩，进一步增强园林空间的艺术效果。 （7）挡土墙还有一个重要的作用，就是可作为园林垂直绿化的一种载体。无论是攀缘灌木和藤本植物，还是一般的耐旱草本植物，都可以依附于挡土墙很好地生长，起到绿化园林立面，增加园林空间绿色的作用	 重力式　　悬臂式　　扶垛式 桩板式　　砌块式 **各类挡土墙示意图**

	图名	园林挡墙构筑物的类型与作用（一）	图号	YL5-1（一）

序号	分 类	园林挡墙构筑物的功能作用	简 明 示 意 图
1	园林挡土墙	（8）能够创造形成具有一定形状的局部空间，也是挡土墙常常具有的作用。当挡土墙采用两方甚至三方围合的状态布置时，就可以在所转合之处形成一个半封闭的独立空间。有时，这种半闭合的空间很有用处，能够为园林造景提供具有一定环绕性的良好的外在环境。如西方文艺复兴后期出现的巴洛克式园林的"水剧场"景观，这就是在采用幻想式洞窟造型的半环绕式的台地挡土墙前，创造出的半闭合喷泉水景空间。 （9）园林挡土墙的作用是多方面的，特别是在园林水体岸坡中，它起着限定水体形状、决定水体基本景观效果的作用	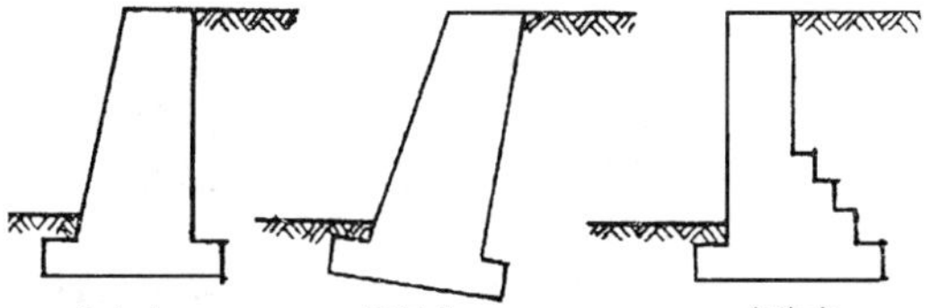 直立式　　倾斜式　　台阶式 **重力式挡土墙的几种断面形式**
2	假山石陡坎	（1）假山石陡坎能够取代挡土墙，承担起挡土和保持陡坡稳固的作用。特别是在园林中的自然山水景区，假山石坎能够很好地与环境地形结合，既做到挡土固坡，又不破坏地形的自然性特征。在园林山坡、园路两侧、风景建筑侧面与背面、园林水体岸边和其他许多地方，只要经济条件允许，都可以采用假山石陡坎。 （2）造景作用是假山石陡坎的一个重要作用，用假山石陡坎可以仿造自然山壁景观和断崖景观。例如在园林土山设计中，当地块狭窄而又要将土山堆得较高时，土山的某些局部就可以设计为假山石或断崖。这样，就使得土山的陡缓地形变化更大；石壁或断崖的顶部，也可点缀亭、廊、阁、塔等组成园林主题性景观；石壁、断崖的下部，还可以做出一些洞穴、石室，进一步丰富园林立面景观。 （3）有一些园林景观设施如喷泉、瀑布、跌水、雕塑、花坛群、花架等，都可以用假山石陡坎作为背景景观。 （4）在不同水位高度的水体之间作连接物，假山石陡坎的作用是其他类别的挡土墙所无法替代的。在园林水体的布局技巧中，有所谓"大水面宜分、小水面宜合"的说法，特别是在丘陵、山地造园中，要在坡地上开辟水体，是无法开出面积很大的水体的。只有采用水位高度不同的几块小面积水体聚合一处，才能够扩大水景空间，给人以强烈的临水感。例如，在较陡的坡地开辟面积较大的庭院山水湖池，用假山石陡坎把水体分为上下两块，其水位差可达 3~6m。陡坎边沿设亭廊，中间留有汀步小路，汀步下即是瀑布口，见图示	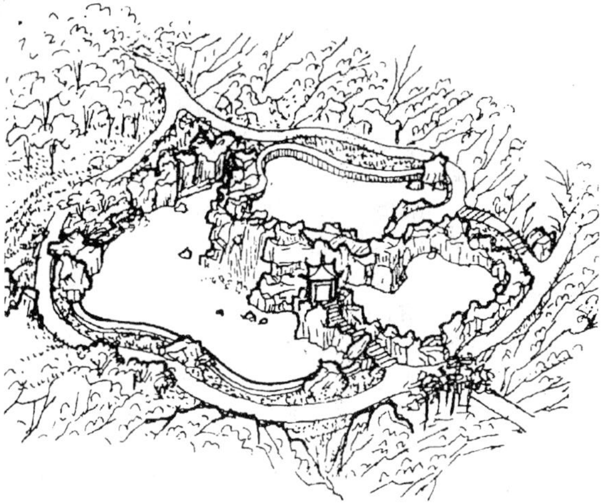 **坡地湖池及假山陡坎**

图名	园林挡墙构筑物的类型与作用（二）	图号	YL5-1（二）

序号	分 类	园林挡墙构筑物的功能作用	简 明 示 意 图
3	隔声挡墙	（1）隔声挡墙一般设置在噪声源附近，主要起隔离和降低噪声，保持园林环境安静和营造幽深景观氛围的作用；经过垂直绿化或装饰造型处理，隔声墙也能够具有一定的观赏作用。 （2）在面向城市街道的园林局部边缘地带，常常需要设置隔声墙，以隔离街道上汽车产生的噪声。在与噪声较大的工厂相邻的地带，设置隔声墙是十分必要的。在公园内部，如游乐场区、儿童活动区、大门区等处，有时也可能需要设置隔声墙，以确保公园其他区域的相对安静。 （3）隔声墙在阻挡视线、隔离或限制游人的活动范围，分隔园林空间，以及装饰园林环境等起到了较好的作用；不过这些作用只能属于附带的兼具的次要作用。 （4）在某些特殊的情况下，隔声墙还被赋予特殊的应用形式，如回音壁、五音壁之类。回音壁一般设计为环状、弧线状或折线状，是在阻挡点声源发出的声波的同时，集中地向地面某一点或某两点折射传送声波，使人听到回声。五音壁是采用质量很高、具有一定共振传声效果的砖石材料或金属材料做成的，常常是在墙内设计了大小不等的若干个空腔，其特点是：如若是直接拍击墙壁时，而墙体内则会发出一种不同的音色、不同音高的悦耳声响来。这两种隔声墙的功能不是隔声，而是向游人提供猎奇和寻趣取乐的好环境。 （5）隔声墙的设置位置、噪声的波长和墙的高度等均与隔声墙的隔声减噪能力有直接的关系。隔声墙的位置越接近噪声源或接近受音点，则越有利于隔声，隔声减噪效果也越好。在声源与受音点之间的中点处，隔声效果最差。受音点位置低时，隔声墙靠近受音点比较有利于隔声。受音点位置高时，墙的位置靠近声源则更能隔声，如图所示。 （6）噪声的波长与墙的隔声效果也有关系。一般情况下，波长越短声音的衰减值越大；波长越长，则声音减值越小。这是因为波长较长的声波容易回折，在越过墙顶时会回转到墙的背后，而波长较短的声波则不易回折，如图所示	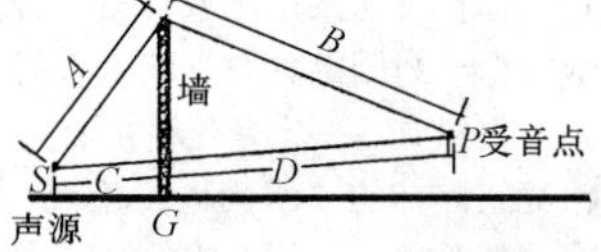 **墙延长音的传播距离** 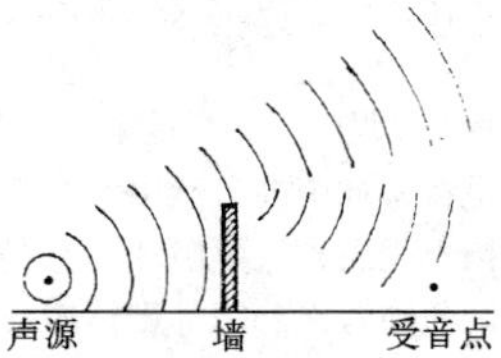 **声波的回折** 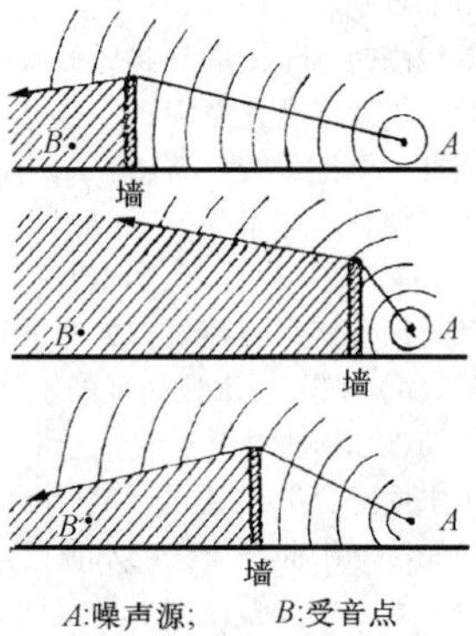 A:噪声源；　B:受音点 **隔声墙的位置**

序号	分类	园林挡墙构筑物的功能作用	简 明 示 意 图
4	背景挡墙	在园林中作为截留视线，以突出主要景物的起背景作用的一类挡墙，统称为背景挡墙，如一般的照壁、庭院围墙以及艺术墙即属于这一类。一些背景墙，对于一定空间范围的园林景观来说，是一种背景；但其设计形象观赏价值较高，所以也常常作为主景使用： （1）照壁：又称影壁，一般是独立式的挡墙，在北方古建筑庭园中有时也用对视线的房屋山墙作影壁。照壁布景在庭院或园路轴线的端点，作园林线形空间中的对景与障景使用。既是对景，也具有主景的背景作用。当照壁之前布景有花坛、水池、喷泉等其他主景景物时，照壁就只是作背景墙用。在园林景观中，照壁常常处于风景序列的起端或终端，因此，照壁在整个园林中的序景作用和尾景作用是比较突出的。 （2）背景围墙：主要是为了给一些主景景物提供背景屏障，截留视线突出主景，或通过其特殊造型来为主景烘托某种情调和氛围。如扬州个园的"冬山"景点，就是用围墙来作白色石山的背景墙。为了强化冬景，在围墙上开出三排圆形空洞，每当风从墙后袭来，穿过圆洞时嘤嘤作响，使整个景点都给人留下强烈的风雪严冬感受，很好地烘托了冬山氛围。又如在桂林市盆景园的庭院内，其围墙采用简练的山水图形进行装饰抹面，与墙前的盆景假山景观交相映衬，突出地表现了"桂林山水甲天下"造景主题和艺术氛围。 （3）幕墙：有玻璃幕墙和水幕幕墙两种，其共同特点是为其他园林景物提供一种虚幻的、有光影变化的背景。玻璃幕墙一般结合着大型建筑设置，由建筑设计师完成，同时也可以作为喷泉、花坛、假山等的背景墙。水幕幕墙是在实体墙壁顶上设置水帘瀑布，水幕覆盖在壁面，作为有动态有水声的特殊的庭院背景。对水幕幕墙的设计，主要是对墙体构造、内部构造、水工做法仔细推敲，墙身可用石料砌筑，也可以采用砖砌筑，墙内要预留水泵、水管、阀门等的安装空间和检修空间	 围墙 照壁 水幕墙 艺术墙 **园林中的各种背景挡墙**

图名	园林挡墙构筑物的类型与作用（四）	图号	YL5-1（四）

仿古式照壁各部分的尺寸确定					
总　长		墙身厚	墙身高	须弥座高度	瓦顶脊高
类型	长　度				
小　型	10m以内	墙身高的1/3～1/5,大型不超过1.5m,特大型不超过2.2m	中小型2.5～4m,大型不超过5.5m,特大型不超过6～8m	墙身高3.8m以下约占墙身高的1/3,墙身高3.8m以上约占1/5	檐口下皮至脊顶约占墙身高的1/3
中　型	15～20m				
大　型	20～30m				
特大型	不超过50m				

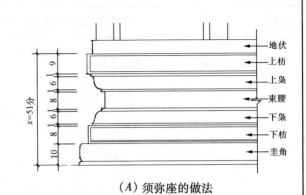

（A）须弥座的做法

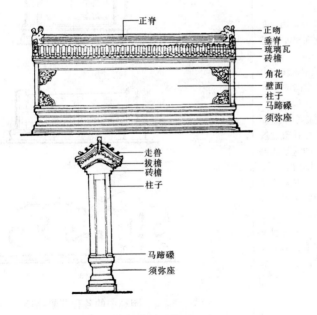

（B）仿古式照壁构造

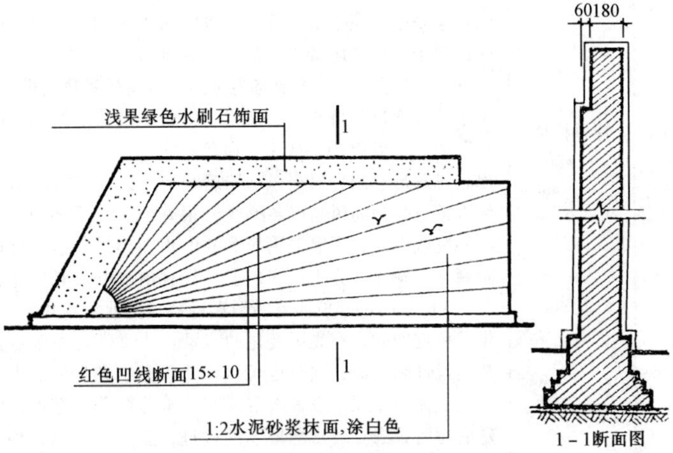

（C）现代式样照壁做法示例

图名	园林挡墙构筑物的构造（一）	图号	YL5-2（一）

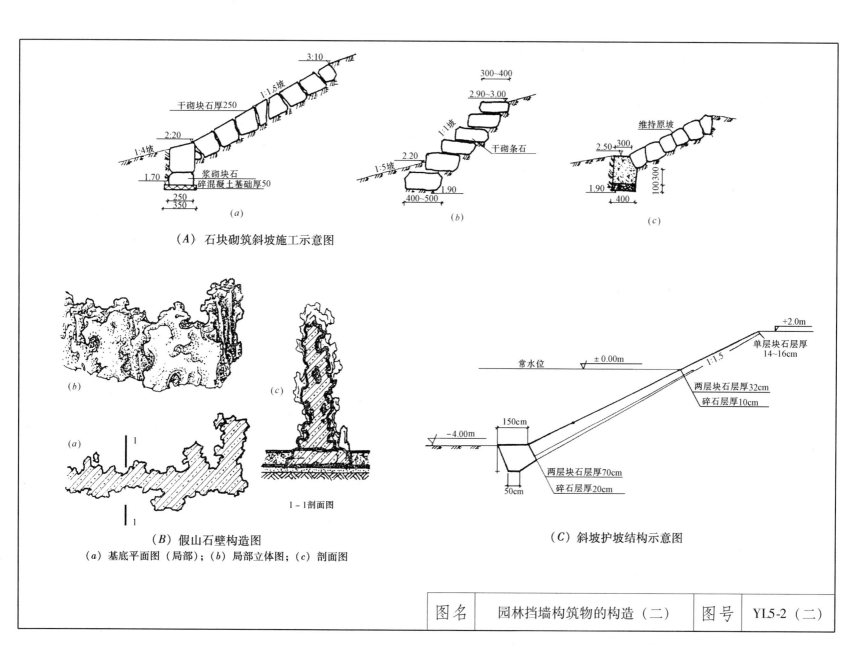

（A）石块砌筑斜坡施工示意图

（B）假山石壁构造图
（a）基底平面图（局部）；（b）局部立体图；（c）剖面图

1-1剖面图

（C）斜坡护坡结构示意图

| 图名 | 园林挡墙构筑物的构造（二） | 图号 | YL5-2（二） |

167

		浆砌块石挡土墙尺寸表				（单位：cm）		
类　别	墙　高	顶　宽	底　宽	类　别	墙　高	顶　宽	底　宽
1:3 白灰 浆砌	100	35	40	1:3 水 泥浆砌	100	30	40
	150	45	70		150	40	50
	200	55	90		200	50	80
	250	60	115		250	60	100
	300	60	135		300	60	120
	350	60	160		350	60	140
	400	60	180		400	60	160
	450	60	205		450	60	180
	500	60	225		500	60	200
	550	60	250		550	60	230
	600	60	300		600	60	270

（A）重力式挡土墙构造图

（B）悬臂式挡土墙实例结构图

（C）悬臂式墙的尺寸确定

（D）浆砌块石挡土墙尺寸图　（E）墙背排水盲沟和暗沟

图名	园林挡墙构筑物的构造（三）	图号	YL5-2（三）

毛石挡土墙护坎选用表

（假定条件：土壤内摩擦角 $\phi=35°$；凝聚力 $C=0$；外荷载 A 型 $200\sim400\text{kg/m}^2$　B 型 400kg/m^2　C 型 0kg/m^2）　（单位：mm）

类型	代号	高度(H)	α=10° n=0 B	b	h₀	n=1:3 B	b	h₀	n=1:4 B	b	h₀	n=1:5 B	b	h₀	α=25° n=0 B	b	h₀	n=1:3 B	b	h₀	n=1:4 B	b	h₀	n=1:5 B	b	h₀
A 型挡土墙	A–1500	1500	700	500											1000	500										
	–2000	2000	900	500											1200	500										
	–2500	2500	1100	500											1450	500										
	–3000	3000	1350	500											1700	500										
	–3500	3500	1600	600											1950	600										
	–4000	4000	1850	600											2200	600										
	–4500	4500	2100	600											2500	700										
	–5000	5000	2550	600											2900	700										
B 型挡土墙	B–1500	1500				500	500	90	600	500	100	700	500	110				700	500	110	820	500	130	900	500	130
	–2000	2000				600	500	100	700	500	110	800	500	120				800	500	120	1000	500	140	1100	500	150
	–2500	2500				700	500	110	800	500	120	900	500	130				900	500	130	1150	500	160	1300	500	170
	–3000	3000				300	500	120	1000	500	140	1100	500	150				1100	500	150	1350	500	180	1500	500	190
	–3500	3500				1000	500	140	1200	500	160	1500	500	170				1300	600	170	1550	600	200	1700	600	230
	–4000	4000				1200	600	160	1400	600	180	1500	600	190				1500	600	190	1750	600	220	1900	600	230
	–4500	4500				1400	600	180	1600	600	200	1700	600	200				1700	700	210	1950	600	240	2100	600	250
	–5000	5000				1500	600	200	1800	600	220	1900	600	213				1900	700	250	2150	600	250	2300	600	270
C 型护坎	C–2000	2000				500	500	90	600	500	100	700	500	110				700	500	110	800	500	120	900	500	130
	–3000	3000				700	500	110	800	500	120	900	500	130				900	500	130	1000	500	140	1200	500	160
	–4000	4000				1000	500	140	1200	500	160	1300	500	170				1300	500	170	1500	500	190	1800	600	220
	–5000	5000				1350	500	180	1600	500	200	1700	500	210				1700	500	210	2000	500	240	2300	600	270

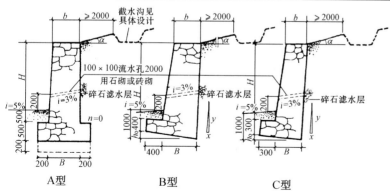

A型　　B型　　C型

说明：1. 选择时注明型号（a，n），如 A–3000（$a=25°$，$n=1:3$）；

2. 挡土墙及护坎用 MU20 毛石、M2.5 号混合砂浆砌筑，并用 M2.5 号水泥砂浆勾缝。
   毛石应选用不风化的，用于外表面的面要较平整；

3. 挡土墙的地基耐压强度应不小于 12t/m^2，否则应将基底土夯实；

4. 墙背若作填土，应自下而上随砌随夯实，干密度要求不少于 155g/cm^3；

5. 挡土墙及护坎每 20m 留一道变形缝，缝宽 20mm，缝内填黄泥麦草或胶泥稻草；

6. $n=x：y$。

图名	园林挡墙构筑物的构造（四）	图号	YL5-2（四）

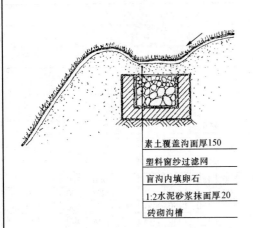

素土覆盖沟面厚150
塑料窗纱过滤网
盲沟内填卵石
1:2水泥砂浆抹面厚20
砖砌沟槽

（A）截水沟的做法

	填方中自然放坡坡度允许值（高宽比）		
序号	土 质 类 别	填方允许高度（m）	坡度允许值（高：宽）
1	黏 土	6	1：1.50
2	粉质黏土、粉土	6～7	1：1.50
3	砂质粉土、细质粉土	6～8	1：1.50
4	黄土、类黄土	6	1：1.50
5	中砂砂土、粗砂砂土	10	1：1.50
6	砾石土、碎石土	10～12	1：1.50
7	易风化的软质岩石	12	1：1.50
8	轻微风化，小于25cm的石料	6 6～12	1：1.33 1：1.50
9	轻微风化，大于25cm的石料，边坡为最大石块，分排整齐铺砌	12	1：1.50～1：0.75
10	轻微风化，大于40cm的粒料，其边坡分排整齐，紧密铺砌	5 5～10 ＞10	1：0.50 1：0.65 1：1.00

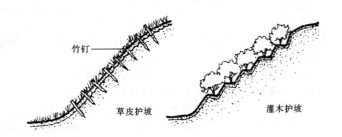

竹钉

草皮护坡   灌木护坡

（B）植被护坡坡面的两种断面

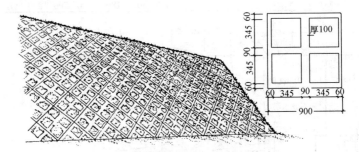

（C）预制混凝土框格的构造

图名	园林挡墙构筑物的构造（五）	图号	YL5-2（五）

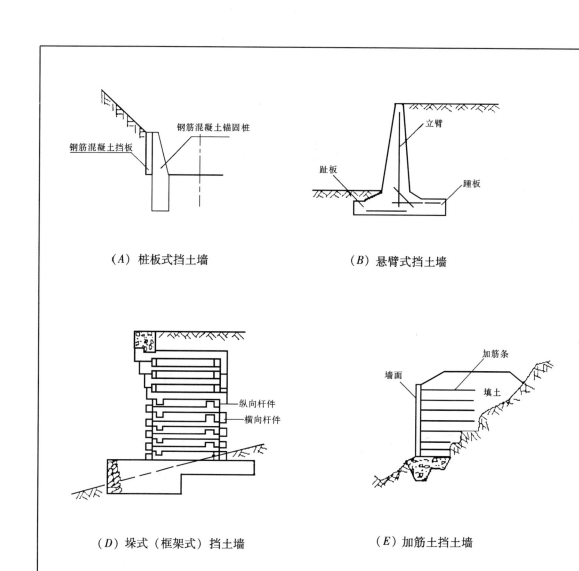

（A）桩板式挡土墙

（B）悬臂式挡土墙

（C）扶壁式挡土墙

（D）垛式（框架式）挡土墙

（E）加筋土挡土墙

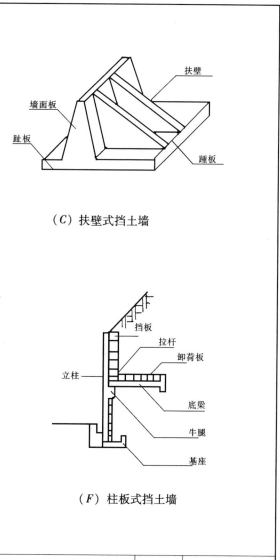

（F）柱板式挡土墙

图名	园林挡墙构筑物的构造（六）	图号	YL5-2（六）

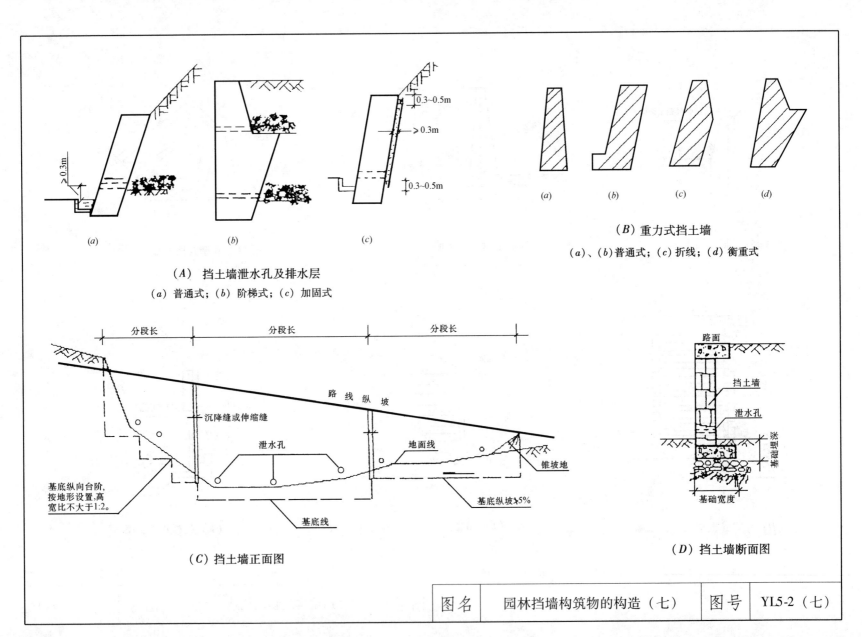

（A）挡土墙泄水孔及排水层

（a）普通式；（b）阶梯式；（c）加固式

（B）重力式挡土墙

（a）、（b）普通式；（c）折线；（d）衡重式

（C）挡土墙正面图

（D）挡土墙断面图

| 图名 | 园林挡墙构筑物的构造（七） | 图号 | YL5-2（七） |

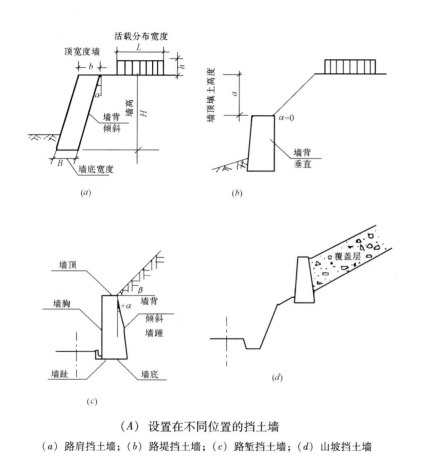

（A）设置在不同位置的挡土墙

（a）路肩挡土墙；（b）路堤挡土墙；（c）路堑挡土墙；（d）山坡挡土墙

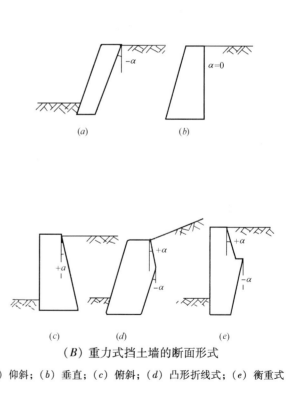

（B）重力式挡土墙的断面形式

（a）仰斜；（b）垂直；（c）俯斜；（d）凸形折线式；（e）衡重式

图名	园林挡墙构筑物的构造（八）	图号	YL5-2（八）

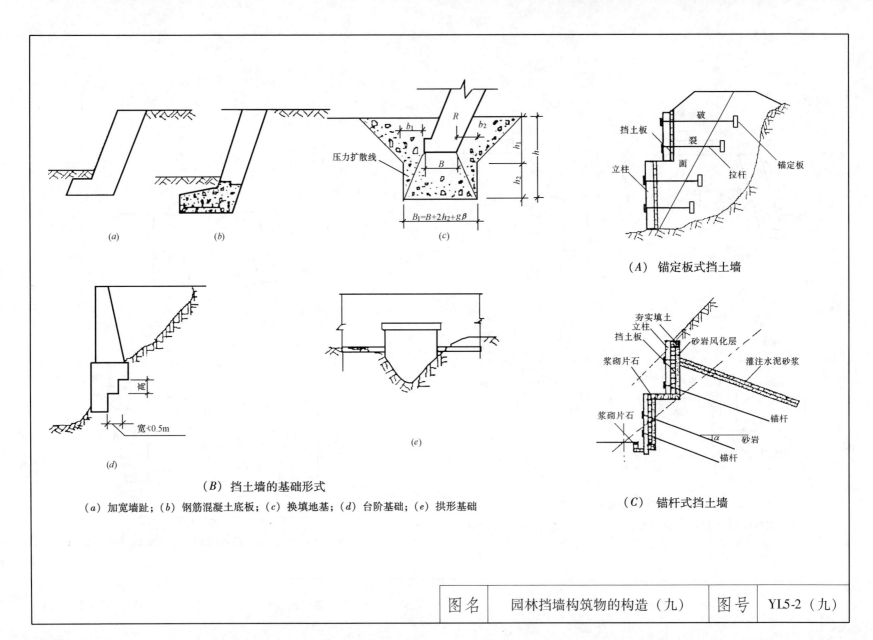

$B_1 = B + 2h_2 + g\beta$

压力扩散线

（*a*）　　　　　（*b*）　　　　　（*c*）

（A）锚定板式挡土墙

宽≮0.5m

（*d*）

（*e*）

（B）挡土墙的基础形式

（*a*）加宽墙趾；（*b*）钢筋混凝土底板；（*c*）换填地基；（*d*）台阶基础；（*e*）拱形基础

（C）锚杆式挡土墙

| 图名 | 园林挡墙构筑物的构造（九） | 图号 | YL5-2（九） |

（A）广州中山纪念堂山门

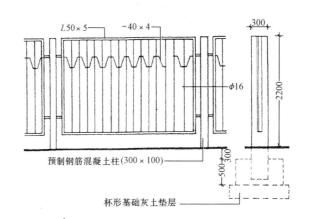

（B）混凝土围墙构造

（C）黄山飞来峰栏杆

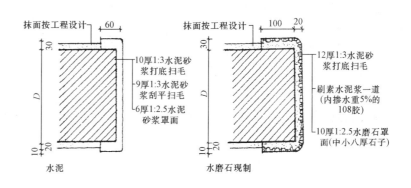

（D）门窗洞口构造

图名	园林挡墙构筑物的构造（十）	图号	YL5-2（十）

175

5.2 园林挡墙景观设计实例

（A）北京颐和园云辉玉宇牌坊

（B）扬州何园（自窗洞看西部园景）

苏州怡园（至锁绿轩前院可窥见主要景区）
（C）框　景

（D）添　景

（E）扬州何园（透过漏窗看西部景区）

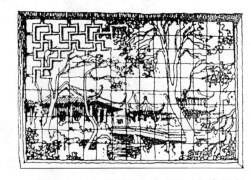

苏州怡园（自拜石轩小院可透过复廊漏窗
窥见主要景区）

（F）漏　景

图名	园林挡墙景观设计实例（一）	图号	YL5-3（一）

（A）桂林芦笛岩公园水榭墙面处理

（B）德阳石刻公园石刻挡土墙

（C）上海中山公园院墙与窗、门洞口

（D）杭州西泠印社院墙

图名	园林挡墙景观设计实例（二）	图号	YL5-3（二）

（A）苏州拙政园大门

（B）上海黄浦江隧道入口

（C）北京北海公园琼岛上后门

（D）罗马法尼斯府邸立面图

图名	园林挡墙景观设计实例（三）	图号	YL5-3（三）

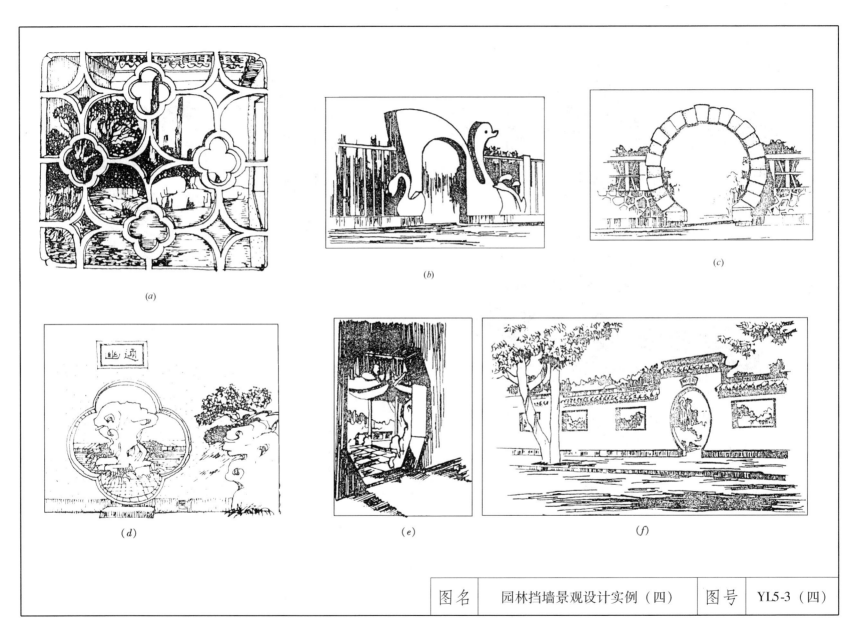

(a)

(b)

(c)

(d)

(e)

(f)

| 图名 | 园林挡墙景观设计实例（四） | 图号 | YL5-3（四） |

（A）哈尔滨儿童公园大门

（B）组合花池

（C）槛墙

有高低变化

前后错落

（D）景墙

| 图名 | 园林挡墙景观设计实例（五） | 图号 | YL5-3（五） |

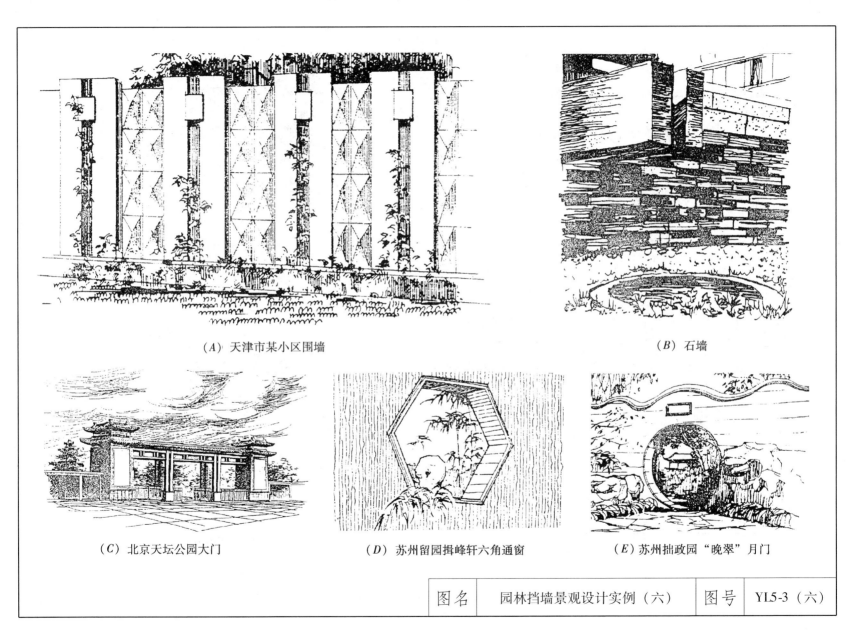

（A）天津市某小区围墙

（B）石墙

（C）北京天坛公园大门

（D）苏州留园揖峰轩六角通窗

（E）苏州拙政园"晚翠"月门

图名	园林挡墙景观设计实例（六）	图号	YL5-3（六）

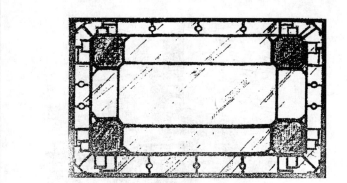

（A）苏州留园矩形色玻璃漏窗

（B）杭州柳浪闻莺公园雕塑孔雀花格漏窗

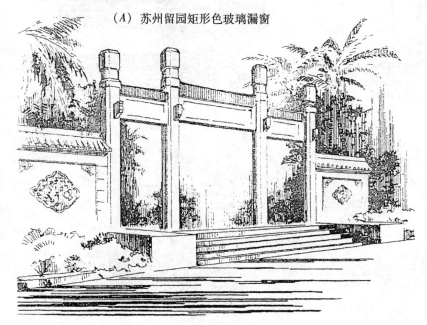

（C）广州烈士陵园南门

（D）南京中山陵牌坊门

图名	园林挡墙景观设计实例（七）	图号	YL5-3（七）

5.3 园林挡墙景观工程施工

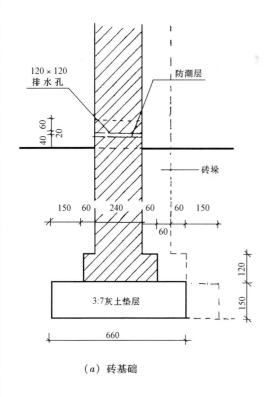

（a）砖基础

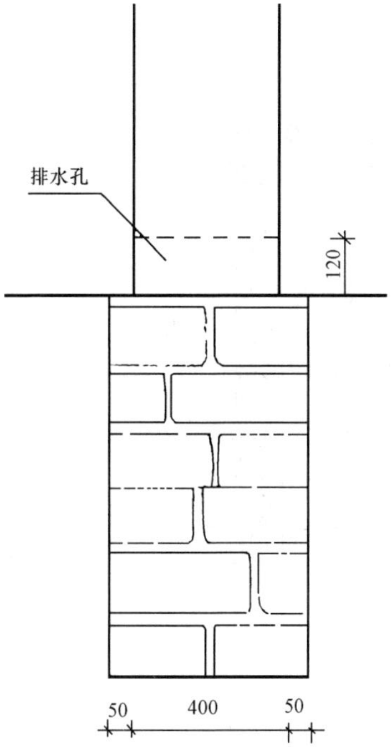

（b）石砌基础

园墙基础施工

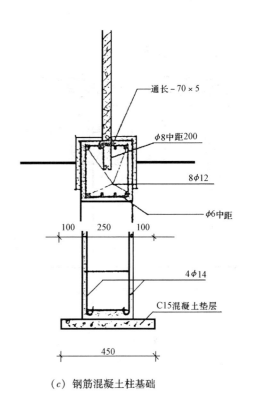

（c）钢筋混凝土柱基础

图名	园林挡墙景观工程施工（一）	图号	YL5-4（一）

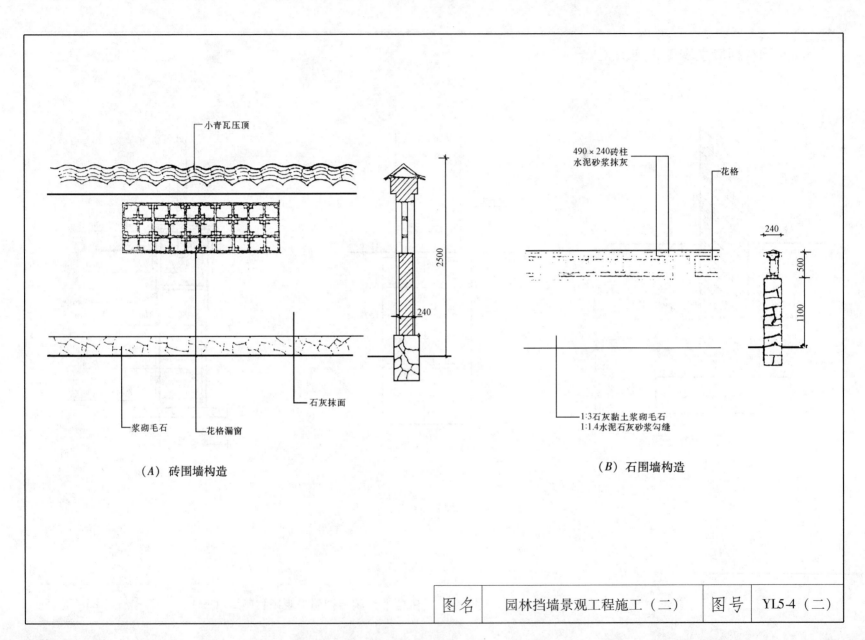

小青瓦压顶

2500

240

石灰抹面

浆砌毛石　　花格漏窗

（A）砖围墙构造

490×240砖柱
水泥砂浆抹灰

花格

240

500

1100

1:3石灰黏土浆砌毛石
1:1.4水泥石灰砂浆勾缝

（B）石围墙构造

| 图名 | 园林挡墙景观工程施工（二） | 图号 | YL5-4（二） |

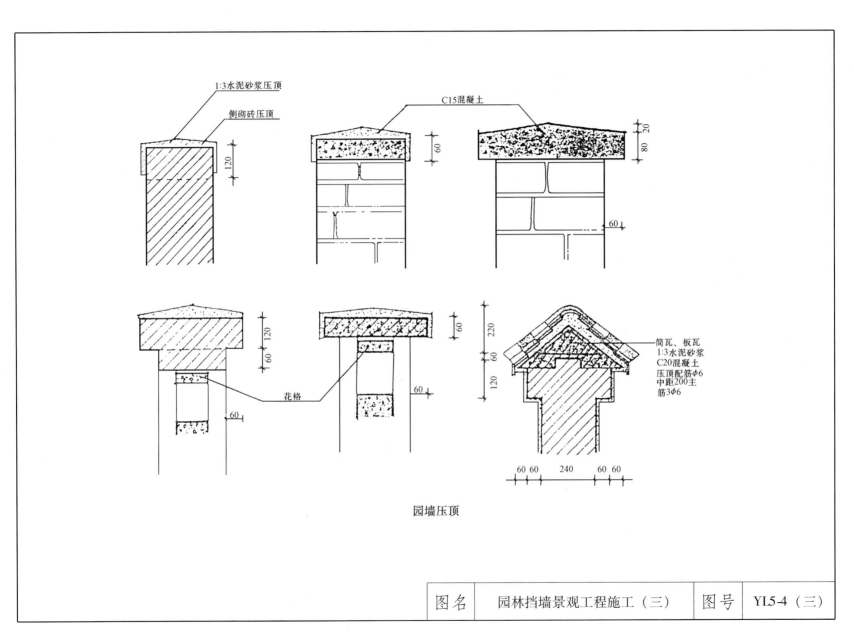

1:3水泥砂浆压顶

侧砌砖压顶

120

C15混凝土

60

80
20

60

60
120

60

花格

60

60

220

60
120

筒瓦、板瓦
1:3水泥砂浆
C20混凝土
压顶配筋φ6
中距200主
筋3φ6

60 60 240 60 60

园墙压顶

图名	园林挡墙景观工程施工（三）	图号	YL5-4（三）

6 园路与场地工程施工

6.1 园路与场地工程概述

园路与场地的作用及选线取点

序号	分类		园路与场地的功能作用及选线取点	简 明 示 意 图
1	园路的类别与应用	按主要用途分类	（1）绿化街道：主要指分布在城市街区的绿化道路。在某些公园规则地形的局部，例如在公园主要的出入口内外采用这种园路形式。采用绿化街道形式，既能够突出园路的交通性，又能够满足游人散步游览和观赏园景的需要。绿化街道主要是由人行道绿带、机动车道绿带和非机动车道绿带构成。根据机动车路面的条数和道旁绿带的条数，可以把绿化街道的设计形式分为：一板二带式、二板三带式、三板四带式和四板五带式等。 （2）园林公路：以交通功能为主的通车园路，可以采用公路形式。例如：大型公园中的环湖公路、山地公园中的盘山公路和风景名胜区中的主干道等。园林公路的景观组成比较简单，其设计要求、施工工艺和工程造价都比较低一些。 （3）园景路：是指依山傍水的或有着优美植物景观的游览性园林道路。这种园路的交通性不突出，但是却十分适宜游人漫步游览和赏景，如风景园林的林道、滨水的林荫道、山石磴道、花径、竹径、草坪路、汀步路等都属于园景路	 (a)密林式有绿荫夹道的效果(立面图)
		按照园路的重要性和级别分类	（1）主园路：在园林风景区中又称主干道，是贯穿风景区内所有游览区或串联公园内所有景区的，起骨干主导作用的园路。主园路常作为导游线，对游人的游园活动进行有序地组织和引导，并且要满足少量园内运输车辆通行的要求。 （2）次园路：又叫支路、游览道或游览大道，其宽度仅次于主园路，它是联系各重要景点或风景地带的园路。次园路还具有一定的导游性，主要供游人游览观景用，一般不设计为能够通行大型车辆的路。 （3）小路：即游览的小道或是散步的小道。一般情况下，它的宽度仅供1人漫步或能供2～3人并肩散步。这种小路的布置非常灵活，例如：山地、坡地、平地、水边、草坪地、花坛群中、屋前房后花园等都可以铺筑成小路。其特点是灵活、随意、简单，施工工艺不复杂	 (b)密林式对周围的自然地形适应性强(平面图) **密林式街道绿地设计**

图名	园路与场地的功能及选线取点（一）	图号	YL6-1（一）

序号	分 类		园路与场地的功能作用及选线取点	简 明 示 意 图
1	园路的类别与应用	按筑路形式分	（1）平道：指在平坦的园林绿地中修筑的道路，这是大多数园路的修筑形式，其特点是结构简单、施工容易，有土平道、砂石平道、混凝土平道等。 （2）坡道：指在坡地上铺筑的道路，且纵坡度较大而又不作阶梯状路面的园路。其特点是结构简单、施工有一定的困难，有土坡道、砂石坡道、混凝土坡道等。 （3）石梯磴道：指坡度比较陡的山地上所设的阶梯状的园路。其特点是结构较复杂、施工时困难较多，主要有就地取材的石梯磴道和混凝土制成的石梯磴道等。 （4）栈道：主要建立在绝壁陡坡、宽水窄岸处的半架空道路上。其特点是结构较复杂、施工难度大，且不安全。 （5）索道：主要指在山地的风景名胜区，是以凌空铁索来传送游人的架空道路线。其特点是结构复杂、施工难度大。 （6）缆车道：在坡度较大坡面较长的山坡上铺设轨道，用钢缆牵引厢运送游人。 （7）廊道：指由长廊、长花架子覆盖路面的园路，都可叫廊道。廊道一般布置在建筑庭院中。其特点是结构复杂、施工时有一定的困难	坡道中设缓和坡段 山石磴道　　攀岩梯道一侧
2	园林场地种类与应用	园景广场	园景广场是将园林立面景观集中汇聚、展示在一处，并突出表现宽广的园林地面景观。园林中常见的门景广场、纪念广场、中心花园、音乐广场等均属于这类广场。它的主要功能： （1）园景广场能在园林内部留出一片开敞空间，增强了空间的艺术表现力。 （2）园景广场可作为季节性的大型花卉园艺展或盆景艺术展等的展出地。 （3）园景广场还可以作为节假日大规模人群集会活动的场所。这样，能使园景广场发挥出更大的社会效率和环境效益	露天舞台与水池结合的休闲广场效果图
		休闲娱乐场地	休闲娱乐场地的主要特点是具有明确的休闲娱乐性质，在公共园林中是很常见的一类场地。例如：设置在园林绿地中的旱冰场、滑雪场、射击场、高尔夫球场、赛马场、赛车场、游憩草坪、露天茶园、露天舞场、露天电影院、钓鱼区以及附属于园林绿地中的游泳池边的休闲铺装场地等，都是休闲场地	

图名　园路与场地的功能及选线取点（二）　图号　YL6-1（二）

序号	分 类		园路与场地的功能作用及选线取点	简 明 示 意 图
2	园林场地种类与应用	集散场地	集散场地一般设立在主体性建筑物前后、主路路口、园林出入口等人流频繁的重要地点，以人流集散为主要功能。这类场地的主要特点：除园林出入口的场地以外，一般面积都不很大，在设计中按附属性地设置即可	
		停车场、回车场	主要是指设置在公共园林内外的汽车停放场、自行车停放场和扩宽一些路口形成的回车场地。停车场多布置在园林出入口内外，回车场则一般在园林内部适当地点灵活设置	
		其他场地	附属于公共园林内外的场地称为其他场地，例如：旅游小商品市场、花木盆栽场、餐厅杂物院、园林机具停放场等，它们的功能不一、形式各异，在规划设计中应分别对待。 公共园林中的道路广场与一般城市道路广场不一样，后者以交通为主，而前者却以游览和观赏为主	**线性视觉变化的道路广场空间**
3	园路系统布局形式	套环式园路系统	套环式园路系统的主要特征是：由主园路构成一个闭合的大型环路或一个8字形的双环路，再由很多的次园路和游览小道从主园路上分出，并且相互穿插、连接与闭合，构成一些较小的环路。小路、次园路和园路所构成的环路之间的关系，是环环相套、相互连通的关系，其中少有尽端式道路。因此，这样的道路系统可以满足游人在游览中不走回头路的愿望。套环式园路是最能适应公共园林环境，并且在实践中也是应用最为广泛的一种园路系统。在地形狭长的园林绿地中，由于受到地形的限制，套环式园路也有不易构成完整系统的遗憾，所以，在狭长地带一般不宜采用这种园路布置的形式	条带式 套环式
		条带式园路系统	如若在地形狭长的园林绿地上，比较适合采用条带式园路系统。它的主要特征：主园路呈条带状，始端和尽端各在一方，并不闭合成环。在主路的一侧或两侧，可以穿插一些次园路和游览小道，次路和小路相互之间也可以局部地闭合成环路。条带式园路布局不能保证游人在游园中不走回头路，因此只有在林荫道、河滨公园等带状公共绿地才采用条带式样园路系统	

图名	园路与场地的功能及选线取点（三）	图号	YL6-1（三）

序号	分 类		园路与场地的功能作用及选线取点	简 明 示 意 图
3	园路系统布局形式	树枝式园路系统	在以山谷、河谷地形为主的风景区和市郊公园，主园路一般只能布置在谷底，沿着河沟从下往上延伸。两侧山坡上的多处景点，都是从主路上分出一些支路，甚至再分出一些小路加以连接。 支路和小路多数只能是尽端式道路，游人到了景点游览之后，要从原路返回到主路才能再向上行。因为这种道路系统的平面形状，就像是一棵大树，有许多的分枝，游人走回头路的时候多。因此，从游览的效果和游客们的满意程度来看，这是游览性最差的一种园林布置形式，只有在受到地形限制时，才能采用这种布置系统。 风景园林的道路系统不同于一般的城市道路系统，它有自己的布置形式和布置特点，但必须结合现有的地形特征来制定园路系统	树枝式
4	园路场地选线定点原则	因地制宜因景制宜	布置园路要紧密结合地形，充分利用有利条件，避开和清除不利因素，最大限度地发挥地形要素的各种实用功能和造景潜力。例如：在水边的园路，其选取线要注意与岸边的地形结合，路线与岸边有分有合，路面低平一些，使临水的意趣显得更加浓郁。山中的园路，选取线要依山随势，起伏曲折，陡缓自如。庭院内的园路，则既要有一定的自然弯曲变化，又要注意到一些直线路段与建筑边线、围墙边线相互平行或垂直，以协调其线形关系	桂林杉湖水榭
		根据游人需要选取路线	在园路选取线中，要分析游人的活动规律，照顾其散步、游览的习惯；使用套环式园路线形要既能曲折起伏，达到步移景异，路景变换的效果，又不使园路矫揉造作，过度弯曲，使人感到别扭和不方便；对于一些梯步路段，要特别注意照顾儿童车、伤残人轮椅车推行的需要，能够在园路一侧设置坡道。总之，要根据游人的游园要求来选择路线	
		主次分明结构清楚	园路系统布置要主次分明、结构清楚。小路、次园路和主园路的宽度要明显地区别开来，使游人能够较容易认清园路系统的结构，避免在园中迷路。园路的引导走向，还应当注意突出园林主景、主景区及主要导游线，做到园景重点突出、中心明确、结构关系紧密、协调和统一	
		减少土石方	在开辟新的园林景点时，一定要注意尽量减少土石方工程，以节约工程投资。通过避开软弱地基、截弯取直、随高就低、利用旧路等方法进行选线选取点处理，一般都能做到少动土石方、减少工程量，以较少资金，完成较多园路的修筑	

图名	园路与场地的功能及选线取点（四）	图号	YL6-1（四）

園林道路工程常用圖例及符號表

项目	序号	名　称	简　图	项目	序号	名　称	简　图	项目	序号	名　称	简　图
平面	1	涵洞			6	隧道			15	拱涵	
	2	通道		平面	7	养护机构			16	箱形通道	
	3	分离立交 a. 主线上跨 b. 主线下穿			8	管理机构		纵断面	17	桥梁	
					9	防护网			18	分离式立交 a. 主线上跨 b. 主线下穿	
					10	防护栏					
					11	隔离墩			19	互通式立交 a. 主线上跨 b. 主线下穿	
	4	桥梁（大、中桥梁按实际长度绘）			12	箱涵					
				纵断面	13	管涵			20	细料式沥青混凝土	
	5	互通式立交（按采用形式绘）			14	盖板涵					

图名	园林道路工程常用图例及符号（一）	图号	YL6-2（一）

项目	序号	名　称	简　图	项目	序号	名　称	简　图	项目	序号	名　称	简　图
材料	21	中粒式沥青混凝土		材料	29	水泥稳定砂砾		材料	36	泥结碎砾石	
	22	粗粒式沥青混凝土			30	水泥稳定碎砾石			37	泥灰结碎砾石	
	23	沥青碎石			31	石灰土			38	级配碎砾石	
	24	沥青贯入碎砾石			32	石灰粉煤灰			39	填隙碎石	
	25	沥青表面处理			33	石灰粉煤灰土			40	天然砂砾	
	26	水泥混凝土			34	石灰粉煤灰砂砾			41	干砌片石	
	27	钢筋混凝土			35	石灰粉煤灰碎砾石			42	浆砌片石	
	28	水泥稳定土									

图名	园林道路工程常用图例及符号（二）	图号	YL6-2（二）

项目	序号	名称	简图
材料	43	浆砌块石	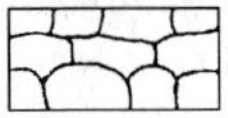
	44	木材横纵	
	45	金属	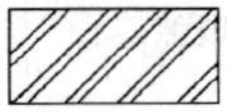
	46	橡胶	
	47	自然土壤	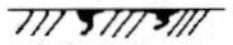
	48	夯实土壤	

路线平面图中的常用图例和符号

图例						符号	
浆砌块石	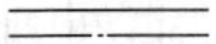	房屋	 独立 成片	用材料	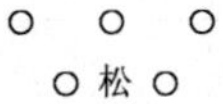 松	转角点	JD
水准点	 RM编号 高程	高压电线		围墙		半径	R
导线点	编号 高程	低压电线		堤		切线长度	T
						曲线长度	L
转角点	JD编号	通信线		路堑		缓和曲线长度	L_S
						外距	E
铁路		水田		小路		偏角	α
						曲线起点	YZ
公路		旱地		坟地		曲线中点	QZ
						曲线终点	ZY
大车道		菜地		变压器		第一缓和曲线起点	HY
						第一缓和曲线终点	ZH
桥梁及涵洞		水库鱼塘	塘	经济林	油茶	第二缓和曲线起点	YH
						第二缓和曲线终点	HZ
水沟		坎		等高线冲沟		东	E
						西	W
河流		晒谷坪	谷	石质陡崖		南	S
						北	N
						横坐标	X
						纵坐标	Y

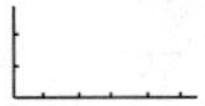

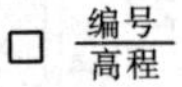

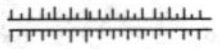

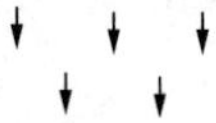

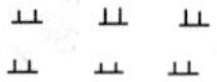

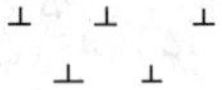

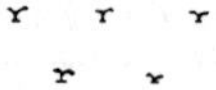

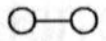

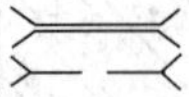

图名	园林道路工程常用图例及符号（三）	图号	YL6-2（三）

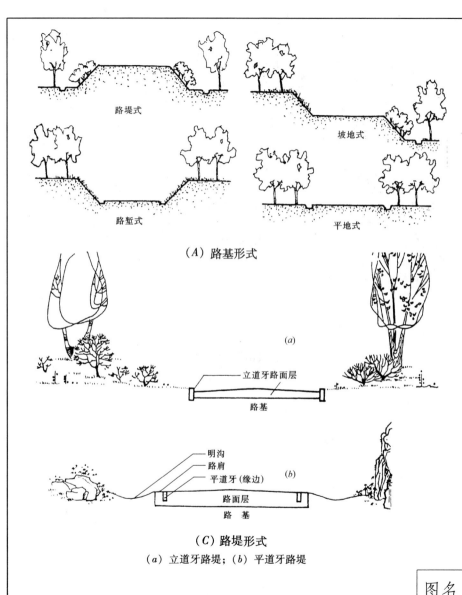

（A）路基形式

路堤式

坡地式

路堑式

平地式

立道牙路面层

路基

(a)

明沟
路肩
平道牙(缘边)
路面层
路基

(b)

（C）路堤形式

（a）立道牙路堤；（b）平道牙路堤

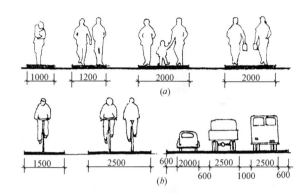

（a）

1000　1200　2000　2000

1500　2500　600　2000　2500　2500
600　1000　600

（b）

（B）园路宽度确定的依据

（a）人行道宽度确定；（b）主园路宽度确定

各种类型路面的纵横坡度表

路面类型	纵坡（‰）				横坡（%）	
	最小	最大		特殊	最小	最大
		游览大道	园路			
水泥混凝土路面	3	60	70	100	1.5	2.5
沥青混凝土路面	3	50	60	100	1.5	2.5
块石、炼砖路面	4	60	80	110	2	3
拳石、卵石路面	5	70	80	70	3	4
粒料路面	5	60	80	80	2.5	3.5
改善土路面	5	60	60	80	2.5	4
游步小道	3		80		1.5	3
自行车道	3	30			1.5	2
广场、停车场	3	60	70	100	1.5	2.5
特别停车场	3	60	70	100	0.5	1

图名	园路、场地的分类与结构（一）	图号	YL6-3（一）

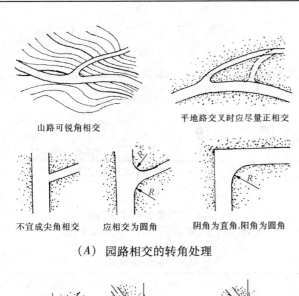

（A）园路相交的转角处理

山路可锐角相交

平地路叉时应尽量正相交

不宜成尖角相交

应相交为圆角

阴角为直角，阳角为圆角

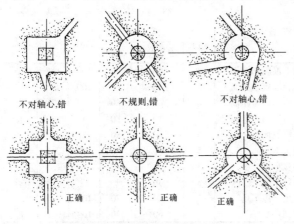

不对轴心，错

不规则，错

不对轴心，错

正确

正确

正确

（C）园路与中央花坛的交接

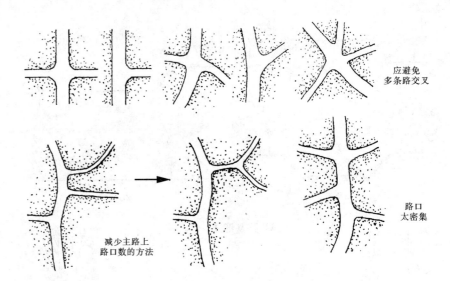

应避免
多条路交叉

减少主路上
路口数的方法

路口
太密集

（B）园路路口的形式

园路内侧平曲线半径参考值（单位：m）

园 路 类 型	平曲线半径（R）取值	
	一 般 情 况 下	最 小
游 览 小 道	3.5～20.0	2.0
次 园 路	6.0～30.0	5.0
主 园 路	10.0～50.0	8.0
汽 车 主 园 路	15.0～70.0	12.0
风景区车路	18.0～100	15.0

图名	园路、场地的分类与结构（二）	图号	YL6-3（二）

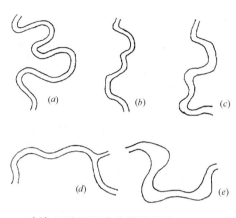

（A）园路平面曲线线形比较

（a）园路过分弯曲；（b）曲弯不流畅；
（c）宽窄不一致；（d）正确的平行曲线园路；

（e）特殊的不平行曲线园路

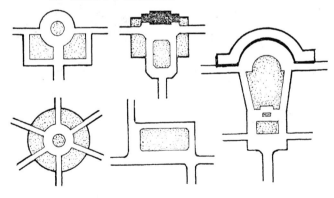

（B）园景广场的多种形状

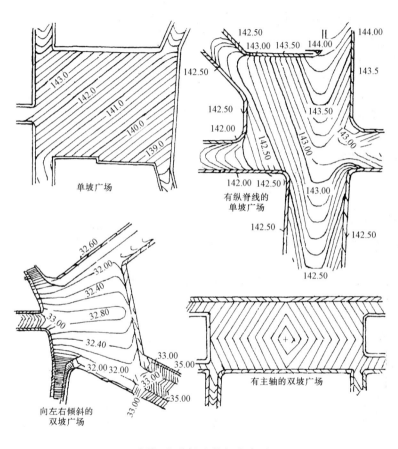

（C）几种场地的竖向布置

| 图名 | 园路、场地的分类与结构（三） | 图号 | YL6-3（三） |

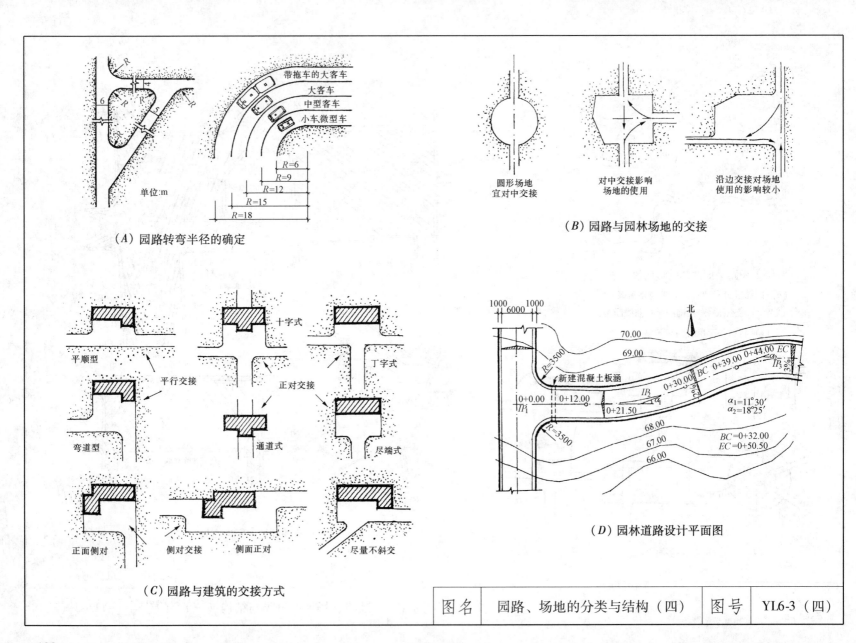

（A）园路转弯半径的确定

带拖车的大客车
大客车
中型客车
小车、微型车

$R=6$
$R=9$
$R=12$
$R=15$
$R=18$

单位：m

（B）园路与园林场地的交接

圆形场地
宜对中交接

对中交接影响
场地的使用

沿边交接对场地
使用的影响较小

（C）园路与建筑的交接方式

平顺型
平行交接
弯道型
正面侧对

十字式
正对交接
通道式
侧对交接
侧面正对

丁字式
尽端式
尽量不斜交

（D）园林道路设计平面图

北

新建混凝土板涵

$R=3500$
$R=3500$

70.00
69.00
68.00
67.00
66.00

IP_1
IP_3

0+0.00
0+12.00
0+21.50
0+30.00
0+39.00
0+44.00
BC
EC

$\alpha_1=11°30'$
$\alpha_2=18°25'$

$BC=0+32.00$
$EC=0+50.50$

1000 6000 1000

图名	园路、场地的分类与结构（四）	图号	YL6-3（四）

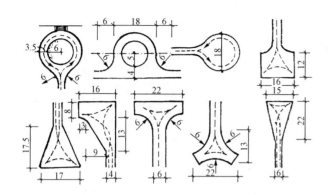

（A）回车场形状（单位：m）

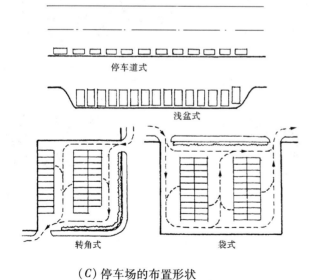

停车道式

浅盆式

转角式　　　　　袋式

（C）停车场的布置形状

（B）自行车棚的布置

停 车 场 的 一 般 尺 寸

需 要 尺 寸	停 车 方 向		
	平 行 停	垂 直 停	斜 角 停
单行停车道的宽度（m）	2.5	7	7
双行停车道的宽度（m）	6	14	14
单向停车时两行停车道之间的通行道宽度（m）	4	5	5
一辆车所需面积（m²，包括通道）小型、微型车	22	22	26
中型车	30	30	34
大型车	40	36	38
每100辆车所需停车场面积（hm²）			
小型、微型车	0.3	0.2	0.3
中型车	0.35	0.25	0.35
大型车	0.4	0.3	0.4

图名	园路、场地的分类与结构（五）	图号	YL6-3（五）

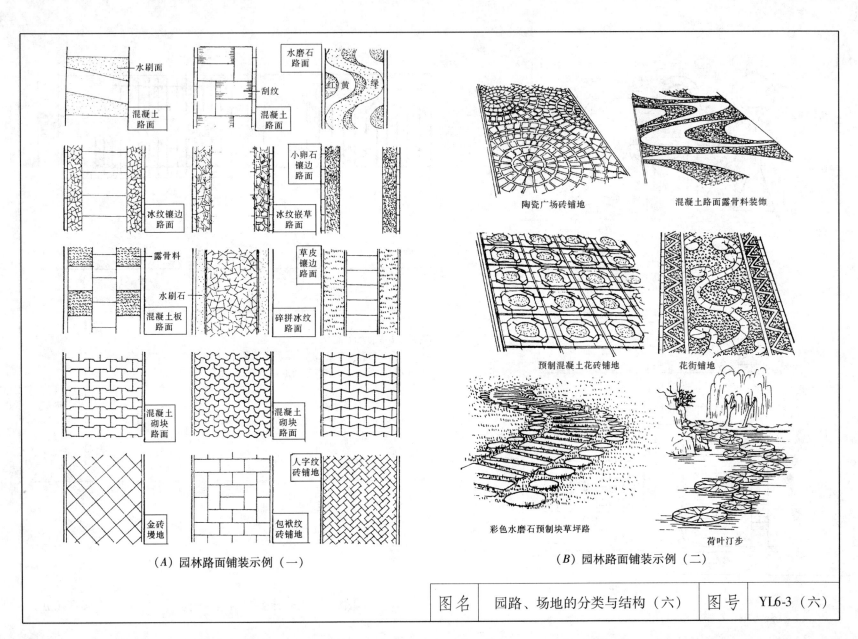

水刷面

混凝土路面

水磨石路面

刮纹

混凝土路面

红 黄 绿

小卵石镶边路面

冰纹镶边路面

冰纹嵌草路面

露骨料

水刷石

混凝土板路面

草皮镶边路面

碎拼冰纹路面

混凝土砌块路面

混凝土砌块路面

金砖墁地

包袱纹砖铺地

人字纹砖铺地

（A）园林路面铺装示例（一）

陶瓷广场砖铺地

混凝土路面露骨料装饰

预制混凝土花砖铺地

花街铺地

彩色水磨石预制块草坪路

荷叶汀步

（B）园林路面铺装示例（二）

| 图名 | 园路、场地的分类与结构（六） | 图号 | YL6-3（六） |

常用园路结构图（单位：mm）

编号	类型	简　图	技　术　性　能
1	石板嵌草路		1. 100 厚石板 2. 50 厚黄砂 3. 素土夯实 注：石缝 30～50 嵌草
2	卵石嵌花路		1. 70 厚预制混凝土嵌卵石 2. 50 厚 M2.5 混合砂浆 3. 一步灰土 4. 素土夯实
3	方砖路		1. 500×500×100C15 混凝土方砖 2. 50 厚粗砂 3. 150～250 厚灰土 4. 素土夯实 注：胀缝加 10×95 橡皮条
4	水泥混凝土路		1. 80～150 厚 C20 混凝土 2. 80～120 厚碎石 3. 素土夯实 注：基层可用二渣（水淬渣、散石灰），三渣（水淬渣、散石灰、道渣）
5	卵石路		1. 70 厚混凝土上栽小卵石 2. 30～50 厚 M2.5 混合砂浆 3. 150～250 厚碎砖三合土 4. 素土夯实
6	沥青碎石路		1. 10 厚二层柏油表面处理 2. 50 厚泥结碎石 3. 150 厚碎砖或白灰、煤渣 4. 素土夯实

编号	类型	简　图	技　术　性　能
7	羽毛球场铺地		1. 20 厚 1：3 水泥砂浆 2. 80 厚 1：3：6 水泥、白灰、碎砖 3. 素土夯实
8	步石		1. 大块毛石 2. 基石用毛石或 100 厚水泥混凝土板
9	块石汀步		1. 大块毛石 2. 基石用毛石或 100 厚水泥混凝土板
10	荷叶汀步		钢筋混凝土现浇

图名	园路、场地的分类与结构（七）	图号	YL6-3（七）

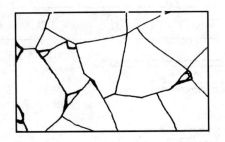

冰裂纹

风景园林道路级别与宽度参考值（单位：m）

公园道路级别	公园陆地面积（hm²）			
	< 2	2 ~ 10	10 ~ 50	> 50
主 园 路	2.0 ~ 3.5	2.5 ~ 4.5	3.5 ~ 5.0	5.0 ~ 7.0
次 园 路	1.2 ~ 2.0	2.0 ~ 3.5	2.0 ~ 3.5	3.5 ~ 5.0
小 路	0.9 ~ 1.2	0.9 ~ 2.0	1.2 ~ 2.0	1.2 ~ 3.0

风景区道路级别	风景区面积（hm²）		
	100 ~ 1000	1000 ~ 5000	> 5000
主 干 道	7 ~ 14	7 ~ 18	7 ~ 21
次 干 道	7 ~ 11	7 ~ 14	7 ~ 18
游 览 道	3 ~ 5	4 ~ 6	5 ~ 7
小 道	0.9 ~ 2.0	0.9 ~ 2.5	0.9 ~ 3.0

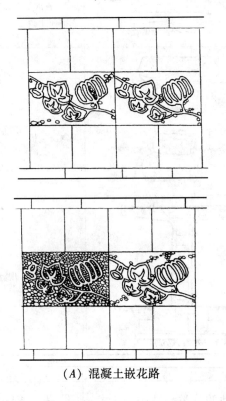

（A）混凝土嵌花路

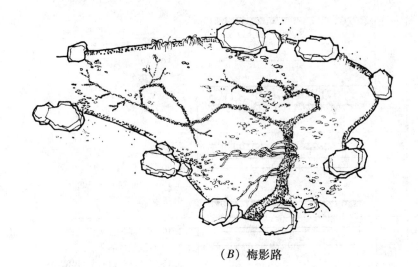

（B）梅影路

图名	园路、场地的分类与结构（八）	图号	YL6-3（八）

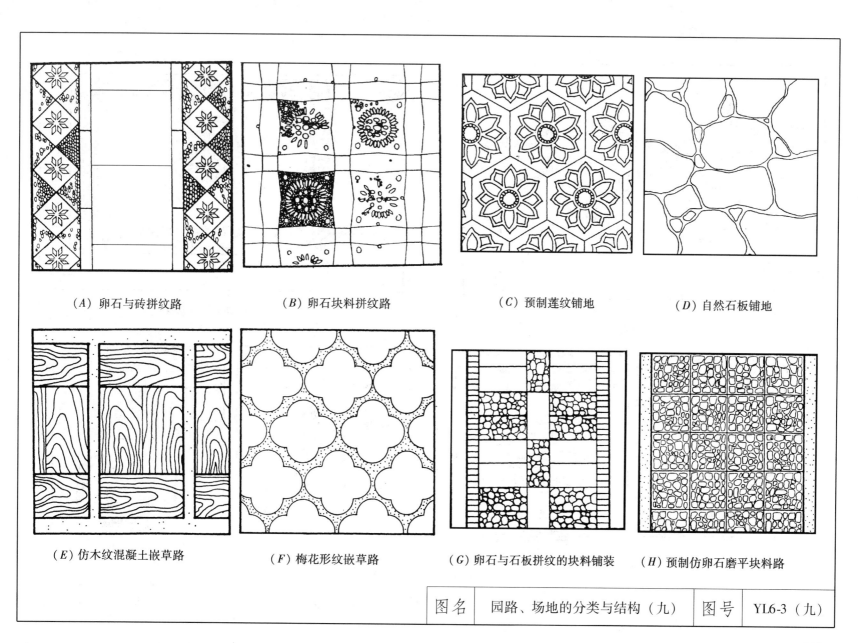

（A）卵石与砖拼纹路　　　（B）卵石块料拼纹路　　　（C）预制莲纹铺地　　　（D）自然石板铺地

（E）仿木纹混凝土嵌草路　　（F）梅花形纹嵌草路　　（G）卵石与石板拼纹的块料铺装　　（H）预制仿卵石磨平块料路

图名	园路、场地的分类与结构（九）	图号	YL6-3（九）

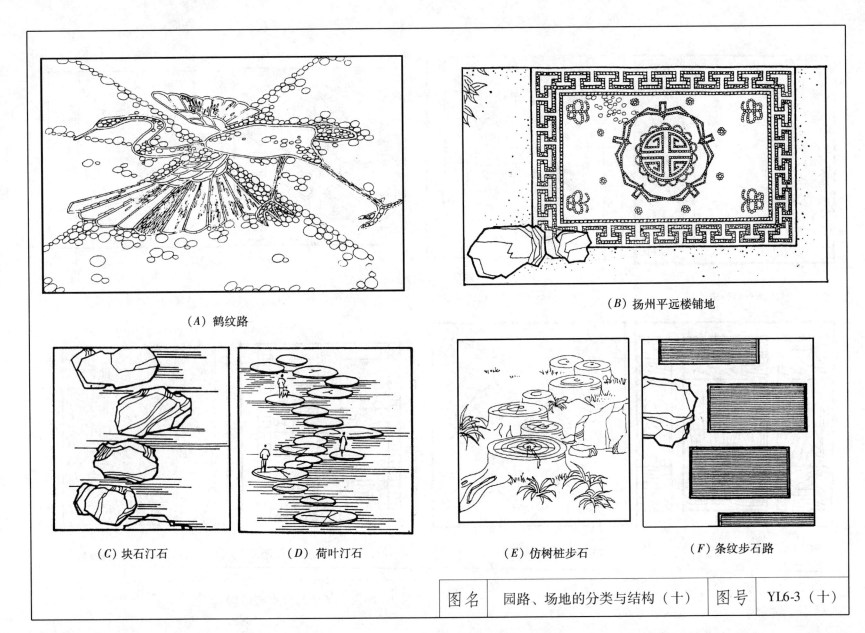

（A）鹤纹路

（B）扬州平远楼铺地

（C）块石汀石　　　　（D）荷叶汀石　　　　（E）仿树桩步石　　　　（F）条纹步石路

| 图名 | 园路、场地的分类与结构（十） | 图号 | YL6-3（十） |

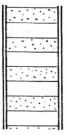

拉毛与抛光

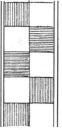

拉道与抛光

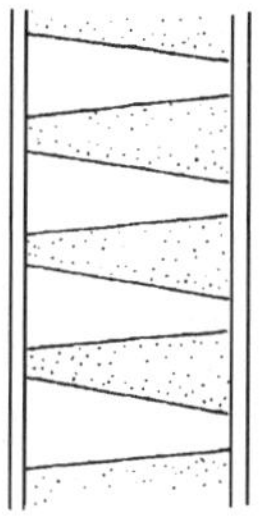

水刷石与抛光

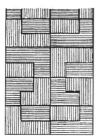

不同方向的拉道

（B）块料路面的光影效果

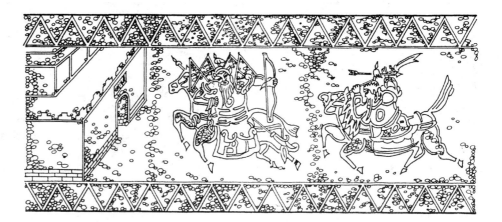

（A）雕砖卵石嵌花路——战长沙

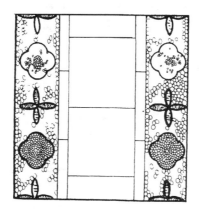
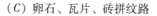

（C）卵石、瓦片、砖拼纹路

（D）卵石与预制块路

图名	园路、场地的分类与结构（十一）	图号	YL6-3（十一）

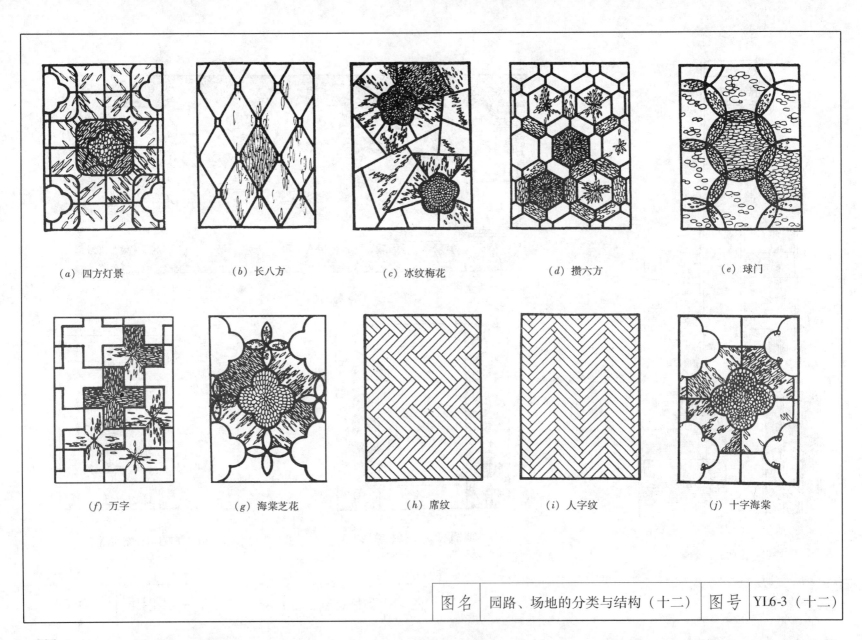

(a) 四方灯景　　　(b) 长八方　　　(c) 冰纹梅花　　　(d) 攒六方　　　(e) 球门

(f) 万字　　　(g) 海棠芝花　　　(h) 席纹　　　(i) 人字纹　　　(j) 十字海棠

| 图名 | 园路、场地的分类与结构（十二） | 图号 | YL6-3（十二） |

6.2 城市广场绿化景观平面设计

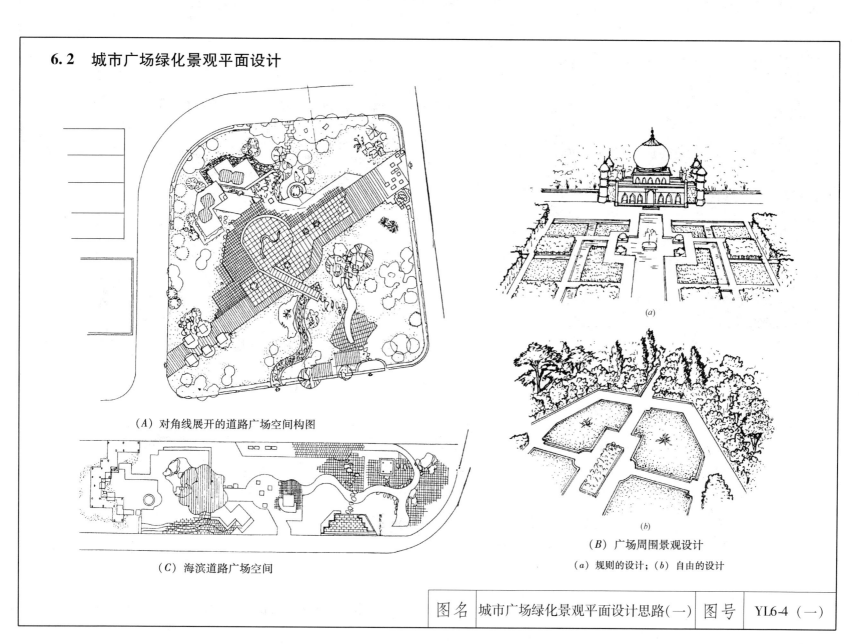

（A）对角线展开的道路广场空间构图

（C）海滨道路广场空间

（a）

（b）

（B）广场周围景观设计

（a）规则的设计；（b）自由的设计

| 图名 | 城市广场绿化景观平面设计思路(一) | 图号 | YL6-4（一） |

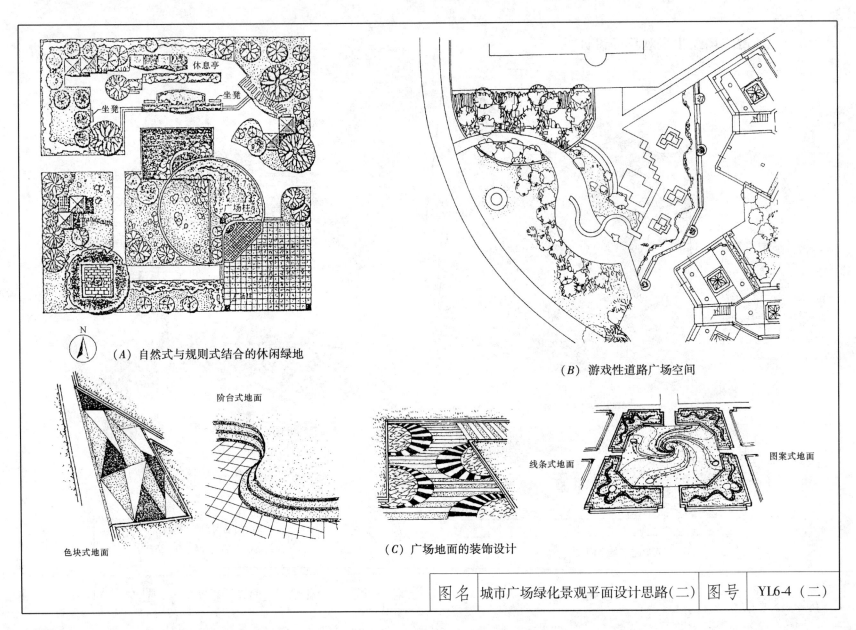

（A）自然式与规则式结合的休闲绿地

休息亭

坐凳

坐凳

广场柱

N

（B）游戏性道路广场空间

阶台式地面

色块式地面

（C）广场地面的装饰设计

线条式地面

图案式地面

| 图名 | 城市广场绿化景观平面设计思路(二) | 图号 | YL6-4（二） |

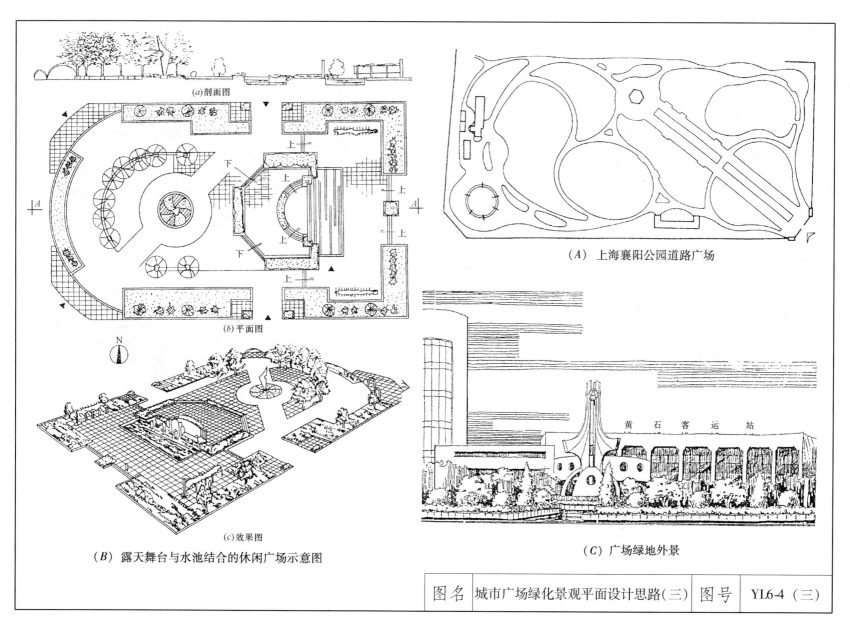

(a)剖面图

(b)平面图

(c)效果图

(B) 露天舞台与水池结合的休闲广场示意图

(A) 上海襄阳公园道路广场

黄石客运站

(C) 广场绿地外景

图名	城市广场绿化景观平面设计思路(三)	图号	YL6-4（三）

209

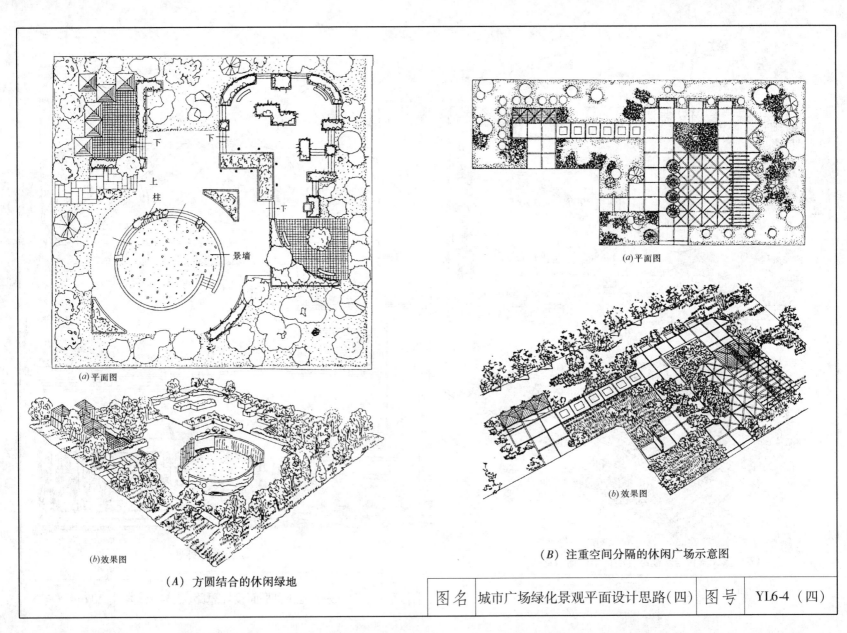

(a)平面图

(a)平面图

景墙

下

下

上

柱

(b)效果图

(b)效果图

（A）方圆结合的休闲绿地

（B）注重空间分隔的休闲广场示意图

| 图名 | 城市广场绿化景观平面设计思路(四) | 图号 | YL6-4（四） |

| 图名 | 城市广场绿化景观平面图的设计(一) | 图号 | YL6-5（一） |

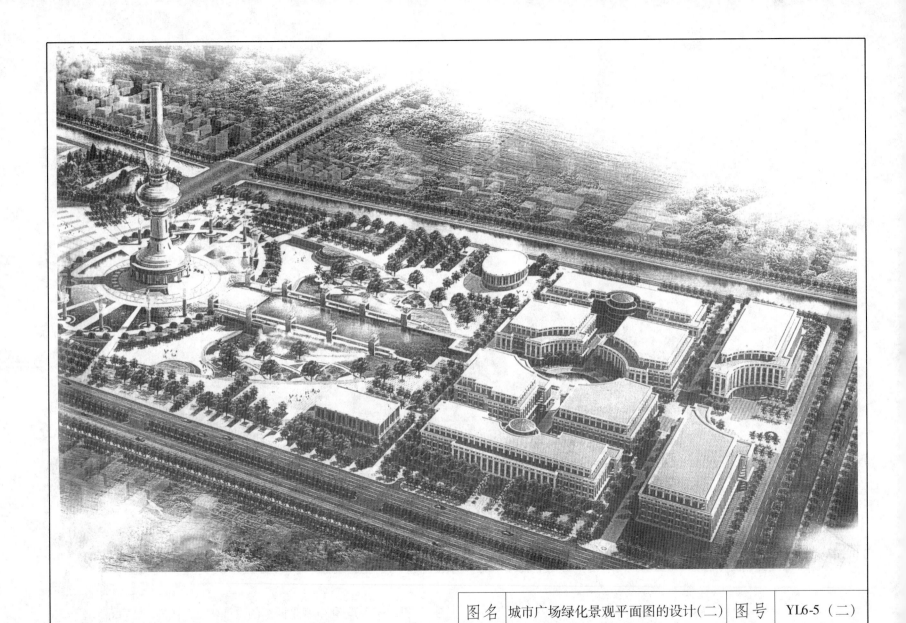

图名	城市广场绿化景观平面图的设计(二)	图号	YL6-5（二）

| 图名 | 城市广场绿化景观平面图的设计(三) | 图号 | YL6-5（三） |

| 图名 | 城市广场绿化景观平面图的设计(四) | 图号 | YL6-5（四） |

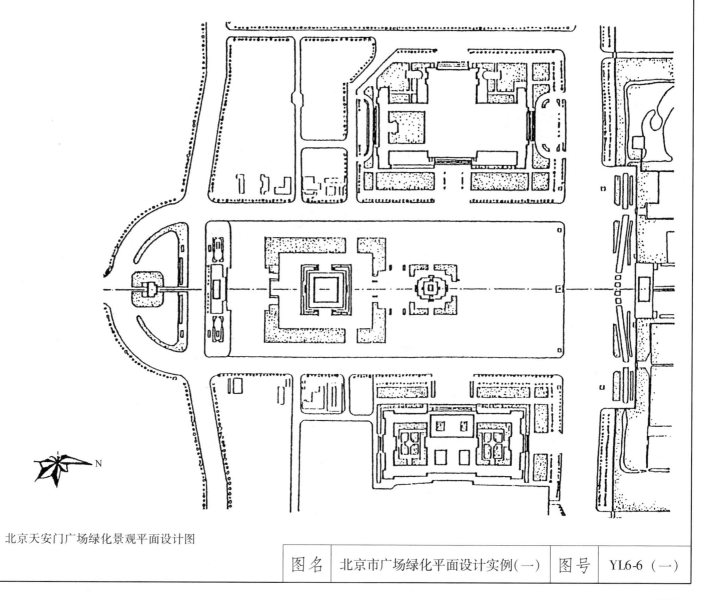

天安门广场位于北京的心脏地带，占地面积44公顷，可容纳100万人集会，是当今世界上最大的城市广场。人民大会堂、中国革命博物馆、中国历史博物馆、人民英雄纪念碑和毛主席纪念堂等具有民族风格的现代建筑环列广场。

天安门原为明清两朝皇城的正门，原名承天门，清顺治八年（1651年）改建后称天安门。城门五阙，重楼九楹，通高33.7m，城楼重檐飞翘，雕梁画栋，黄瓦红墙，异常壮丽。

N

北京天安门广场绿化景观平面设计图

图名	北京市广场绿化平面设计实例(一)	图号	YL6-6（一）

215

东环广场位于东二环路东直门交通枢纽中心地带，东直门立交桥与东四十条立交桥之间。紧邻地铁2号线东四十条地铁站、东直门地铁站和地铁13号线东直门站。东直门立体交通枢纽也已投入使用，通往机场的快速轻轨更是为商务人士提供了很大的便利。东环广场总建筑面积189000m²，其中写字楼部分的面积为42000m²，商业、餐饮、娱乐部分面积为54000m²，公寓部分面积为63000m²，地下车库及设备用房30000m²。

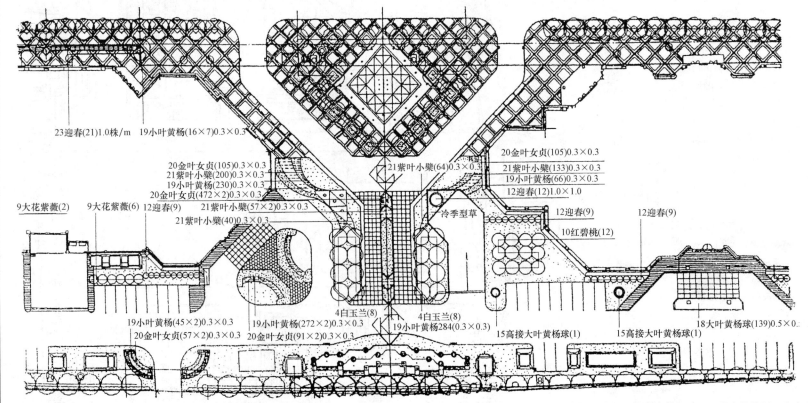

23迎春(21)1.0株/m　19小叶黄杨(16×7)0.3×0.3
20金叶女贞(105)0.3×0.3
21紫叶小檗(200)0.3×0.3
19小叶黄杨(230)0.3×0.3
20金叶女贞(472×2)0.3×0.3
9大花紫薇(2)　9大花紫薇(6)　12迎春(9)　21紫叶小檗(57×2)0.3×0.3
21紫叶小檗(40)0.3×0.3
21紫叶小檗(64)0.3×0.3
20金叶女贞(105)0.3×0.3
21紫叶小檗(133)0.3×0.3
19小叶黄杨(66)0.3×0.3
12迎春(12)1.0×1.0
冷季型草
12迎春(9)
10红碧桃(12)
12迎春(9)
19小叶黄杨(45×2)0.3×0.3
20金叶女贞(57×2)0.3×0.3
19小叶黄杨(272×2)0.3×0.3
20金叶女贞(91×2)0.3×0.3
4白玉兰(8)
19小叶黄杨284(0.3×0.3)
4白玉兰(8)
15高接大叶黄杨球(1)
15高接大叶黄杨球(1)
18大叶黄杨球(139)0.5×0.
18大叶黄杨球(139)0.5×0.

东环广场地处北京东部，主要由建国门、国贸大厦到燕莎、国际展览中心、国际公寓、写字楼、大型商业娱乐区域、停车场和东环、电影院等组成。三里屯使馆区、众多金融机构、各国公司驻京办事处环绕左右，与众多星级酒店和高档写字楼为邻。

北京东环广场绿化景观平面设计图

图名	北京市广场绿化平面设计实例(二)	图号	YL6-6（二）

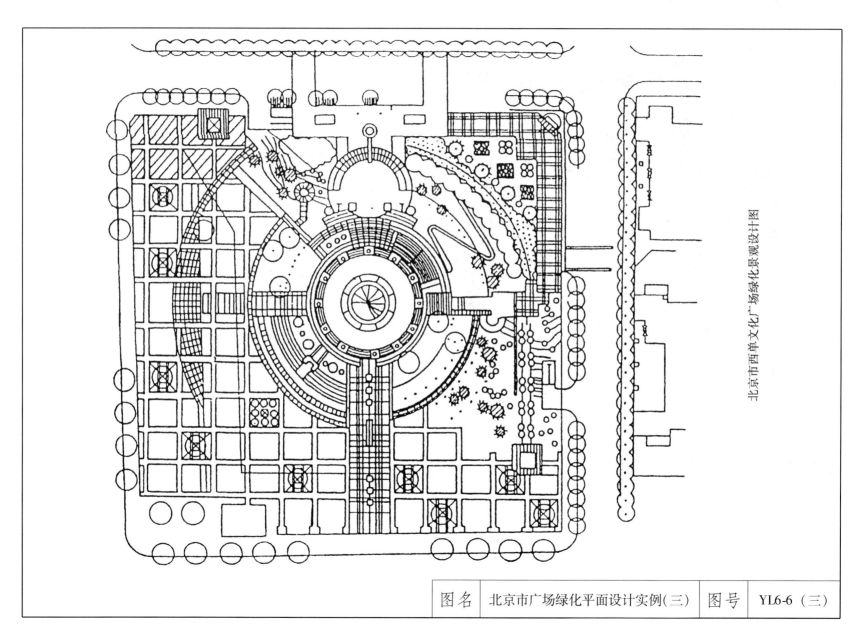

北京市西单文化广场绿化景观设计图

| 图名 | 北京市广场绿化平面设计实例(三) | 图号 | YL6-6（三） |

217

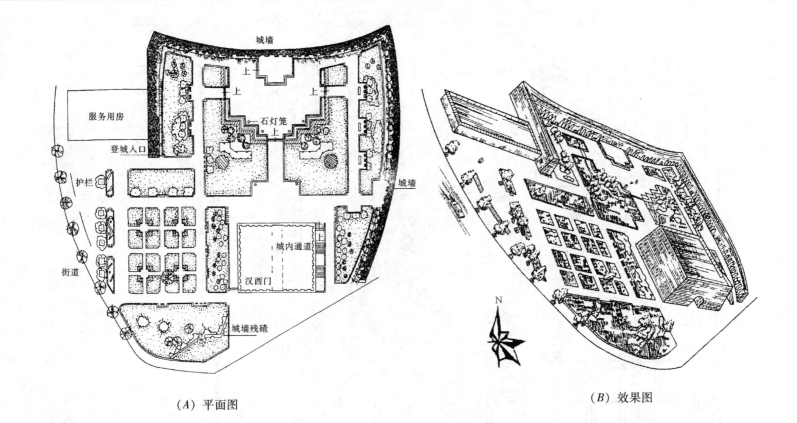

（A）平面图

（B）效果图

　　汉中门位于江苏省南京明代石城门瓮城处，地近楚金陵邑城，六朝石头城，五朝杨吴天祐十二年（公元915年）建为金陵府城大西门，南唐建郡后为江宁府城大西门，并沿用至宋、元。公元1366年明太祖朱元璋扩建金陵城大西门。此门坐东朝西，东西深121.4m，南北宽122.6m，占地约1.5万 m²。由两道瓮城、三通城门组成。1931年在汉西门北侧正对汉中路另辟一门，称为汉中门。

南京市汉中门广场绿化景观平面设计图

| 图名 | 南京市广场绿化平面设计实例(一) | 图号 | YL6-7（一） |

218

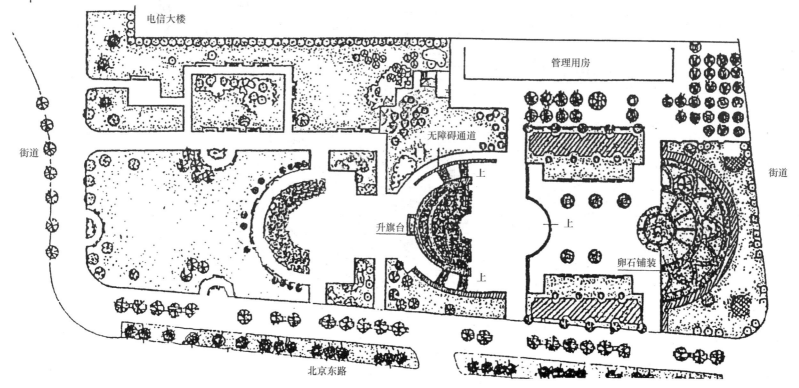

南京鼓楼广场是南京市的主要城市广场之一，1959年开辟北京东西路同时修建，有中山路、中山北路、中央路（以上三条干道开辟于民国年间）、北京东路和北京西路五条干道在此交会，形成南京市的交通枢纽，曾经作为南京市大型集会和活动的场所，其名称来源于西侧的南京鼓楼。鼓楼广场始建于20世纪30年代，因明朝鼓楼建于这里而得名。现为中山北路、中山路、中央路、北京东路、北京西路五条主干道和鼓楼街、天津街两条支干道的交会处，是市内重要的交通枢纽，属大型的交通广场。在1929年5月中山大道（包括中山北路、中山路、中山东路）建成通车之前，鼓楼地区仅有江宁马路、天津路（原名筹市街）和京市铁路（宁省铁路）等少数几条道路通过这里。

电信大楼
管理用房
无障碍通道
街道
升旗台
上
上
上
卵石铺装
街道
北京东路

中山大道通车后，鼓楼成为中山北路、中山路、保泰街和天津路四条道路交会处。1931年前后，中央路建成通车后，在鼓楼东侧。中山北路、中山路、保泰街与中央路四路交会，为此，修建了长径42m、短径18m的椭圆形中央环岛，成为环形交叉口。今天的鼓楼广场，就是在原有基础上改造扩建而成的。

2011年南京市政府对鼓楼广场将进行浓墨重彩的改造，使广场集现代人文艺术与城市园林特色于一体。将使广场分草坪、建筑、山坡和树木4大块，中心岛增添金卤灯，晚间也可再现白天红花绿草的景致；广场东西两段布置新颖的"水晶灯"和"槐花灯"以"灯光小品"的形式给广场夜景增加光雕塑的立体感；北极阁山坡迎广场面的树木全部用灯光"绿化"，使山顶鸡鸣寺塔等建筑在黄色泛光灯映衬下分外夺目。

南京市鼓楼广场广场绿化景观平面设计图

图名	南京市广场绿化平面设计实例（二）	图号	YL6-7（二）

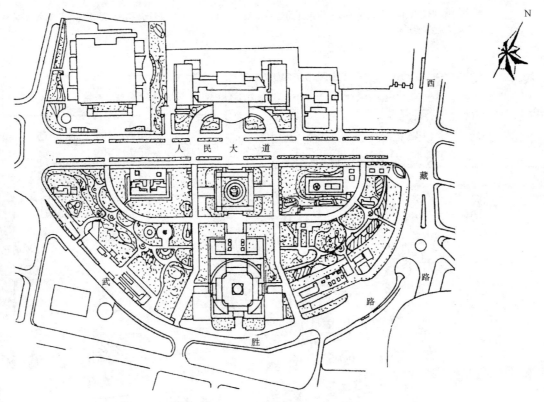

上海市人民广场绿化景观平面设计图

　　上海市人民广场位于上海黄浦区，成形于上海开超高频、上海开埠以后，原来称上海跑马厅，是当时上层社会举行赛马等活动的场所。广义上的人民广场主要是由一个开放式的广场、人民公园以及周边一些文化、旅游、商业建筑等组成。人民广场是上海的经济政治文化中心、交通枢纽、旅游中心，也是上海最为重要的地标之一。位于上海市中心的人民广场总面积达 14 万 m² ，过去作为全市人民集会的场所，可容纳 120 多万人。被誉为"城市绿肺"的人民广场位于市中心，是一个融行政、文化、交通、商业为一体的园林式广场。

| 图名 | 上海市人民广场绿化平面设计实例 | 图号 | YL6-8 |

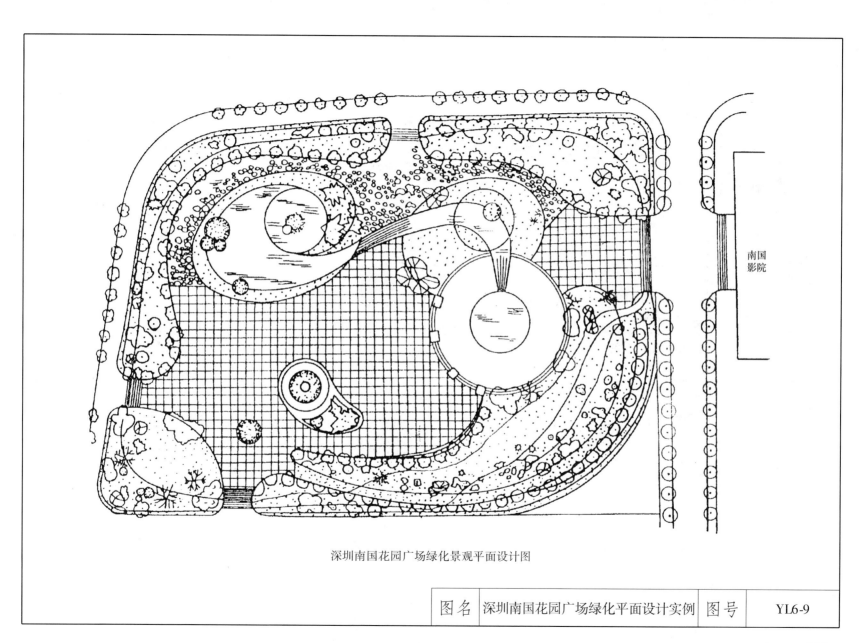

南国影院

深圳南国花园广场绿化景观平面设计图

| 图名 | 深圳南国花园广场绿化平面设计实例 | 图号 | YL6-9 |

221

西安钟鼓楼广场建成于 1998 年，是西安的一件低领文化衫，时尚而开放，让西安重现在世人的目光中。现在，最能让西安体面风光拿得出手的地面建筑就是钟楼、鼓楼和古城墙。位于西安市中心钟、鼓楼之间，东西长 300m，南北宽 100m，占地 2.18 公顷，总建筑面积 5.7 万 m²。其中，北配楼建筑面积 26000m²，商场建筑面积（上、下两层）31000m²，绿地 6000m²，是目前全国中心城市中最大的一个绿化广场，钟楼与鼓楼东西对峙。

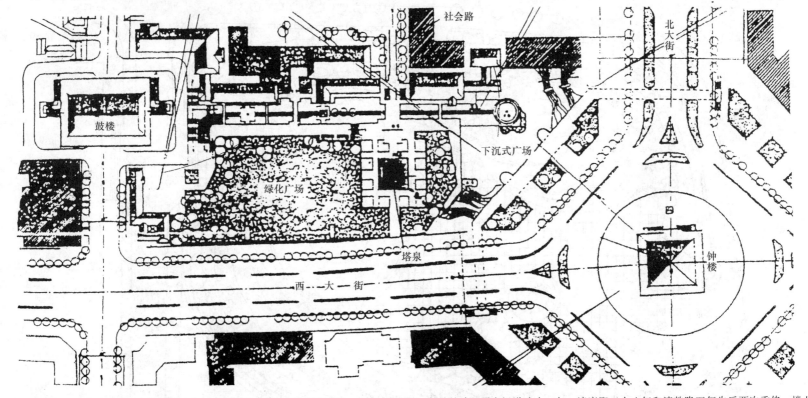

西安鼓楼是所存在中国最大的鼓楼，位于西安城内西大街北院门的南端，东与钟楼相望。鼓楼始建于明太祖洪武十三年，清康熙三十八年和清乾隆五年先后两次重修。楼上原有巨鼓一面，每日击鼓报时，故称"鼓楼"。原址在今西大街广济街口，明朝（1582 年）重修，迁建于现址。楼上原悬大钟一口，作为击钟报时用。

鼓楼的构造技术，在应用了唐朝风格、宋代建筑法则的基础上又有不少创新。全楼结构无一铁钉，楼檐和平座都使用了斗拱构造原理，外观楼体雄健宏大、古雅优美，极赋浓郁的民族特色。鼓楼建筑结构为上下两层，重檐三层。正面（向南）为七间。进深三间，四周回廊深度各为一间，按檐柱距离计算，正面则为九间，侧面为七间，即古代建筑中俗称的"七间九"。

西安市钟鼓楼广场绿化景观平面设计图

图名	西安市钟鼓楼广场绿化平面设计实例	图号	YL6-10

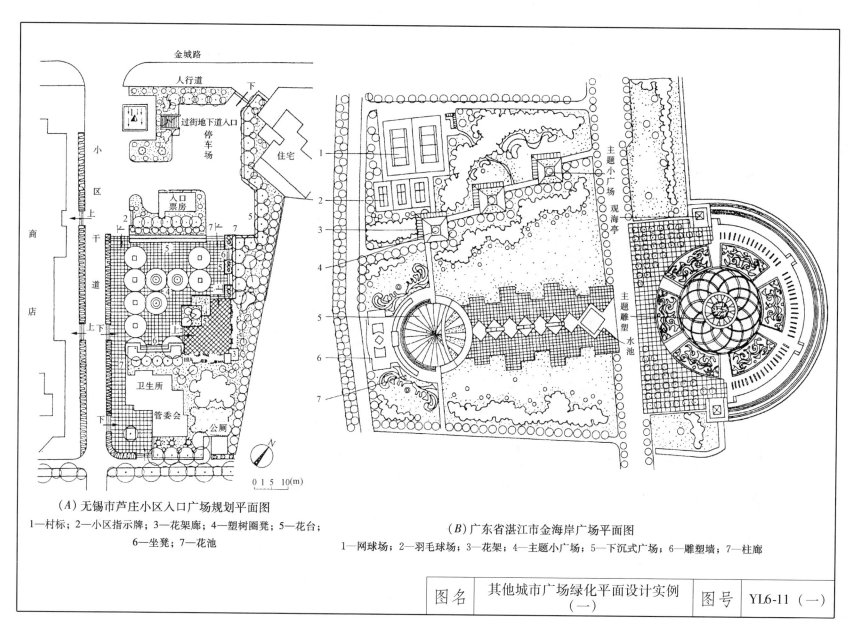

（A）无锡市芦庄小区入口广场规划平面图

1—村标；2—小区指示牌；3—花架廊；4—塑树圈凳；5—花台；
6—坐凳；7—花池

（B）广东省湛江市金海岸广场平面图

1—网球场；2—羽毛球场；3—花架；4—主题小广场；5—下沉式广场；6—雕塑墙；7—柱廊

图名	其他城市广场绿化平面设计实例 （一）	图号	YL6-11（一）

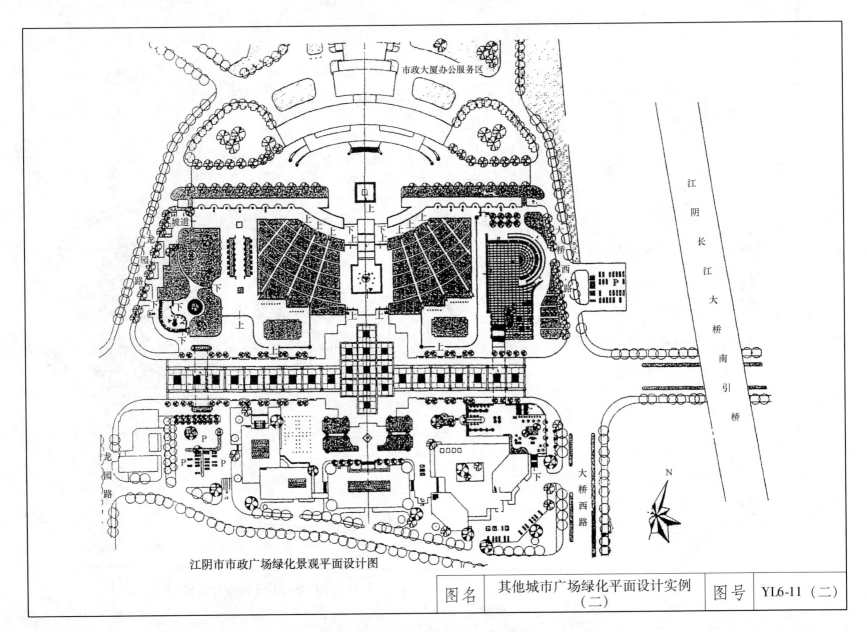

市政大厦办公服务区

江阴长江大桥南引桥

江阴长江大桥

大桥西路

龙园路

龙园路

大桥西路

坡道

N

江阴市市政广场绿化景观平面设计图

| 图名 | 其他城市广场绿化平面设计实例
（二） | 图号 | YL6-11（二） |

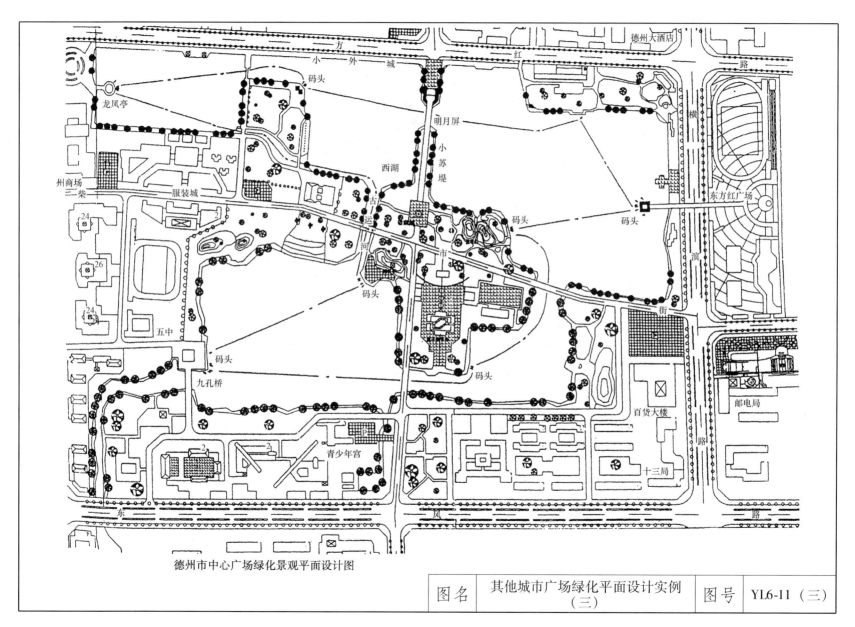

德州市中心广场绿化景观平面设计图

| 图名 | 其他城市广场绿化平面设计实例
（三） | 图号 | YL6-11（三） |

德州大酒店

方 外 城 红 路

小

码头

龙凤亭

明月屏

小苏堤

西湖

东方红广场

州商场 三柴

服装城

古运河

码头

码头

24

市

码头

26

24

五中

滨

码头

码头

九孔桥

街

路

P

百货大楼

青少年宫

邮电局

十三局

东 路 风 路

225

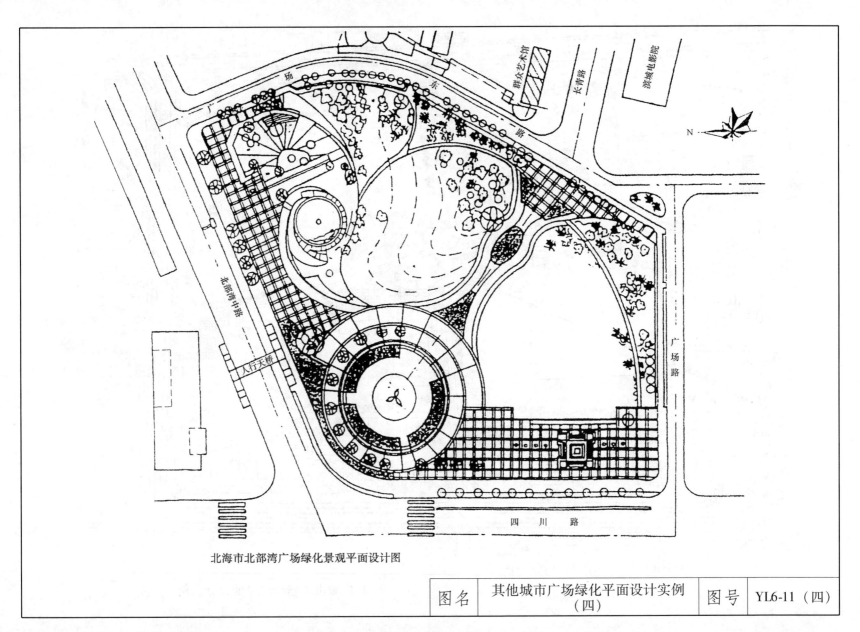

北海市北部湾广场绿化景观平面设计图

| 图名 | 其他城市广场绿化平面设计实例
（四） | 图号 | YL6-11（四） |

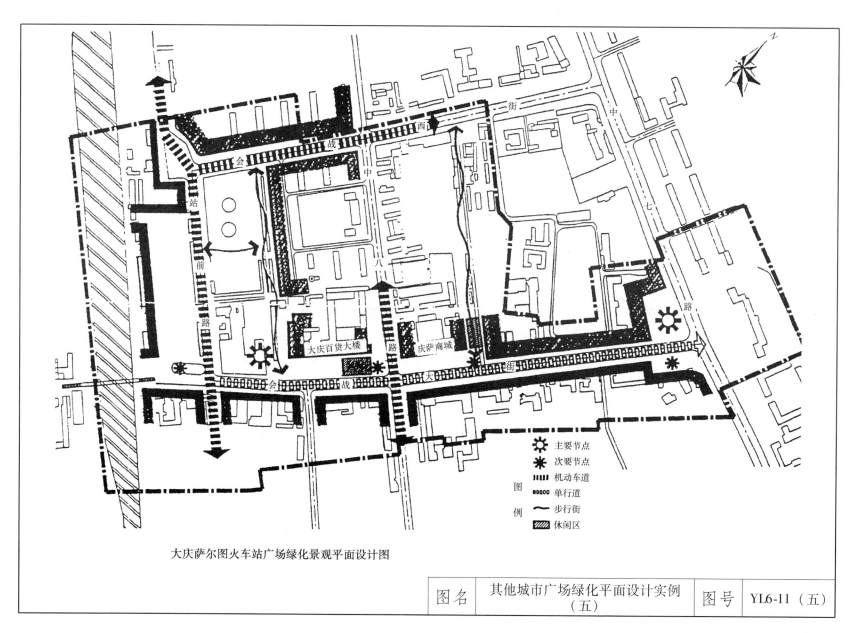

大庆萨尔图火车站广场绿化景观平面设计图

图例

⚙ 主要节点
✳ 次要节点
▥▥ 机动车道
▢▢▢▢ 单行道
— 步行街
▨▨▨ 休闲区

| 图名 | 其他城市广场绿化平面设计实例（五） | 图号 | YL6-11（五） |

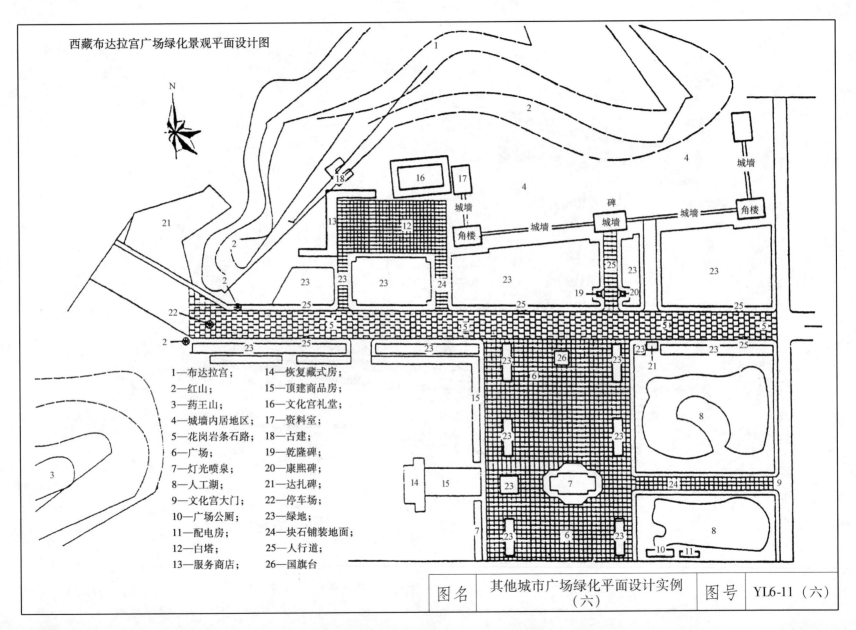

西藏布达拉宫广场绿化景观平面设计图

N

1—布达拉宫；　　14—恢复藏式房；
2—红山；　　　　15—顶建商品房；
3—药王山；　　　16—文化宫礼堂；
4—城墙内居地区；17—资料室；
5—花岗岩条石路；18—古建；
6—广场；　　　　19—乾隆碑；
7—灯光喷泉；　　20—康熙碑；
8—人工湖；　　　21—达扎碑；
9—文化宫大门；　22—停车场；
10—广场公厕；　　23—绿地；
11—配电房；　　　24—块石铺装地面；
12—白塔；　　　　25—人行道；
13—服务商店；　　26—国旗台

| 图名 | 其他城市广场绿化平面设计实例
（六） | 图号 | YL6-11（六） |

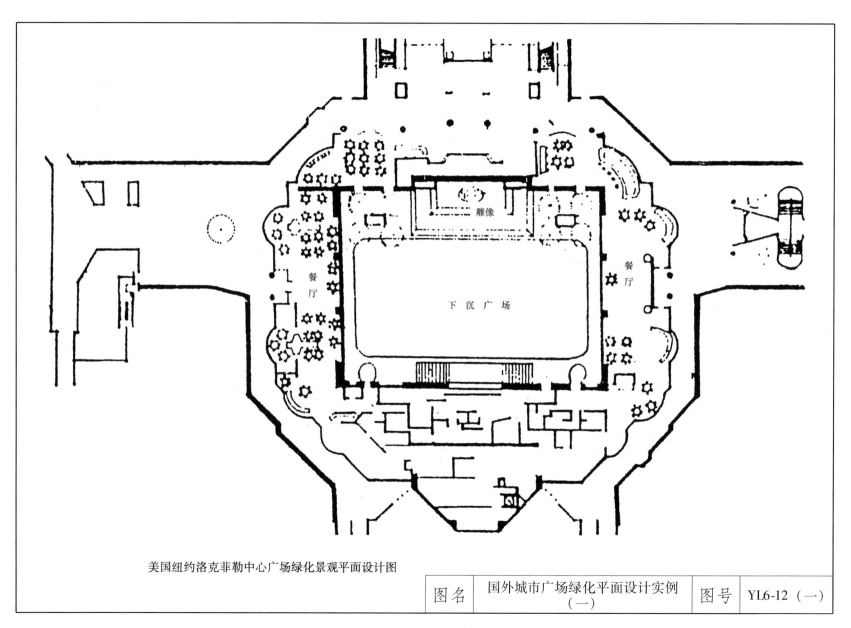

美国纽约洛克菲勒中心广场绿化景观平面设计图

雕像

餐厅

餐厅

下 沉 广 场

| 图名 | 国外城市广场绿化平面设计实例
（一） | 图号 | YL6-12（一） |

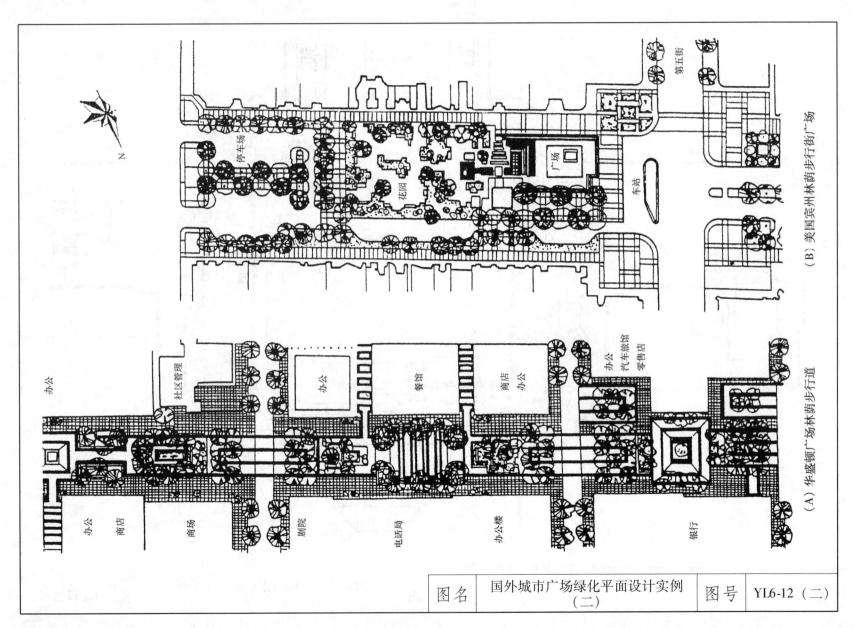

停车场

广场

车站

花园

第五街

（B）美国宾州林荫步行街广场

办公

社区管理

办公

餐馆

商店

办公

办公

汽车旅馆

零售店

办公

商店

商场

剧院

电话局

办公楼

银行

（A）华盛顿广场林荫步行道

N

图名	国外城市广场绿化平面设计实例（二）	图号	YL6-12（二）

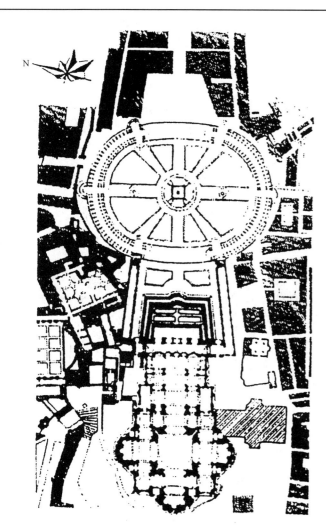

（A）罗马圣彼德教堂前广场

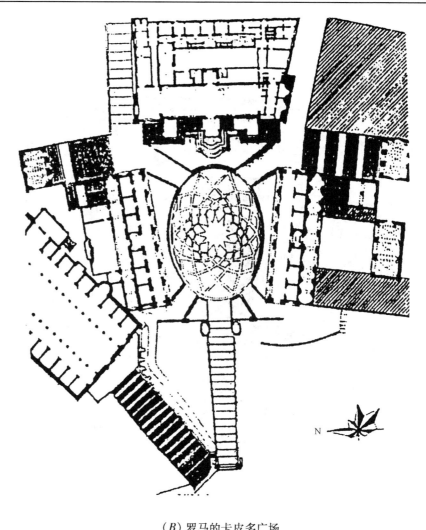

（B）罗马的卡皮多广场

图名	国外城市广场绿化平面设计实例 （三）	图号	YL6-12（三）

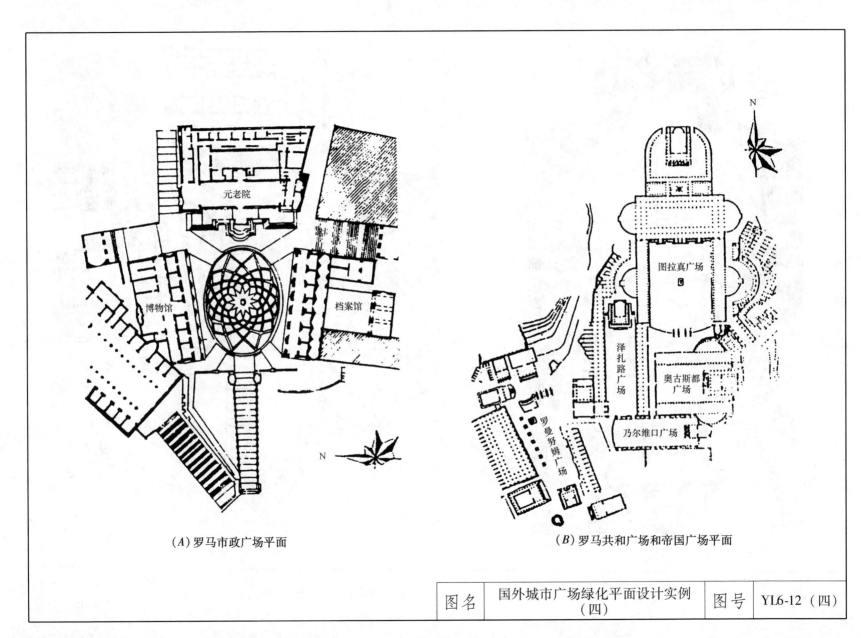

元老院

博物馆

档案馆

N

(A)罗马市政广场平面

N

图拉真广场

泽扎路广场

奥古斯都广场

罗曼努姆广场

乃尔维口广场

(B)罗马共和广场和帝国广场平面

| 图名 | 国外城市广场绿化平面设计实例
（四） | 图号 | YL6-12（四） |

6.3 城市街道绿地设计示意图

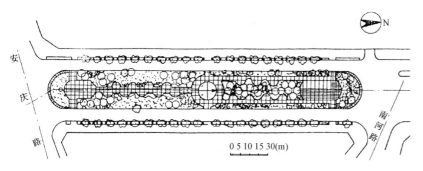

（A）花园街北段平面图

`0 5 10 15 30(m)`

(a)立面图

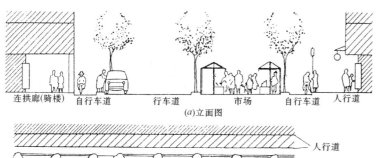

连拱廊(骑楼)　自行车道　行车道　市场　自行车道　人行道

(a)立面图

人行道

可休息花台

人行道

(b)平面图

（B）商业街花园式绿化

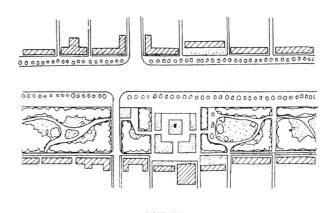

(b)平面图

（C）居住区花园式绿化

图名	城市街道绿地设计示意图（一）	图号	YL6-13（一）

233

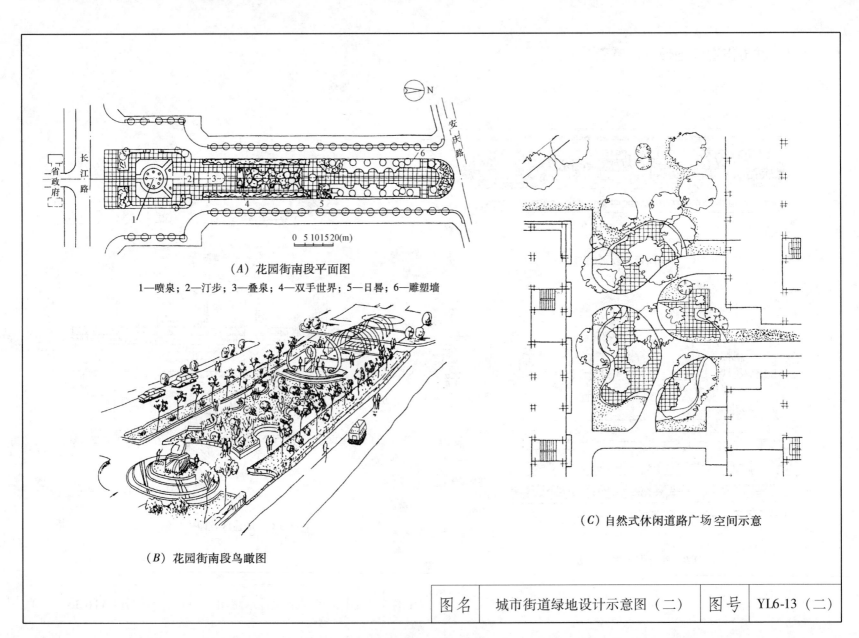

（A）花园街南段平面图

1—喷泉；2—汀步；3—叠泉；4—双手世界；5—日晷；6—雕塑墙

0 5 10 15 20(m)

（B）花园街南段鸟瞰图

（C）自然式休闲道路广场空间示意

图名	城市街道绿地设计示意图（二）	图号	YL6-13（二）

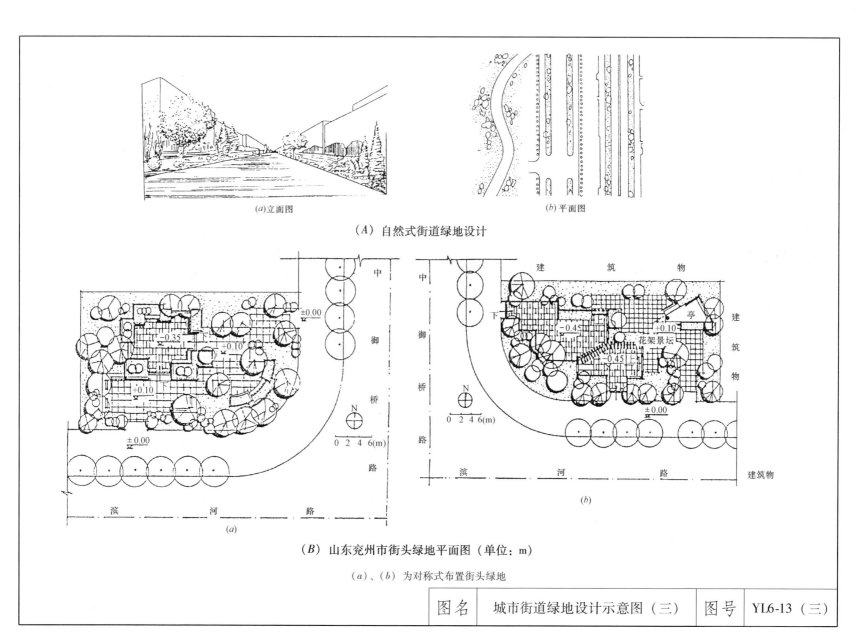

(a)立面图

(b)平面图

（A）自然式街道绿地设计

（B）山东兖州市街头绿地平面图（单位：m）

（a）、（b）为对称式布置街头绿地

| 图名 | 城市街道绿地设计示意图（三） | 图号 | YL6-13（三） |

235

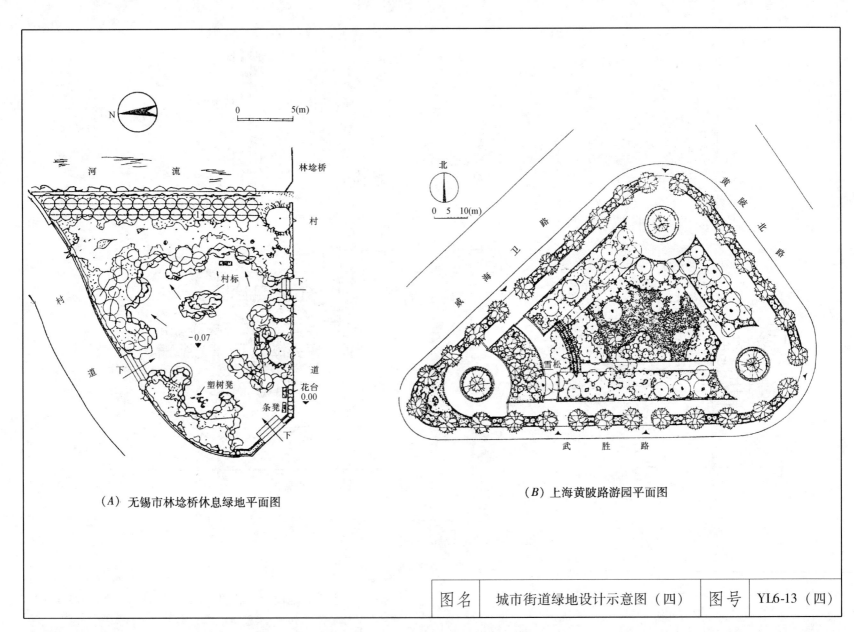

（A）无锡市林埝桥休息绿地平面图

（B）上海黄陂路游园平面图

| 图名 | 城市街道绿地设计示意图（四） | 图号 | YL6-13（四） |

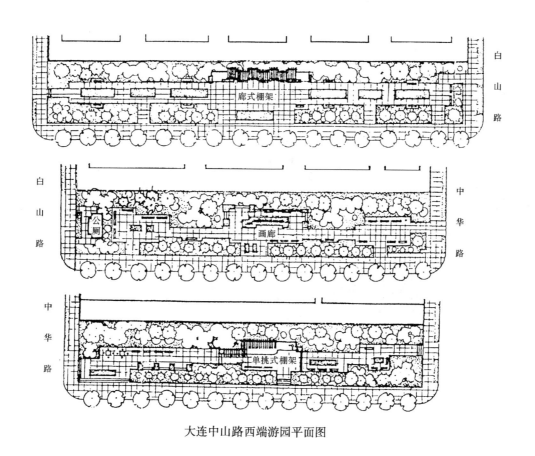

白
山
路

廊式棚架

白
山
路

公厕

画廊

中
华
路

中
华
路

单挑式棚架

大连中山路西端游园平面图

| 图名 | 城市街道绿地设计示意图（五） | 图号 | YL6-13（五） |

6.4 城市立交桥绿化平面设计图实例

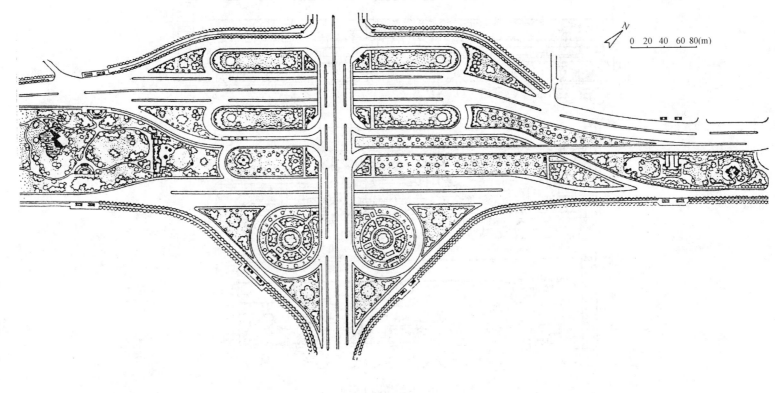

北京市三元立交桥绿化平面图

| 图名 | 城市立交桥绿化平面设计实例（一） | 图号 | YL6-14（一） |

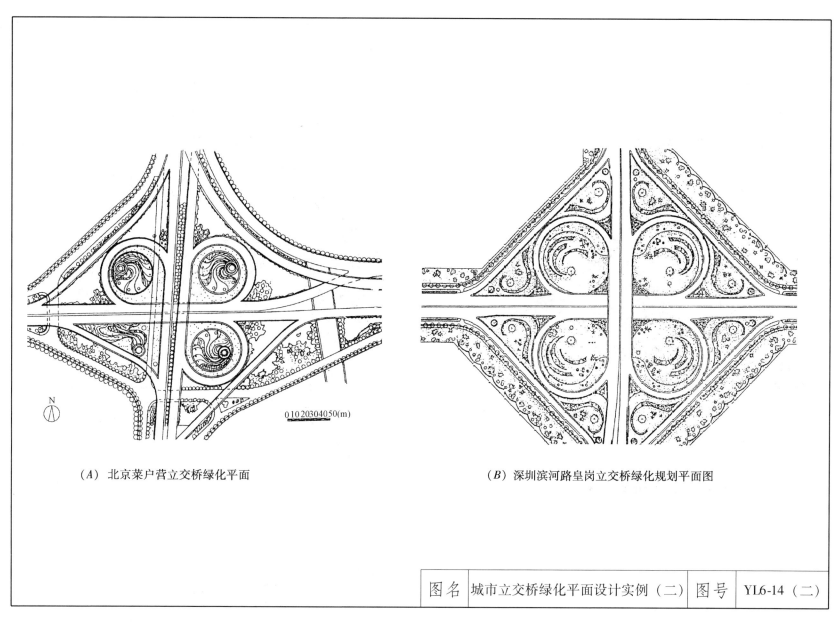

（A）北京菜户营立交桥绿化平面

0 10 20 30 40 50(m)

（B）深圳滨河路皇岗立交桥绿化规划平面图

| 图名 | 城市立交桥绿化平面设计实例（二） | 图号 | YL6-14（二） |

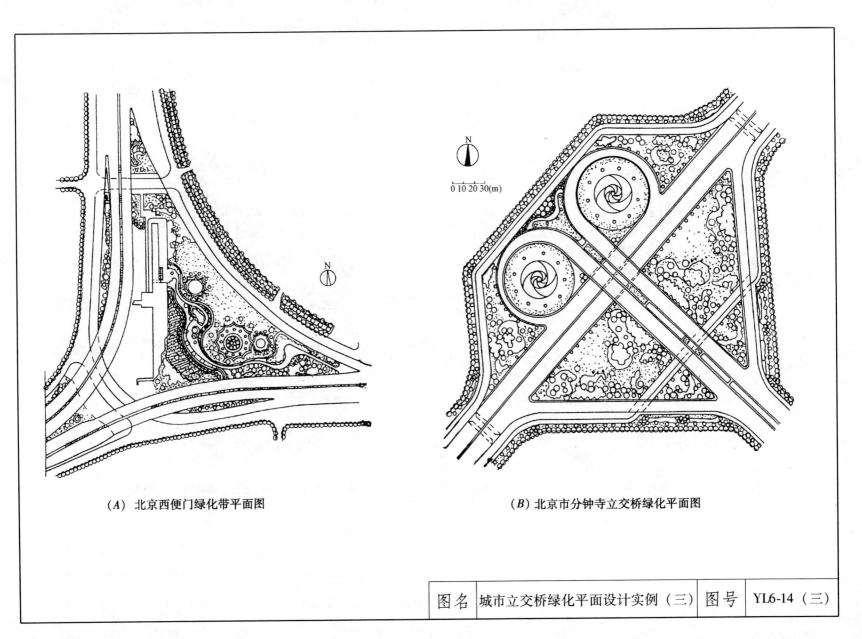

(A) 北京西便门绿化带平面图

(B) 北京市分钟寺立交桥绿化平面图

图名	城市立交桥绿化平面设计实例（三）	图号	YL6-14（三）

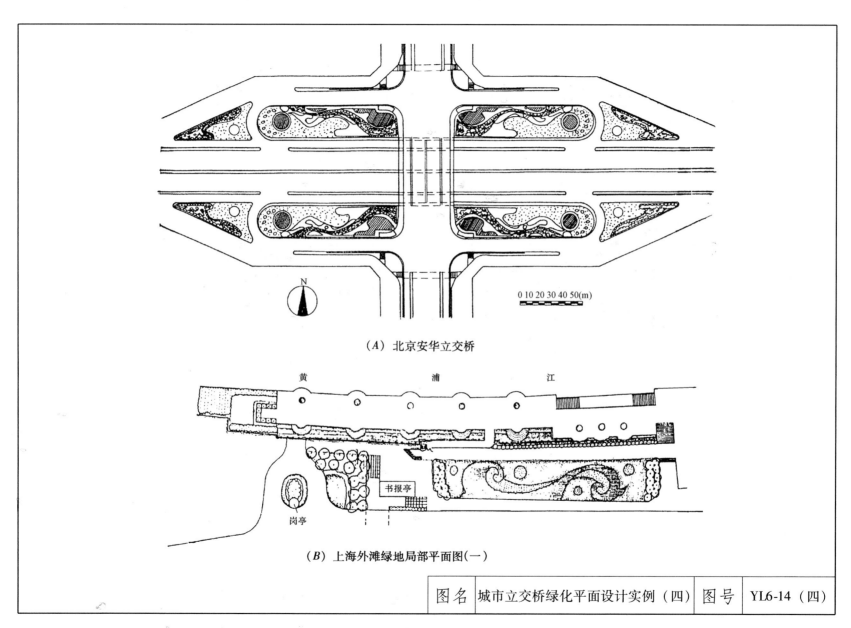

（A）北京安华立交桥

黄　　　浦　　　江

书报亭

岗亭

（B）上海外滩绿地局部平面图（一）

| 图名 | 城市立交桥绿化平面设计实例（四） | 图号 | YL6-14（四） |

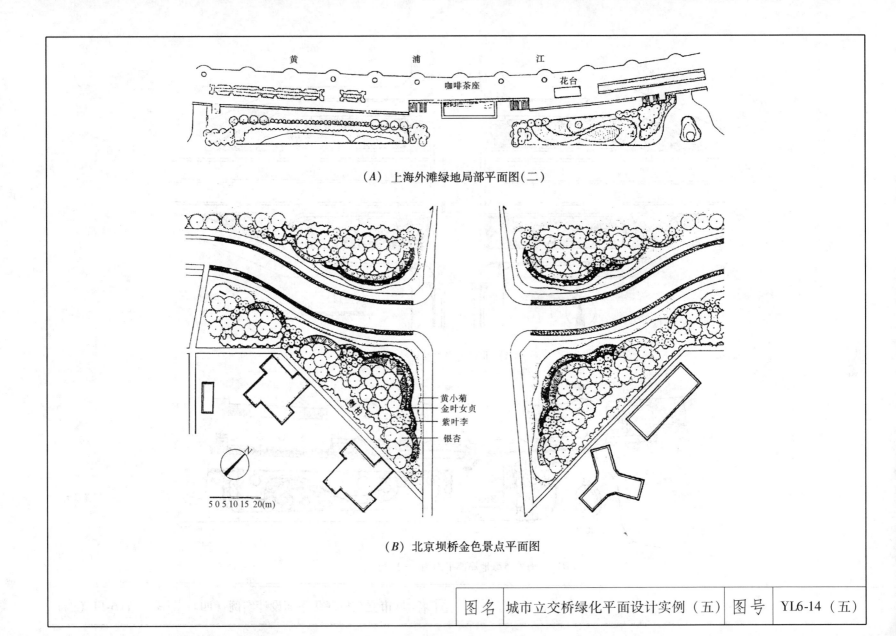

（A）上海外滩绿地局部平面图(二)

黄　浦　江

咖啡茶座　　花台

黄小菊
金叶女贞
紫叶李
银杏

5 0 5 10 15 20(m)

（B）北京坝桥金色景点平面图

| 图名 | 城市立交桥绿化平面设计实例（五） | 图号 | YL6-14（五） |

7 园林给水排水工程施工

7.1 园林给水排水工程施工概述

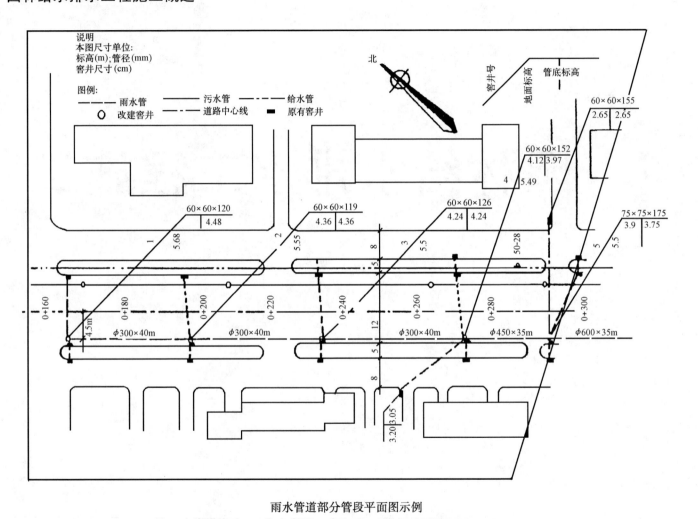

雨水管道部分管段平面图示例

| 图名 | 园林给水排水工程施工概述（一） | 图号 | YL7-1（一） |

地面的径流系数 ψ 值

类 别		地 面 种 类	ψ 值
人工地面	1	各种屋面，混凝土和沥青路面	0.90
	2	大块石铺砌和沥青表面处理的碎石路面	0.60
	3	级配碎石路面	0.45
	4	砖砌砖石和碎石地面	0.40
	5	非铺砌的素土路面	0.30
	6	绿化种植地面	0.15
素土地面	1	冻土、重黏土、冰沼土、沼泽土、沼化灰土	1.00
	2	黏土、盐土、碱土、龟裂地、水稻地	0.85
	3	黄壤、红壤、壤土、灰化土、灰钙土、漠钙土	0.80
	4	褐土、生草砂壤土、黑钙土、黄土、栗钙土、灰色森林土、棕色森林土	0.70
	5	砂壤土、生草的砂	0.50
	6	砂	0.35

排洪沟的最大允许流速

序 号	铺 砌 及 防 护 类 型	水流平均深度（m）			
		0.4	1.0	2.0	3.0
		平均流速（m/s）			
1	单层铺石（石块尺寸150mm）	2.5	3.0	3.5	3.8
2	单层铺石（石块尺寸200mm）	2.9	3.5	4.0	4.3
3	双层铺石（石块尺寸150mm）	3.1	3.7	4.3	4.6
4	双层铺石（石块尺寸200mm）	3.6	4.3	5.0	5.4
5	水泥砂浆砌软弱沉积岩块石砌体，石材强度等级不低于 MU10	2.9	3.5	4.0	4.4
6	水泥砂浆砌中等沉积岩块石砌体	5.8	7.0	8.1	8.7
7	水泥砂浆砌石材，石材强度等级不低于 MU30	7.1	8.5	9.8	11.0

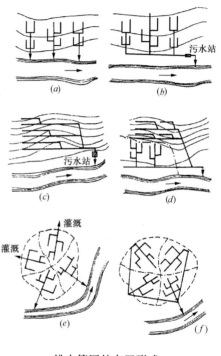

排水管网的布置形式

（*a*）正交式；（*b*）截流式；（*c*）扇形（平行式）；
（*d*）分区式；（*e*）辐射（分射）式；（*f*）环绕式

图名	园林给水排水工程施工概述（二）	图号	YL7-1（二）

245

生活饮用水卫生标准（水质常规指标及限值）

项　目	标　准
色度（铂钴色度单位）	15
浑浊度(散射浑浊度单位)（NTU）	1 水源及净水技术条件限制时为3
臭和味	无异臭、异味
肉眼可见物	无
pH	6.5～8.5
铝	0.2mg/L
铁	0.3mg/L
锰	0.1mg/L
铜	1.0mg/L
锌	1.0mg/L
氯化物	250mg/L
硫酸盐	250mg/L
溶解性总固体	1000mg/L
总硬度（以碳酸钙计）	450mg/L
耗氧量（COD_{Mn}法，以 O_2 计）	3mg/L 当水源限值，原水耗氧量大于6mg/L时为5mg/L
挥发酚类（以苯酚计）	0.002mg/L
阴离子合成洗涤剂	0.3mg/L

感官性状和一般化学指标

项　目	标　准
砷	0.01mg/L
镉	0.005mg/L
铬	0.05mg/L
铅	0.01mg/L
汞	0.001mg/L
硒	0.01mg/L
氰化物	0.05mg/L
氟化物	1.0mg/L
硝酸盐（以 N 计）	10mg/L 地下水源限制时为20mg/L
三氯甲烷	0.06mg/L
四氯化碳	0.002mg/L
溴酸盐（使用臭氧时）	0.01mg/L
甲醛（使用臭氧时）	0.9mg/L
亚氯酸盐（使用二氧化氯消毒时）	0.7mg/L
氯酸盐（使用复合二氧化氯消毒时）	0.7mg/L

毒理学指标

项　目	标　准
总大肠菌群（MPN/100mL 或 CFU/100mL）	不得检出
耐热大肠菌群（MPN/100mL 或 CFU/100mL）	不得检出
大肠埃希氏菌（MPN/100mL 或 CFU/100mL）	不得检出
菌落总数（CFU/mL）	100

微生物指标①

项　目	标　准
总 α 放射性	0.5Bq/L
总 β 放射性	1.0Bq/L

放射性指标②

① MPN 表示最可能数；CFU 表示菌落形成单位。当水样检出总大肠菌群时，应进一步检验大肠埃希氏菌或耐热大肠菌群；当水样未检出总大肠菌群，可不必检验大肠埃希氏菌或耐热大肠菌群。

② 放射性指标超过指导值，应进行核素分析和评价，以判定该水能否饮用。

图名	园林给水排水工程施工概述（三）	图号	YL7-1（三）

<table>
<tr><td colspan="6" align="center">部分公共建筑用水量定额及小时变化系数</td></tr>
<tr>
<th>序号</th>
<th>建筑物名称</th>
<th>单 位</th>
<th>最高日生活用水定额
（L）</th>
<th>使用时数
（h）</th>
<th>小时变化系数
K_h</th>
</tr>
<tr>
<td>1</td>
<td>公共浴室
淋浴
浴盆、淋浴
桑拿浴（淋浴、按摩池）</td>
<td>每顾客每次
每顾客每次
每顾客每次</td>
<td>100
120～150
150～200</td>
<td>12
12
12</td>
<td>2.0～1.5</td>
</tr>
<tr>
<td>2</td>
<td>理发师、美容院</td>
<td>每顾客每次</td>
<td>40～100</td>
<td>12</td>
<td>2.0～1.5</td>
</tr>
<tr>
<td>3</td>
<td>洗衣房</td>
<td>每1kg 干衣</td>
<td>40～80</td>
<td>8</td>
<td>1.5～1.2</td>
</tr>
<tr>
<td>4</td>
<td>餐饮业
中餐酒楼
快餐店、职工及学生食堂
酒吧、咖啡馆、茶座、卡拉OK房</td>
<td>每顾客每次
每顾客每次
每顾客每次</td>
<td>40～60
20～25
5～15</td>
<td>10～12
12～16
8～18</td>
<td>1.5～1.2</td>
</tr>
<tr>
<td>5</td>
<td>商场
员工及顾客</td>
<td>每1m² 营业厅
面积每日</td>
<td>5～8</td>
<td>12</td>
<td>1.5～1.2</td>
</tr>
<tr>
<td>6</td>
<td>图书馆</td>
<td>每人每次</td>
<td>5～10</td>
<td>8～10</td>
<td>1.2～1.5</td>
</tr>
<tr>
<td>7</td>
<td>书店</td>
<td>每1m² 营业厅
面积每日</td>
<td>3～6</td>
<td>8～12</td>
<td>1.5～1.2</td>
</tr>
<tr>
<td>8</td>
<td>办公楼</td>
<td>每人每班</td>
<td>30～50</td>
<td>8～10</td>
<td>1.5～1.2</td>
</tr>
<tr>
<td>9</td>
<td>教学、实验楼
中小学校
高等院校</td>
<td>每学生每日
每学生每日</td>
<td>20～40
40～50</td>
<td>8～9
8～9</td>
<td>1.5～1.2
1.5～1.2</td>
</tr>
<tr>
<td>10</td>
<td>电影院、剧院</td>
<td>每观众每场</td>
<td>3～5</td>
<td>3</td>
<td>1.5～1.2</td>
</tr>
<tr>
<td>11</td>
<td>会展中心（博物馆、展览馆）</td>
<td>每1m² 展厅
面积每日</td>
<td>3～6</td>
<td>8～16</td>
<td>1.5～1.2</td>
</tr>
<tr>
<td>12</td>
<td>健身中心</td>
<td>每人每次</td>
<td>30～50</td>
<td>8～12</td>
<td>1.5～1.2</td>
</tr>
<tr>
<td>13</td>
<td>体育场（馆）
运动员淋浴
观众</td>
<td>每人每次
每人每次</td>
<td>30～40
3</td>
<td>4
4</td>
<td>3.0～2.0
1.2</td>
</tr>
<tr>
<td>14</td>
<td>会议厅</td>
<td>每座次每次</td>
<td>6～8</td>
<td>4</td>
<td>1.5～1.2</td>
</tr>
<tr>
<td>15</td>
<td>航站楼、客运站旅客</td>
<td>每人次</td>
<td>3～6</td>
<td>8～16</td>
<td>1.5～1.2</td>
</tr>
<tr>
<td>16</td>
<td>菜市场地面冲洗及保鲜用水</td>
<td>每1m² 每日</td>
<td>10～20</td>
<td>8～10</td>
<td>2.5～2.0</td>
</tr>
<tr>
<td>17</td>
<td>停车库地面冲洗水</td>
<td>每1m² 每次</td>
<td>2～3</td>
<td>6～8</td>
<td>1.0</td>
</tr>
</table>

图名	园林给水排水工程施工概述（四）	图号	YL7-1（四）

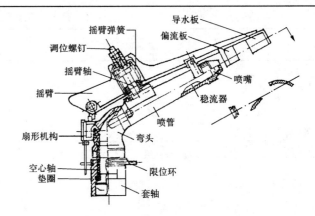

（A）摇臂式喷头的构造

（B）防止径流冲刷的工程措施

（a）设置护土筋；（b）设挡水石；（c）做谷方

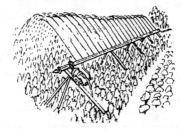

（C）孔管式喷头喷灌示意

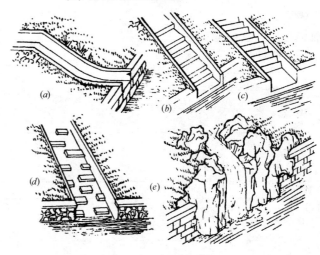

（D）出水口的排水处理

（a）水簸箕；（b）消力阶；（c）礓礤；（d）消力块；（e）出石出水口

图名	园林给水排水工程施工概述（五）	图号	YL7-1（五）

园林给水排水设计常用图例

名　称	图　例	说　明	名　称	图　例	说　明	名　称	图　例	说　明
管　道		只一种管道时用	地沟管			跌水		箭头示水流方向
	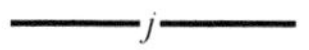 J	拼音字头示管别	洪水线		可用红线涂底	透水路堤		边坡较长时可只画一端或两端
		用图例表示管道的类别	分水脊线与谷线		上图表示脊线下图表示谷线			
交叉管	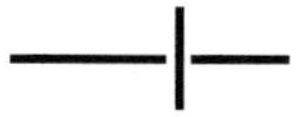	管道交叉不连接				出水口		
三通四通	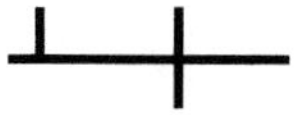	管道连接的画法				过水路面		
管道流向			排水方向					
管道坡向						消火栓井		室外消火栓
固定架		示管道固定支架	截水沟或排洪沟	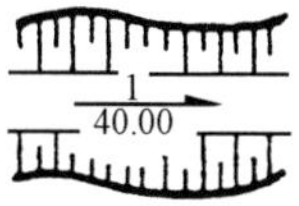 40.00	1 表示纵坡1%,40.00 示变坡距	雨水井		
保温管		防结露管也适用		40.00		管道井	○　□	阀门井、检查井
拆除管			排水明渠	107.50 1/40.00	上图适用比例较大,下图相反,107.50 为底标高	跌水井		
有盖的排水渠	1/40.00	数据标示同截水沟或排洪沟;其他同排水明渠		107.50 1/40.00		除油池	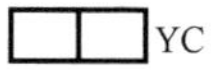 YC	YC 为除油池代号
	1/40.00		泄水井			化粪池	 HC	HC 为化粪池代号。上图为矩形池,下图为圆形池
急流槽		箭头示水流方向	水表井				 HC	

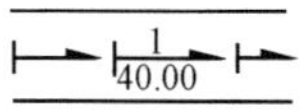

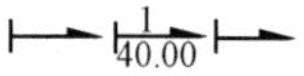

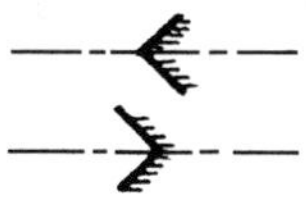

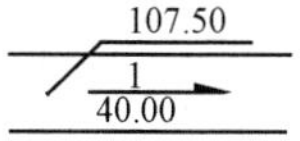

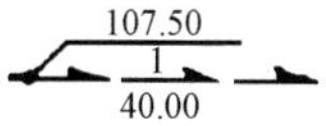

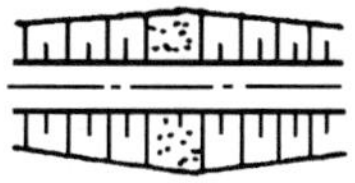

图名	园林给水排水工程施工概述（六）	图号	YL7-1（六）

249

7.2 园路地面排水工程施工

边沟的主要形式及适用范围

边沟形式	特点及适用条件	边坡	主要尺寸	长度及纵坡
梯形边沟	（1）排水量大，边坡稳定性好 （2）适用于土质边沟	路基一侧为 1：1～1：1.5，外侧与挖方边坡相同	底宽 ≥0.4m，干旱地区可为0.3m 深度 0.4～0.6m，多雨地区或水流汇集地段可适当加宽	长度一般小于500m，多雨地区不宜超过300m 纵坡与路线保持一致，最小纵坡为0.25%，沟壁铺砌后为0.12%，纵坡大于3%时须进行边沟防护
矩形边沟	（1）适用于少占农田，路面宽度受到限制的矮路堤 （2）多采用石砌或混凝土浇筑	直立或稍有倾斜	底宽 ≥0.4m，干旱地区可为0.3m 深度 0.4～0.6m，多雨地区或水流汇集地段可适当加宽	长度一般小于500m，多雨地区不宜超过300m 纵坡与路线保持一致，最小纵坡为0.25%，沟壁铺砌后为0.12%，纵坡大于3%时须进行边沟防护
流线形边沟	（1）多用于积雪、积沙路段 （2）美观大方，与环境相协调	曲线半径 R 多采用30cm	深度 0.4～0.6m，多雨地区或水流汇集地段可适当加宽	长度一般小于500m，多雨地区不宜超过300m 纵坡与路线保持一致，最小纵坡为0.25%，沟壁铺砌后为0.12%，纵坡大于3%时须进行边沟防护
三角形边沟	（1）适用于矮路堤 （2）多采用机械化施工	机械化施工可加至1：2～1：3	深度 0.4～0.6m，多雨地区或水流汇集地段可适当加宽	长度不宜超过200m

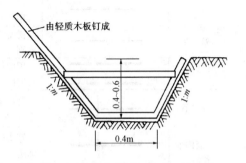

（A）样板边沟的形式

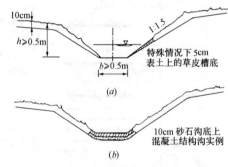

（B）德国常用的边沟形式

图名	园路地面排水工程施工（一）	图号	YL7-2（一）

不同细粒土含量对粒料渗透系数（m/d）的影响

细粒土≤（0.074mm）含量（%）	0	5	10	15
硅石或石灰石	3.05	2.13×10^{-2}	2.44×10^{-2}	0.91×10^{-2}
粉土	3.05	2.44×10^{-2}	3.05×10^{-3}	6.10×10^{-4}
黏土	3.05	3.05×10^{-2}	1.52×10^{-3}	2.74×10^{-4}

不同细集料含量对粒料透水性的影响

编号	通过下列筛孔（mm）百分率（%）											密度（mg/m³）	渗透系数（m/d）
	19	12.5	9.5	4.75	2.36	2.00	0.83	0.425	0.25	0.11	0.075		
1	100	85	77.5	58.5	42.5	39	26.5	18.5	13.0	6.0	0	1.938	3.05
2	100	84	76	56	39	35	22	13.3	7.5	0	0	1.874	33.53
3	100	83	74	52.5	34	30	15.5	6.3	0	0	0	1.842	97.54
4	100	81.5	72.5	49	29.5	25	9.8	0	0	0	0	1.778	304.8
5	100	79.5	69.5	43.5	22	17	0	0	0	0	0	1.666	792.5
6	100	75	63	32	5.8	0	0	0	0	0	0	1.618	914.4

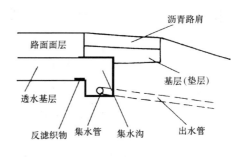

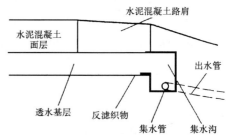

（A）设纵向集水沟和管的透水基层排水系统

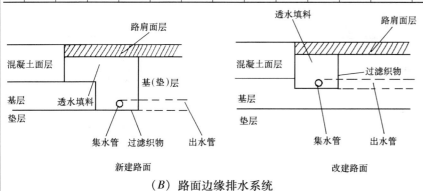

（B）路面边缘排水系统

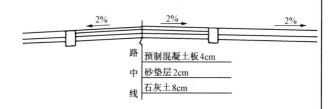

（C）中央分隔带无排水沟形式

图名	园路地面排水工程施工（二）	图号	YL7-2（二）

沥青或水泥处治透水性集料的级配组成

材料类型	通过下列筛孔（mm）的百分率（%）										渗透系数（m/d）
	37.5	25	19	12.5	9.5	4.75	2.36	1.18	0.30	0.075	
沥青处治①		100	90~100	35~65	20~45	0~10	0~5	—		0~2	4575
沥青处治②		100	50~100	—	15~85	0~5	—				
沥青处治③	100	70~98	50~85	28~62	15~50	15±5	3~20	2~15	0~7	0~4	2214
沥青处治④		85~100	60~90	30~65	15~50	0~20	0~15	—	—	0~5	
沥青处治⑤	100	95~100	—	25~60	—	0~10	0~5				9485
沥青处治⑥		100	90~100	—	20~55	0~10	0~5				11224
水泥处治①	100	88~100	52~85	—	15~38	0~16	0~6				1200
水泥处治②	100	95~100	—	25~60	—	0~10	0~5	—	—	0~2	6100
水泥处治③		100	90~100	—	20~55	0~10	0~5				6466

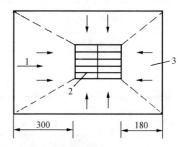

（A）中央分隔带格栅式泄水口布置示意
（尺寸单位：cm）

1—上游；2—格栅；3—低凹区

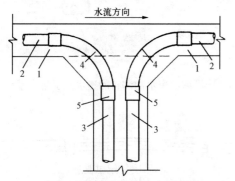

（B）边缘排水系统出水管布置

1—集水沟；2—排水管；3—出水管；4—半径不小于
30cm的弯管；5—承口管

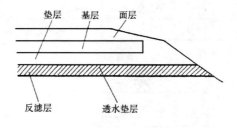

（C）路堤上透水垫层

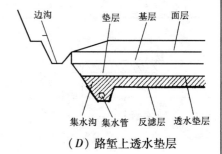

（D）路堑上透水垫层

图名	园路地面排水工程施工（三）	图号	YL7-2（三）

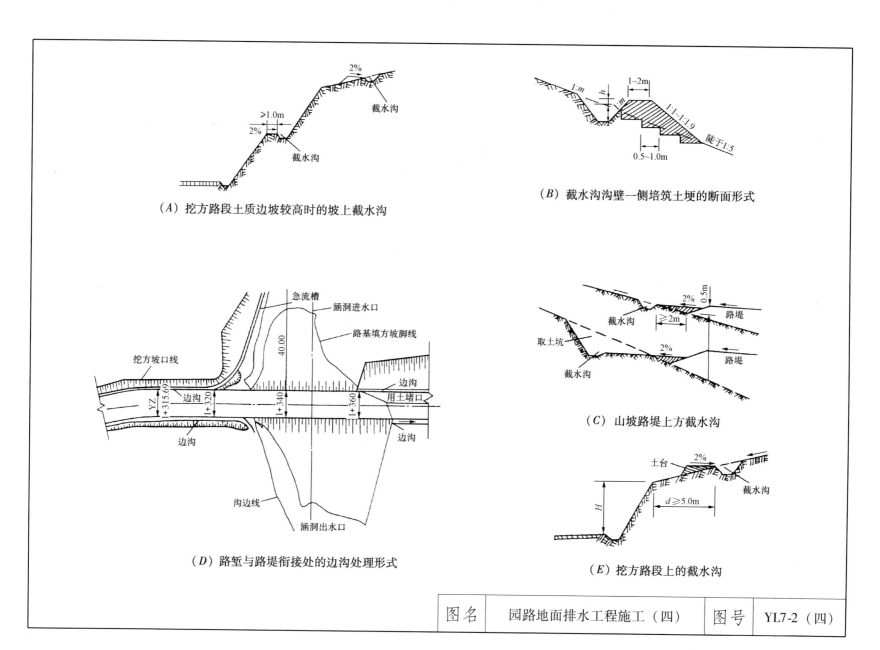

（A）挖方路段土质边坡较高时的坡上截水沟

（B）截水沟沟壁一侧培筑土埂的断面形式

（D）路堑与路堤衔接处的边沟处理形式

（C）山坡路堤上方截水沟

（E）挖方路段上的截水沟

| 图名 | 园路地面排水工程施工（四） | 图号 | YL7-2（四） |

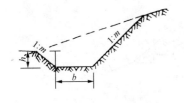

（A）截水沟的常用断面形式

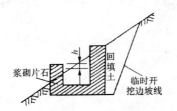

（B）浆砌片石截水沟的断面形式

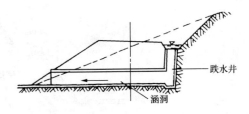

（C）涵洞进口的跌水井形式

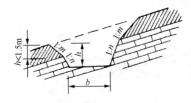

（D）基岩处截水沟的断面形式

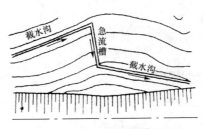

（E）中部以急流槽衔接的截水沟

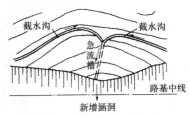

（F）增设急流槽与涵洞

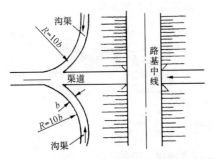

（G）排水沟与河道或渠道的衔接示意图

土质边沟施工验收允许偏差

项次	检查项目	规定值或允许偏差	检查方法和频率
1	沟底纵坡（%）	符合设计	水准仪：每200m测4点
2	断面尺寸（mm）	不小于设计	尺量：每200m测2点
3	边坡坡度	不陡于设计	每200m检查2处
4	边棱直顺度（mm）	±50	尺量：20m拉线 每200m检查2处

注：本表摘自中华人民共和国行业标准《公路工程质量检验评定标准》（JTJ071-94）

图名	园路地面排水工程施工（五）	图号	YL7-2（五）

浆砌排水沟实测项目

项 次	检 查 项 目	规定值或允许偏差	检查方法和频率
1	砂浆强度（MPa）	在合格标准内	附录 F 检查
2	轴线偏位（mm）	50	经纬仪： 每200m 测 5 处
3	沟底高程（mm）	+15	水准仪： 每200m 测 5 点
4	墙面直顺度（mm） 或坡度	30 或不陡于设计	20m 拉线、坡度尺： 每200m 测 2 处
5	断面尺寸（mm）	±30	尺量： 每200m 测 2 处

注：本表摘自《公路工程质量检验评定标准》JTGF 801—2004

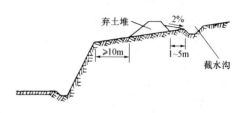

挖方路段截水沟与弃土堆的关系

沟渠沟底纵坡与加固的一般关系表

纵坡（%）	<1	1～3	3～5	5～7	>7
加固 类型	不必 加固	1. 土质好，不必加固 2. 土质不好，简易加固	简易式或 干砌式加固	干砌式或 浆砌式加固	浆砌式加消能 ——阶梯式

人工加固工程的（不冲刷）容许平均流速表

编号	加 固 工 程 种 类	水流平均深度（m）			
		0.4	1.0	2.0	3.0
		平均流速（m/s）			
1	平铺草皮（在坚实的基础上）	0.9	1.2	1.3	1.4
	叠铺草皮	1.5	1.8	2.0	2.2
2	青苔上的单层铺砌（青苔层厚度不少于5cm）				
	1）用15cm大小的圆石（或片石）	2.0	2.5	3.0	3.5
	2）用20cm大小的圆石（或片石）	2.5	3.0	3.5	4.0
	3）用25cm大小的圆石（或片石）	3.0	3.5	4.0	4.5

形式	名 称	铺砌厚度（cm）
简 易 式	沟底、沟壁夯实	
	平铺草皮	单层平铺
	竖铺草皮	叠铺
	水泥砂浆抹平层	2～3
	石灰三合土抹平整层	3～5
	黏土碎（卵）石加固层	10～15
	石灰三合土碎（卵）石加 固层	10～15
		10～15
干 砌 式	干砌片石加固层	15～25
	干砌片石水泥砂浆勾缝	15～25
	干砌片石水泥砂浆抹平	20～25
浆 砌 式	浆砌片石加固层	20～25
	混凝土预制块加固层	6～10
	砖砌水槽	

图名	园路地面排水工程施工（六）	图号	YL7-2（六）

255

编号	加 固 工 程 种 类	水流平均深度（m）			
		0.4	1.0	2.0	3.0
		平均流速（m/s）			
3	碎石（或砾石）上的单层铺砌（碎石层厚度不小于10cm） 1）用15cm 大小的片石（或圆石） 2）用20cm 大小的片石（或圆石） 3）用25cm 大小的片石（或圆石）	2.5 3.0 3.5	3.0 3.5 4.0	3.5 4.0 4.5	4.0 4.5 5.0
4	单层粗凿石料铺砌在碎（或砾）石上，碎石层厚不小于10cm 1）用20cm 大小的石块 2）用25cm 大小的石块 3）用30cm 大小的石块	3.5 4.0 4.0	4.5 4.5 5.0	5.0 5.5 6.0	5.5 5.5 6.0
5	铺在碎（或砾）石上的双层片石（或圆石），下层用15cm石块，上层用20cm 石块（碎石层厚度不少于10cm）	3.5	4.5	5.0	5.5
6	铺在坚实基底上的枯枝铺面与枯枝铺褥（临时加固工程用） 1）当铺面厚度 δ=20～50cm 时 2）当铺面厚度为其他数值时	—	2.0	2.5	—
		按上值乘以系数 $0.2\sqrt{\delta}$			
7	柴排 1）厚度 δ=50cm 时 2）其他厚度时	2.5	3.0	3.5	—
		按上值乘以系数 $0.2\sqrt{\delta}$			
8	石笼（尺寸不小于0.5m×0.5m×1.0m）	≤4.0	≤5.0	≤5.5	≤6.0
9	在碎石层上用 M5 号水泥砂浆砌双层片石，其石块尺寸不小于20cm	5.0	6.0	7.5	—
10	M5 号水泥砂浆砌石灰岩片石的圬工（石料极限强度不小于15MPa）	3.0	3.5	4.0	4.5
11	M5 号水泥砂浆砌坚硬的粗凿片石圬工（石料极限强度不小于30MPa）	6.5	8.0	10.0	12.0
12	水泥混凝土护面加固　1）C20 号水泥混凝土护面加固 2）C15 号水泥混凝土护面加固 3）C10 号水泥混凝土护面加固	6.5 6.0 5.0	8.0 7.0 6.0	9.0 8.0 7.0	10.0 9.0 7.5
13	混凝土水槽表面光滑者　1）C20 号混凝土 2）C15 号混凝土 3）C10 号混凝土	13 12 10	16 14 12	19 16 13	20 18 15

注：表列流速数值不得用内插法，水流深度在表值之间时，流速数值采用接近于实际深度的流速。

图名	园路地面排水工程施工（七）	图号	YL7-2（七）

土 沟 表 面 夯 实 加 固

项 目	土沟夯实加固示意图	适 用 条 件
断面形式及适用条件	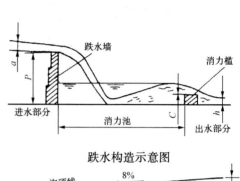	（1）一般适用于土质边沟和排水沟，不适用于堑顶截水沟或堑顶排水沟 （2）沟内平均流速不大于0.8m/s （3）沟底纵坡不大于本表所列
施工注意要点	（1）开挖水沟时沟底及沟壁部分均少挖0.05m （2）将沟底沟壁夯拍坚实，使土的干密度不小于1.66t/m³，土层厚度不小于0.05m （3）沟渠开挖时应随开挖随夯拍，以免土中水分消失，不易夯拍坚实 （4）施工中如发现沟底沟壁有鼠洞或蛇穴，应用原土补填夯实	

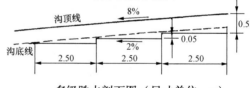

跌水构造示意图

沟底纵坡及每米沟长的夯拍面积

沟 底 纵 坡 限 制

边坡坡率 1:m	1:1		
断面 $B \times H$（m）	0.4×0.4	0.4×0.6	0.6×0.6
纵坡（%）	1.5	0.7	0.6

1m长土沟的夯拍面积

断面尺寸（m） 工程名称	水沟边坡率 m=1.0					
	B	H	B	H	B	H
	0.4	0.4	0.4	0.6	0.6	0.6
夯拍面积（m²）	1.531		2.097		2.297	

多级跌水剖面图（尺寸单位：m）

图名	园路地面排水工程施工（八）	图号	YL7-2（八）

257

三合土或四合土加固沟渠

项 目	三合土或四合土加固示意图	适 用 条 件
断面形式及适用条件	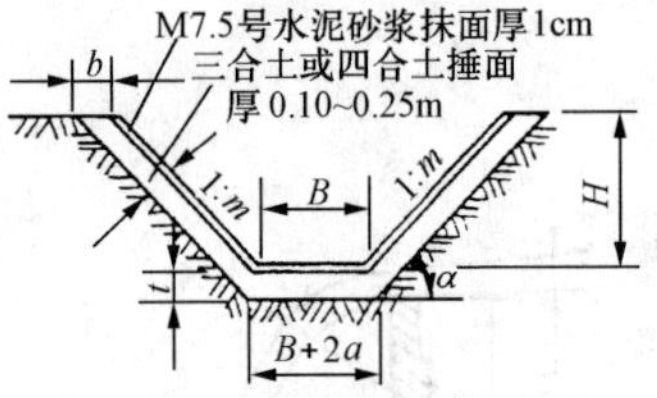 M7.5号水泥砂浆抹面厚1cm 三合土或四合土捶面 厚 0.10~0.25m B $1:m$ H $1:m$ α $B+2a$ 图中：$a=b-mt$；$b=\dfrac{t}{\sin\alpha}$	（1）一般用于无冻害及无地下水地段的水沟 （2）沟内平均流速在 1.0～2.5m/s （3）在常流水的水沟加固表面，可加抹 M7.5 号水泥砂浆，厚 1cm （4）混合土厚 0.1～0.25m，可视沟内平均流速或沟底纵坡大小而异
施工注意要点	（1）施工前两周将石灰水化，使用前 1～3d 将黄土或炉渣掺入拌匀，使用时将卵（碎）石或水泥及砂掺入，反复拌和均匀 （2）沟渠开挖后趁土质潮湿时立即加固；如土质干燥，则宜洒水湿润后再行加固 （3）沟渠铺混合土前，应将沟底及沟壁表面夯拍平整，然后每长 2m 左右安一模板，用以保证加固厚度的一致 （4）沟渠铺混合土后，应拍打提浆，然后再抹水泥砂浆护层，待稍干后，用大卵石将表面压紧磨光，最后用麻袋（或草帘）覆盖，并洒水养护 3～5d。不宜在冬季施工，以防冻胀	

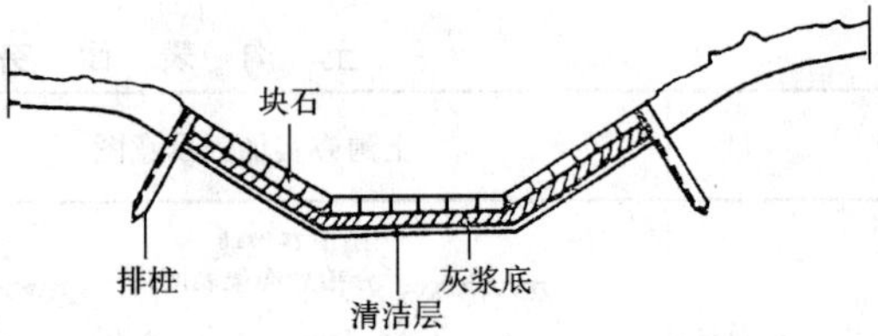

（A）方块石稳定截面的排水沟

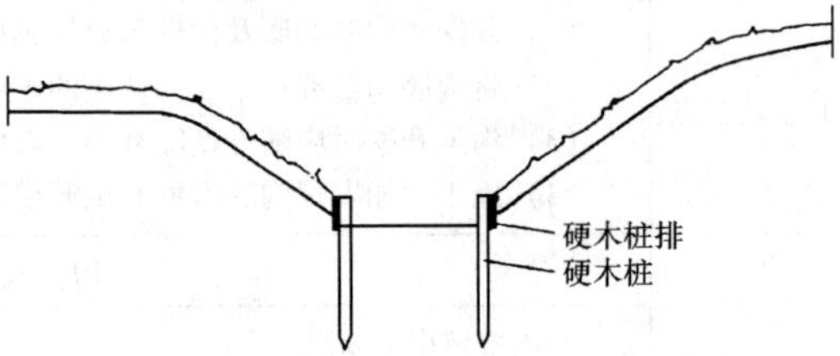

（B）硬木稳定截面的排水沟

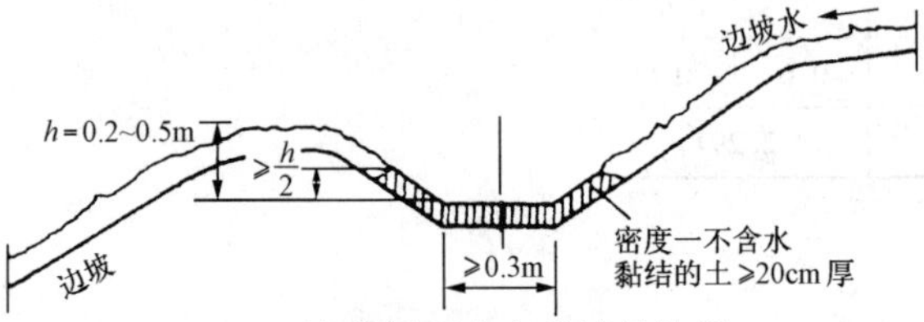

（C）沟底用不含水黏结料处理

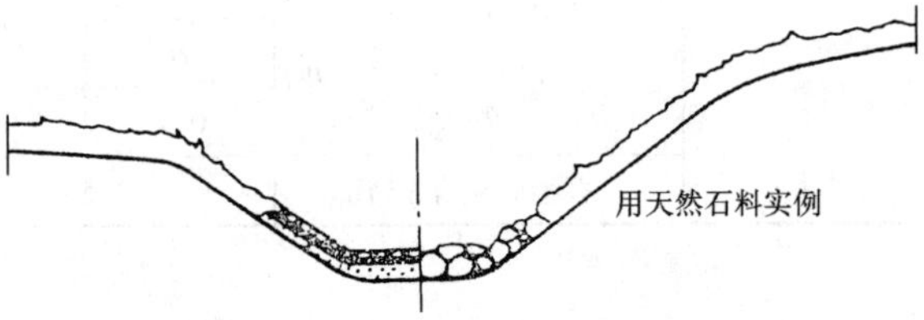

（D）草皮间石块稳定截面的排水沟

图名	园路地面排水工程施工（九）	图号	YL7-2（九）

单层栽砌卵石加固沟渠

项　目	单层栽砌卵石加固示意图	适　用　条　件
断面形式及适用条件	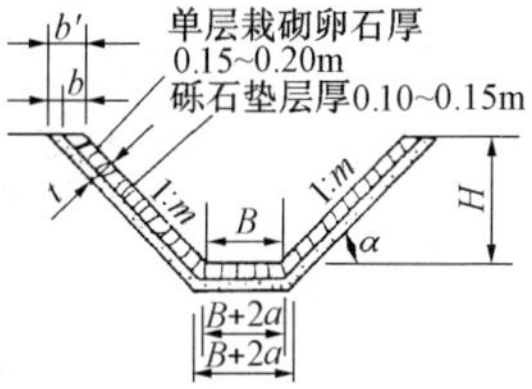 单层栽砌卵石厚 0.15~0.20m 砾石垫层厚0.10~0.15m	（1）一般用于无严格防渗要求，且容许流速在2.0~2.5m/s以内的防冲沟渠加固地段 （2）当沟底沟壁为细颗粒土时，需加设砾石垫层，其厚度视容许流速及土质情况而定
施工注意要点	（1）垫层可采用平均粒径2~4mm的干净砂砾，其含土量应在5%以下 （2）一般应先砌沟底，后砌沟壁。砌底选用较大较好的卵石，坡脚两行尤应注意选料砌牢 （3）砌筑可自下而上，逐步选用较小的卵石，最上一层选用较长卵石平放封顶压牢 （4）所有卵石均应栽砌，大头朝下，相互靠紧，每行卵石须大小均匀，两排之间保持错缝 （5）卵石下部及卵石之间的空隙，均应用小石填塞紧密	

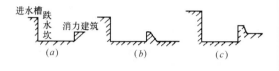

（A）有消能设备的单级跌水示意图
（a）消力池；（b）消力槛；（c）复合建筑

单层干砌片石加固沟渠

项　目	单层干砌片石加固示意图	适　用　条　件
断面形式及适用条件	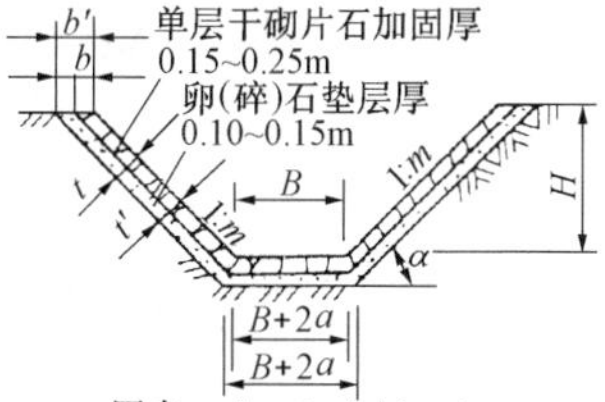 单层干砌片石加固厚 0.15~0.25m 卵（碎）石垫层厚 0.10~0.15m 图中：a=b-mt；a'=b'-mt'	（1）一般用于无防渗要求的沟渠加固 （2）一般土质沟底纵坡大于5%，流速在2m/s以上必须考虑加固。对砂土地段，纵坡在3%~4%，即须考虑加固 （3）沟内平均流速在2.0~3.5m/s时，干砌片石尺寸可用0.15~0.25m；流速在4m/s以上时，应采用急流槽或加设跌水
施工注意要点	（1）当沟壁沟底为细颗粒土时，应加设卵（碎）石垫层，其厚度按平均流速大小及土质情况，在0.10~0.15m范围内选用 （2）垫层石料以粒径为5~50mm占90%（质量比）以上为宜 （3）片石空隙应用碎石填塞紧密，片石大面向上，减少表面粗糙程度	

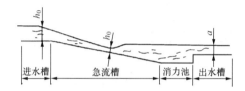

（B）急流槽构造示意图

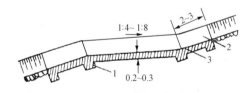

（C）设耳墙的急流槽（尺寸单位：m）
1—耳墙；2—消力池；3—混凝土槽底

图名	园路地面排水工程施工（十）	图号	YL7-2（十）

259

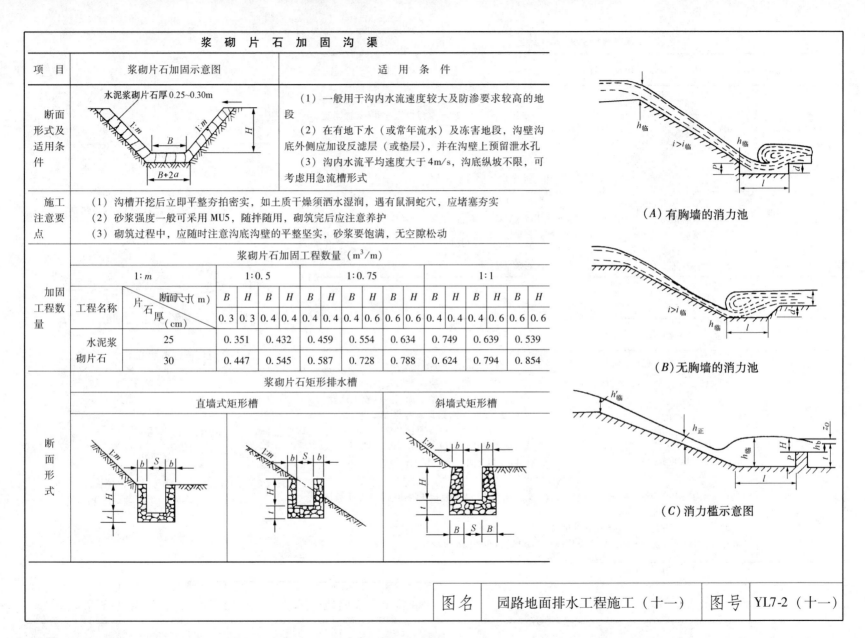

浆 砌 片 石 加 固 沟 渠

项目	浆砌片石加固示意图	适 用 条 件
断面形式及适用条件	水泥浆砌片石厚0.25~0.30m	（1）一般用于沟内水流速度较大及防渗要求较高的地段 （2）在有地下水（或常年流水）及冻害地段，沟壁沟底外侧应加设反滤层（或垫层），并在沟壁上预留泄水孔 （3）沟内水流平均速度大于4m/s，沟底纵坡不限，可考虑用急流槽形式
施工注意要点	（1）沟槽开挖后立即平整夯密实，如土质干燥须洒水湿润，遇有鼠洞蛇穴，应堵塞夯实 （2）砂浆强度一般可采用MU5，随拌随用，砌筑完后应注意养护 （3）砌筑过程中，应随时注意沟底沟壁的平整坚实，砂浆要饱满，无空隙松动	

浆砌片石加固工程数量（m^3/m）

$1:m$	1:0.5				1:0.75				1:1			
工程名称\断面尺寸(m)\片石厚(cm)	B	H	B	H	B	H	B	H	B	H	B	H
	0.3	0.3	0.4	0.4	0.4	0.4	0.4	0.6	0.6	0.6	0.4	0.4	0.4	0.6	0.6	0.6
水泥浆砌片石 25	0.351		0.432		0.459		0.554		0.634		0.749		0.639		0.539
30	0.447		0.545		0.587		0.728		0.788		0.624		0.794		0.854

浆砌片石矩形排水槽

断面形式	直墙式矩形槽	斜墙式矩形槽

（A）有胸墙的消力池

（B）无胸墙的消力池

（C）消力槛示意图

图名	园路地面排水工程施工（十一）	图号	YL7-2（十一）

倒虹吸管灌水试验允许渗水量

管径 （cm）	允许渗水量（混凝土和钢筋混凝土管）	
	$m^3/(d \cdot km^{-1})$	$L/(h \cdot m^{-1})$
50	22	0.9
70	26	1.1
100	32	1.3
120	36	1.5
150	42	1.7
200	52	2.1
220	56	2.3
240	60	2.5

倒虹吸管允许偏差

项 次	项 目		允许偏差（mm）
1	轴线偏位		30
2	流水面高程		±20
3	相邻管节内 底面错口	管径≤100cm	3
		管径＞100cm	5
4	竖井尺寸	长、宽	±20
		直径	±20
5	竖井顶部高程		±20
6	井底高程		±15

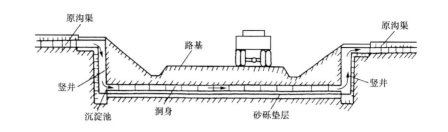

（A）竖井式倒虹吸布置示例

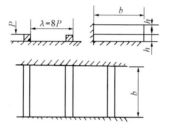

（B）直线横肋式

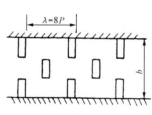

（C）交错设置式

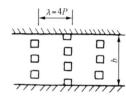

（D）棋盘式方格

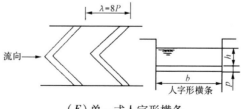

（E）单一式人字形横条

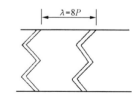

（F）复式人字形横条

图名	园路地面排水工程施工（十二）	图号	YL7-2（十二）

7.3 园路地下排水工程施工

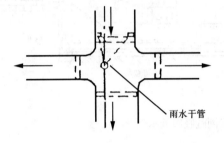

（a）一路汇水三路分水

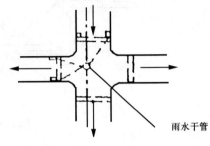

（b）二路汇水二路分水

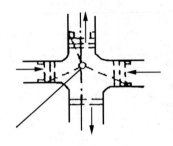

（c）三路汇水三路分水

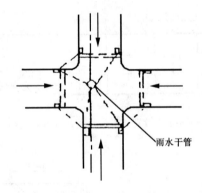

（d）四路汇水（最不利情况）

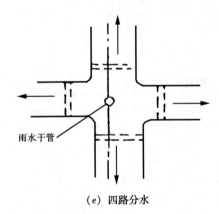

（e）四路分水

路口雨水口布置

| 图名 | 园路地下排水工程施工（一） | 图号 | YL7-3（一） |

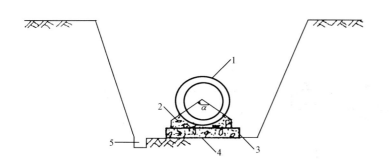

（A）管道基础示意图

1—管道；2—管座；3—管基；4—地基；5—排水沟

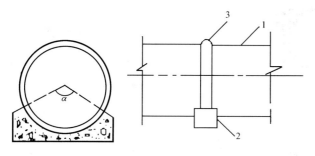

（B）混凝土枕形基础

1—管道；2—基础；3—接口

带形基础及适用条件

基础形式	示 意 图	适 用 条 件
C9 基座		管顶以上覆土层厚度 0.7~2.5m
C13.5 基座		管顶以上覆土层厚度 2.6~4.0m
C18 基座	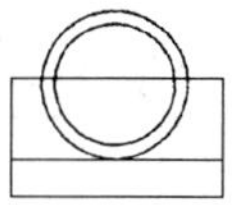	管顶以上覆土层厚度 4.1~6.0m
C36 I 型 基座	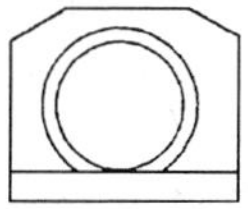	管顶以上覆土层厚度小于 0.7m或需要加固处管径 1000mm以下
C36 II 型 基座	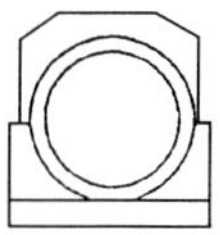	条件同上管径大于1000mm

图名	园路地下排水工程施工（二）	图号	YL7-3（二）

263

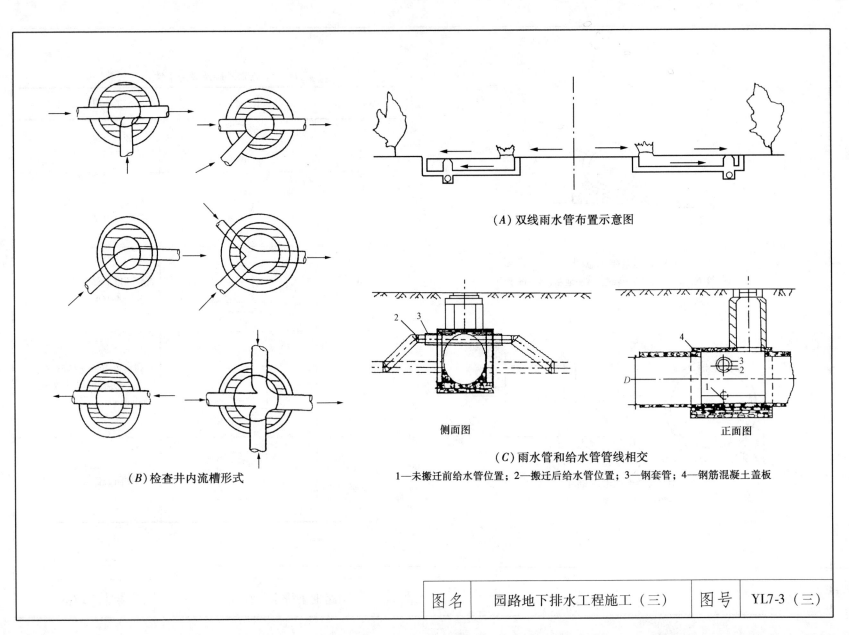

(A) 双线雨水管布置示意图

(B) 检查井内流槽形式

(C) 雨水管和给水管管线相交

侧面图

正面图

1—未搬迁前给水管位置；2—搬迁后给水管位置；3—钢套管；4—钢筋混凝土盖板

| 图名 | 园路地下排水工程施工（三） | 图号 | YL7-3（三） |

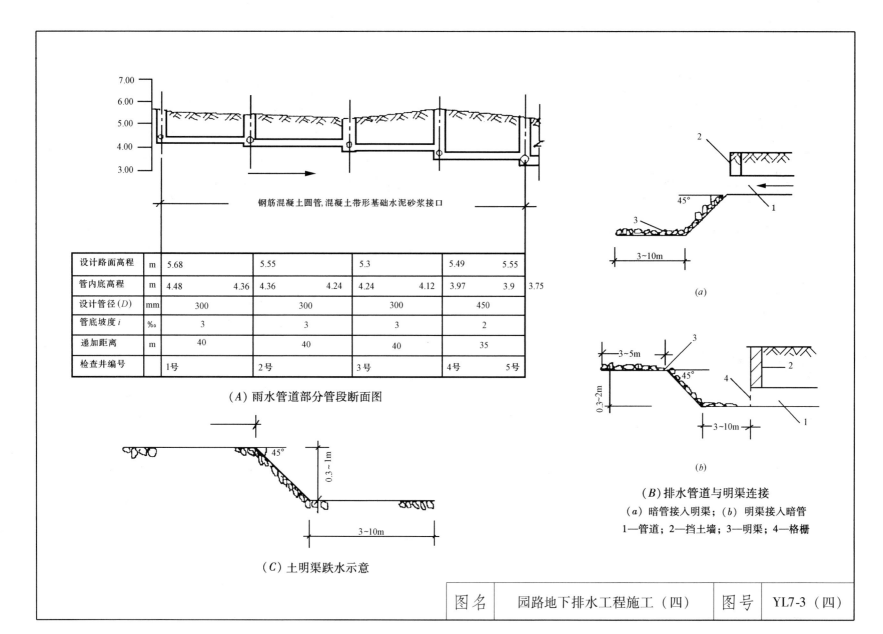

钢筋混凝土圆管,混凝土带形基础水泥砂浆接口

设计路面高程	m	5.68		5.55		5.3		5.49	5.55	
管内底高程	m	4.48	4.36	4.36	4.24	4.24	4.12	3.97	3.9	3.75
设计管径(D)	mm	300		300		300		450		
管底坡度 i	‰	3		3		3		2		
递加距离	m	40		40		40		35		
检查井编号		1号		2号		3号		4号	5号	

(A)雨水管道部分管段断面图

(C)土明渠跌水示意

(B)排水管道与明渠连接
（a）暗管接入明渠；（b）明渠接入暗管
1—管道；2—挡土墙；3—明渠；4—格栅

图名	园路地下排水工程施工（四）	图号	YL7-3（四）

265

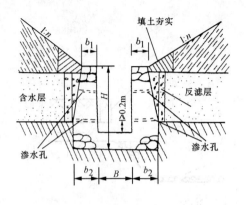

（A）浆砌片石矩形断面明沟

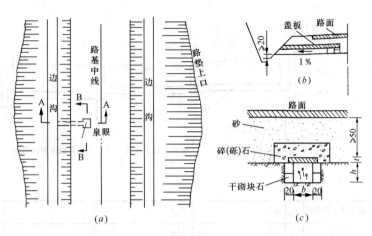

（B）疏导路基泉水的暗沟构造图（单位：cm）

（a）平面；（b）剖面 A-A；（c）剖面 B-B

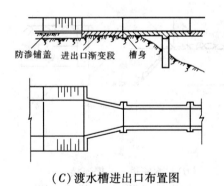

（C）渡水槽进出口布置图

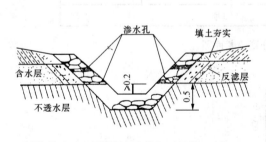

（D）浆砌片石梯形断面明沟（单位：m）

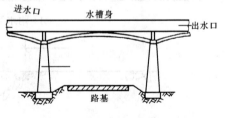

（E）渡水槽的一般构造

图名	园路地下排水工程施工（五）	图号	YL7-3（五）

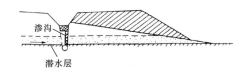

（A）拦截潜水流向路堤的渗沟

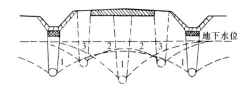

（B）降低地下水位的渗沟
（图中数字1、2、3表示位置不同的渗沟所降低的不同水位曲线）

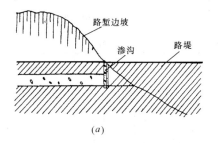

（a）

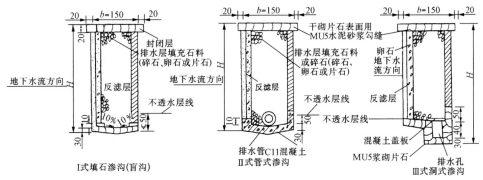

（C）渗沟的结构形式（单位：cm）

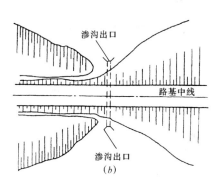

（D）截断路堑层间水的渗沟
（a）剖面；（b）平面

图名	园路地下排水工程施工（六）	图号	YL7-3（六）

267

不同含水层及不同排水层间的几种反滤层设计表

甲 种 反 滤 层

类别	反滤层结构断面图	规格（mm）		
			粒径 d	平均 d_p
甲—1	甲种 Ⅰ中砂 Ⅱ砾砂 Ⅲ粗砾（淤泥粉砂）含水层／（天然卵石片石）排水层 20 15 15	反滤层	Ⅰ	0.25～0.5	0.3
			Ⅱ	2～3	2.3
			Ⅲ	15～20	17
		排水层	100～150	
甲—2	Ⅰ细砾砂 Ⅱ中砾 Ⅲ小卵石（细砂亚砂土）含水层／（片石）排水层 15 15 20	反滤层	Ⅰ	1～1.5	1.2
			Ⅱ	6～9	7
			Ⅲ	35～55	41
		排水层	150～200	

乙 种 反 滤 层

类别	反滤层结构断面图	规格（mm）		
			粒径 d	平均 d_p
乙—1	Ⅰ中砂 Ⅱ砾砂（淤泥粉砂）含水层／（小卵石）排水层 25 20	反滤层	Ⅰ	0.25～0.5	0.3
			Ⅱ	2～4	2.4
		排水层	20～40	
乙—2	Ⅰ砾砂 Ⅱ粗砾（细砂亚砂土）含水层／（大卵石）排水层 25 20	反滤层	Ⅰ	1～1.5	1.2
			Ⅱ	8～12	9.6
		排水层	65～100	

图名	园路地下排水工程施工（七）	图号	YL7-3（七）

甲 种 反 滤 层					乙 种 反 滤 层				
类别	反滤层结构断面图	规格（mm）			类别	反滤层结构断面图	规格（mm）		
甲—3	（亚黏土黏土）含水层　Ⅰ砾砂　Ⅱ粗砾　（大卵石）排水层　20　20	反滤层	Ⅰ	粒径 d：2～3	平均 d_p：2.3	乙—3	（亚黏土黏土）含水层　Ⅰ中砾　Ⅱ小卵石　（片石）排水层　20　20	反滤层	Ⅰ	粒径 d：2～3	平均 d_p：2.3
			Ⅱ	10～20	12				Ⅱ	15～30	18
		排水层	75～100					排水层	150～200		
甲—4	（中砂）含水层　Ⅰ砾砂　Ⅱ粗砾　（大卵石）排水层　20　20	反滤层	Ⅰ	粒径 d：2～3	平均 d_p：2.3	乙—4	（中砂）含水层　Ⅰ砾砂　Ⅱ小卵石　（片石）排水层　15　15	反滤层	Ⅰ	粒径 d：2～3	平均 d_p：2.3
			Ⅱ	15～20	17				Ⅱ	15～30	18
		排水层	75～100					排水层	150～200		
甲—5	（粗砂）含水层　Ⅰ中砾　Ⅱ小卵石　（大卵石片石）排水层　20　20	反滤层	Ⅰ	粒径 d：4～6	平均 d_p：4.6	乙—5	（粗砂）含水层　Ⅰ中砾　Ⅱ小卵石　（片石）排水层　15　15	反滤层	Ⅰ	粒径 d：4～6	平均 d_p：4.6
			Ⅱ	20～30	23				Ⅱ	30～40	34
		排水层	100～170					排水层	150～200		

图名	园路地下排水工程施工（八）	图号	YL7-3（八）

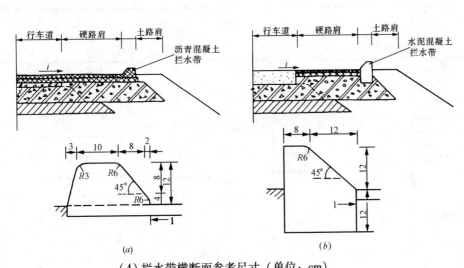

（A）拦水带横断面参考尺寸（单位：cm）

（a）沥青混凝土拦水带；（b）水泥混凝土拦水带

1—硬路肩边缘

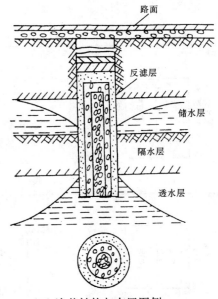

（B）渗井结构与布置图例

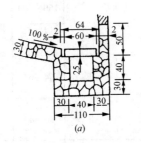 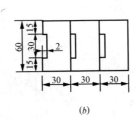

（C）洞式渗沟的排水洞（单位：cm）

（a）排水洞形式；（b）盖板的连接形式

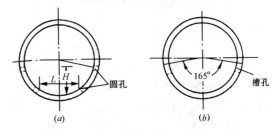

（D）带槽孔排水管的圆孔和槽口布置要求

（a）带孔排水管；（b）带槽排水管

| 图名 | 园路地下排水工程施工（九） | 图号 | YL7-3（九） |

7.4 园路排水设施的应用

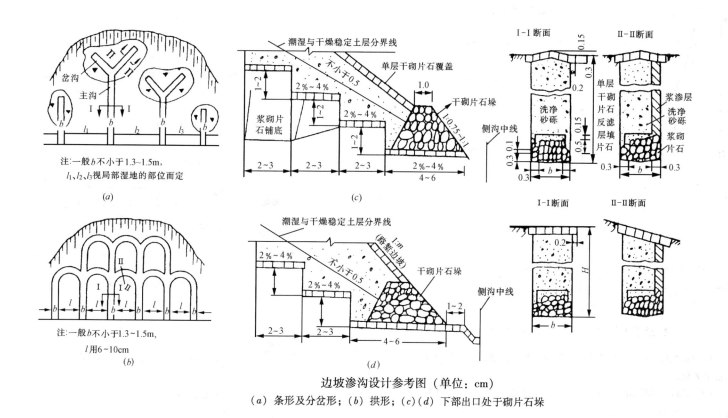

注：一般 b 不小于 1.3~1.5m，
l_1、l_2、l_3 视局部湿地的部位而定

(a)

注：一般 b 不小于 1.3~1.5m，
l 用 6~10cm

(b)

(c)

(d)

边坡渗沟设计参考图（单位：cm）
（a）条形及分岔形；（b）拱形；（c）（d）下部出口处于砌片石垛

| 图名 | 园路排水设施的应用（一） | 图号 | YL7-4（一） |

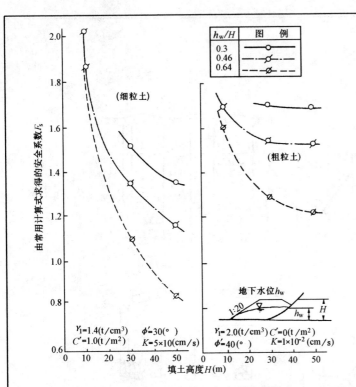

（A）地下水位对填土安全系数的影响

注：1. 根据粗细材料透水性大小可判断出细粒土渗透系数 K 值应小于
粗粒土 K 值。

〔本图摘自《道路排水工指南》（日本），原文有误，估计对细粒土
而言，$K = 5 \times 10^{-6}$（cm/s）〕

2. 安全系数 F_s 是按圆弧滑动面计算，为 $F_s = \dfrac{S}{\sigma}$，其中 S 指土的
抗剪强度（t/cm²），σ 指沿滑动面的剪应力（t/cm²）；通常以 F_{smin} 作
为填土稳定性的一个判断标准，若 $F_s > 1.25$，一般认为安全，但不能
仅依赖于计算，应根据土质、施工条件综合研究后作出判断。

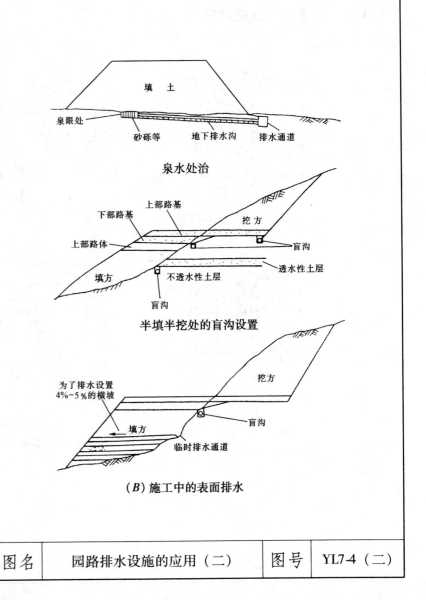

泉水处治

半填半挖处的盲沟设置

（B）施工中的表面排水

| 图名 | 园路排水设施的应用（二） | 图号 | YL7-4（二） |

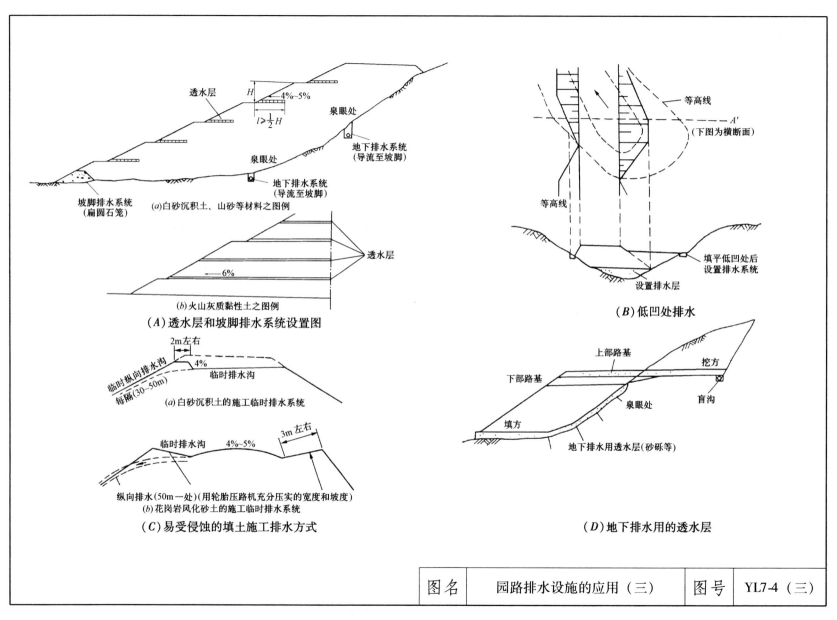

（a）白砂沉积土、山砂等材料之图例

（b）火山灰质黏性土之图例

（A）透水层和坡脚排水系统设置图

（a）白砂沉积土的施工临时排水系统

（b）花岗岩风化砂土的施工临时排水系统

（C）易受侵蚀的填土施工排水方式

（B）低凹处排水

（D）地下排水用的透水层

| 图名 | 园路排水设施的应用（三） | 图号 | YL7-4（三） |

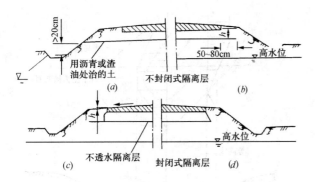

（A）不透水隔离层

（a）贯通式；（b）不贯通式；（c）垂直封闭式；（d）外斜封闭式

图中标注：
>20cm
用沥青或渣油处治的土
不封闭式隔离层
50~80cm
高水位
不透水隔离层
封闭式隔离层
高水位

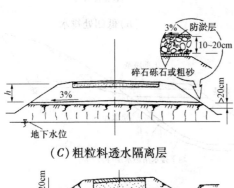

（C）粗粒料透水隔离层

图中标注：
3%
防淤层
10~20cm
碎石砾石或粗砂
>20cm
3%
地下水位

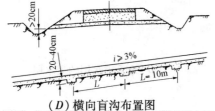

（D）横向盲沟布置图

图中标注：
>20cm
20~40cm
i≥3%
L
L=10m

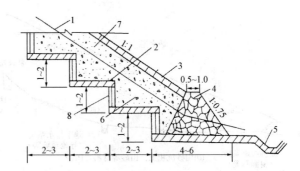

（B）边坡渗沟布置和构造示意图（单位：m）

1—干湿土层分界线；2—浆砌片石铺砌；3—干砌片石覆盖；
4—干砌片石垛；5—边沟；6—底部回填粗粒料；
7—上部回填细粒料；8—反滤织物或反滤层

图中标注：
1:1
0.5~1.0
1:0.75
1:2
2~3　2~3　2~3　4~6

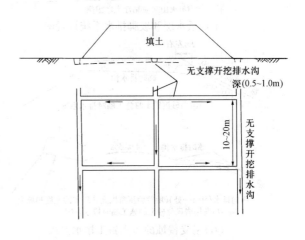

（E）无支撑开挖排水沟槽

图中标注：
填土
无支撑开挖排水沟
深(0.5~1.0m)
10~20m
无支撑开挖排水沟

图名	园路排水设施的应用（四）	图号	YL7-4（四）

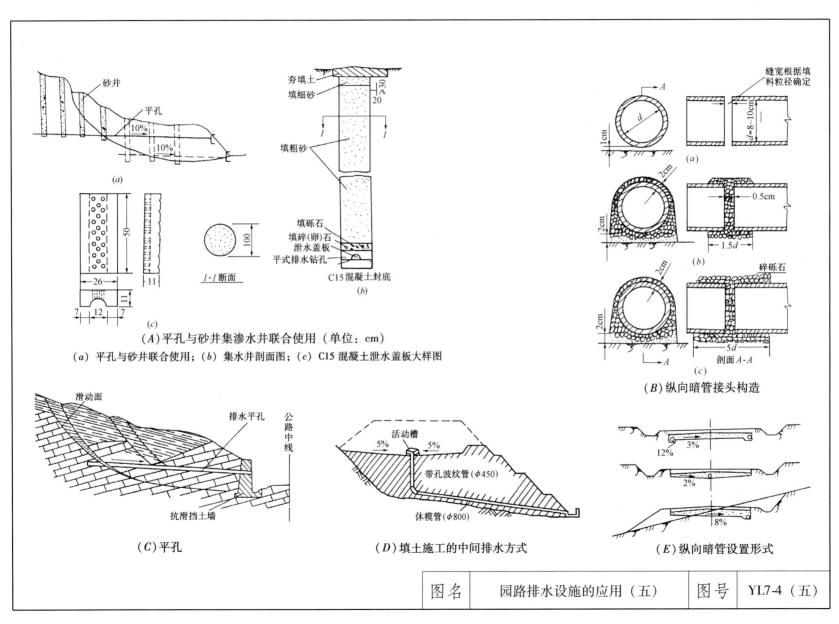

砂井

平孔

10%

10%

(a)

50

100

26

11

7 12 7

11

(c)

1-1断面

(A) 平孔与砂井集渗水井联合使用（单位：cm）

（a）平孔与砂井联合使用；（b）集水井剖面图；（c）C15混凝土泄水盖板大样图

夯填土

填细砂

>30

20

填粗砂

I I

填砾石

填碎(卵)石

泄水盖板

平式排水钻孔

C15混凝土封底

(b)

缝宽根据填料粒径确定

1cm

d

d=8~10cm

(a)

2cm

2cm

0.5cm

2cm

1.5d

(b)

2cm

碎砾石

5d

剖面A-A

(c)

（B）纵向暗管接头构造

滑动面

排水平孔

公路中线

抗滑挡土墙

（C）平孔

活动槽

5%   5%

带孔波纹管(φ450)

休模管(φ800)

（D）填土施工的中间排水方式

12%   3%

2%

8%

（E）纵向暗管设置形式

| 图名 | 园路排水设施的应用（五） | 图号 | YL7-4（五） |

275

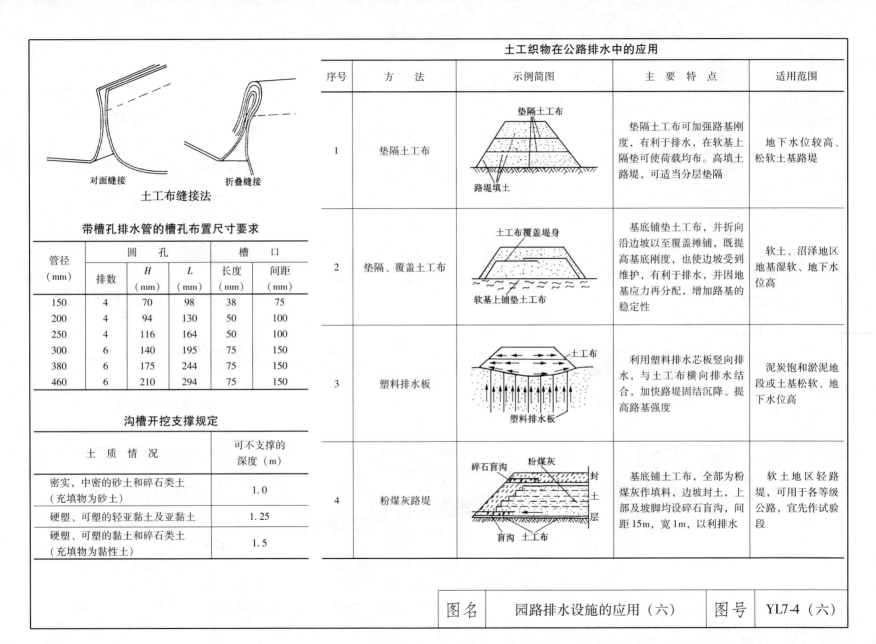

土工布缝接法

对面缝接　　　折叠缝接

带槽孔排水管的槽孔布置尺寸要求

管径（mm）	圆孔			槽口	
	排数	H（mm）	L（mm）	长度（mm）	间距（mm）
150	4	70	98	38	75
200	4	94	130	50	100
250	4	116	164	50	100
300	6	140	195	75	150
380	6	175	244	75	150
460	6	210	294	75	150

沟槽开挖支撑规定

土 质 情 况	可不支撑的深度（m）
密实，中密的砂土和碎石类土（充填物均为砂土）	1.0
硬塑、可塑的轻亚黏土及亚黏土	1.25
硬塑、可塑的黏土和碎石类土（充填物为黏性土）	1.5

土工织物在公路排水中的应用

序号	方 法	示 例 简 图	主 要 特 点	适用范围
1	垫隔土工布	垫隔土工布　路堤填土	垫隔土工布可加强路基刚度，有利于排水，在软基上隔垫可使荷载均布。高填土路堤，可适当分层垫隔	地下水位较高、松软土基路堤
2	垫隔、覆盖土工布	土工布覆盖堤身　软基上铺垫土工布	基底铺垫土工布，并折向沿边坡以至覆盖摊铺，既提高基底刚度，也使边坡受到维护，有利于排水，并因地基应力再分配，增加路基的稳定性	软土、沼泽地区地基湿软、地下水位高
3	塑料排水板	土工布　塑料排水板	利用塑料排水芯板竖向排水，与土工布横向排水结合，加快路堤固结沉降、提高路基强度	泥炭饱和淤泥地段或土基松软、地下水位高
4	粉煤灰路堤	碎石盲沟　粉煤灰　封土层　盲沟　土工布	基底铺土工布，全部为粉煤灰作填料，边坡封土，上部及坡脚均设碎石盲沟，间距15m，宽1m，以利排水	软土地区轻路堤，可用于各等级公路，宜先作试验段

图名	园路排水设施的应用（六）	图号	YL7-4（六）

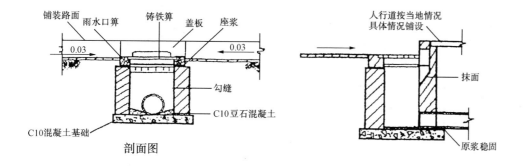

铺装路面　雨水口算　铸铁算　盖板　座浆
0.03　　　　　0.03
勾缝
C10豆石混凝土
C10混凝土基础
剖面图

(A) 联合式单算雨水口

人行道按当地情况
具体情况铺设
抹面
原浆稳固

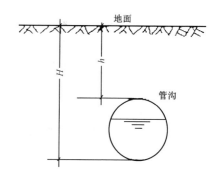

地面
H
h
管沟

(B) 覆土深度

h—盖土厚度；H—埋深

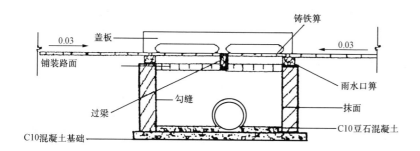

铸铁算
盖板
0.03　　　　　0.03
铺装路面
雨水口算
勾缝
过梁
抹面
C10豆石混凝土
C10混凝土基础

(C) 联合式双算雨水口

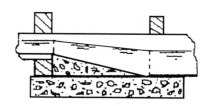

(D) 管顶平接

图名	园路排水设施的应用（七）	图号	YL7-4（七）

277

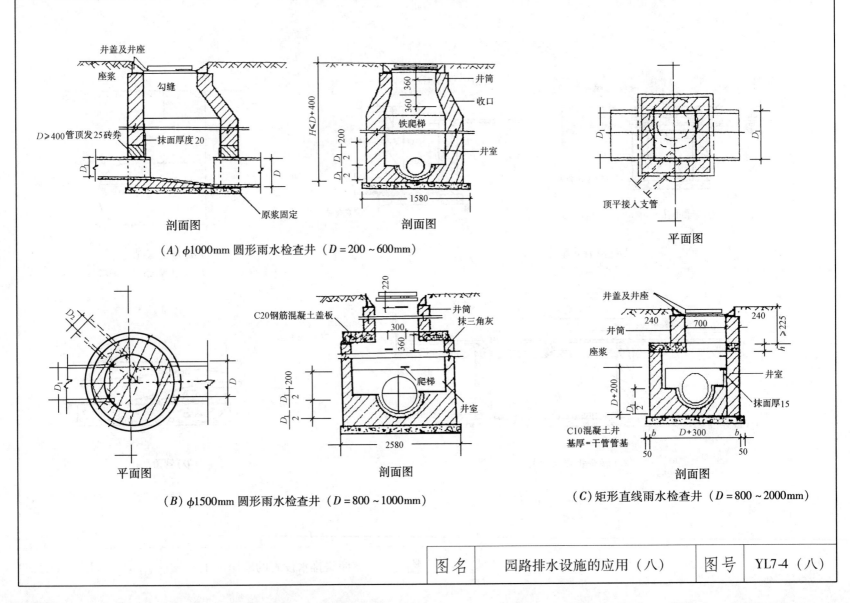

井盖及井座
座浆
勾缝
D≥400管顶发25砖券
抹面厚度20
D
原浆固定

剖面图

(A) φ1000mm 圆形雨水检查井 (D = 200~600mm)

井筒
收口
铁爬梯
井室
360 360
H≤D+400
D₁/2+200
1580

剖面图

D₁
D₁
顶平接入支管

平面图

D₃
D₁
D

平面图

220
C20钢筋混凝土盖板
抹三角灰
井筒
300 360
爬梯
井室
D₁/2+200
2580

剖面图

(B) φ1500mm 圆形雨水检查井 (D = 800~1000mm)

井盖及井座
井筒
240 700 240
h≥225
座浆
井室
D+200
D₁/2
抹面厚15
C10混凝土井
基厚=干管管基
b D+300 b
50 50

剖面图

(C) 矩形直线雨水检查井 (D = 800~2000mm)

| 图名 | 园路排水设施的应用（八） | 图号 | YL7-4（八） |

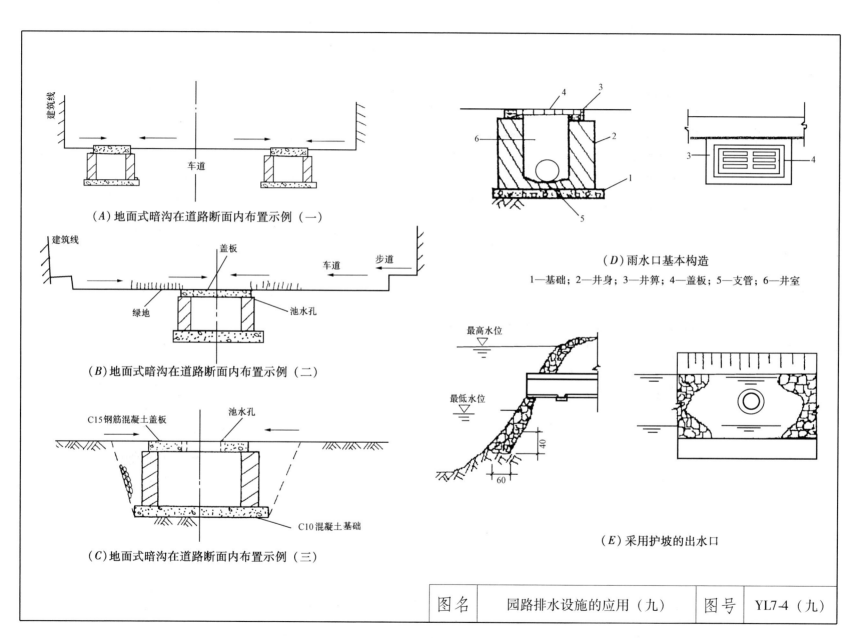

（A）地面式暗沟在道路断面内布置示例（一）

（B）地面式暗沟在道路断面内布置示例（二）

（C）地面式暗沟在道路断面内布置示例（三）

（D）雨水口基本构造

1—基础；2—井身；3—井箅；4—盖板；5—支管；6—井室

（E）采用护坡的出水口

| 图名 | 园路排水设施的应用（九） | 图号 | YL7-4（九） |

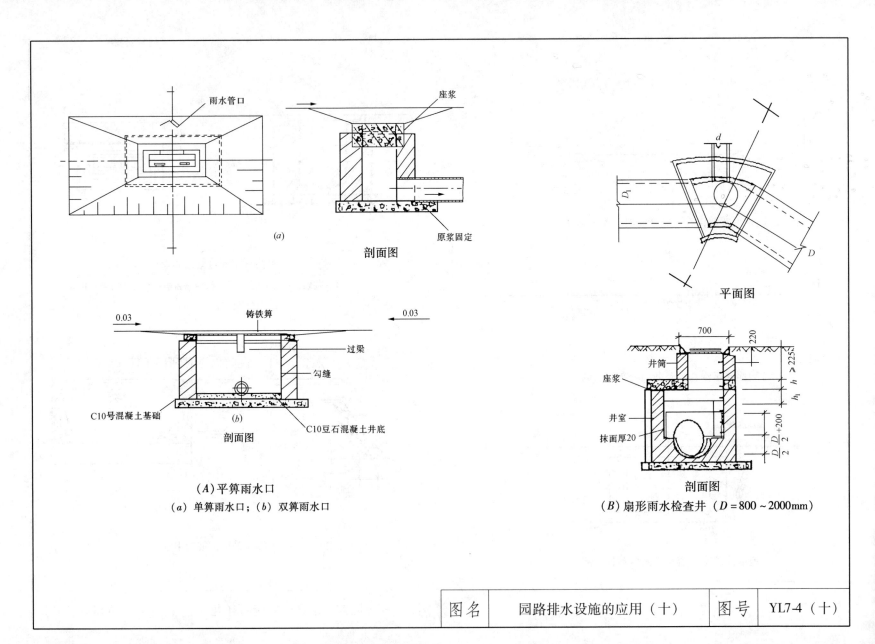

雨水管口

座浆

剖面图

原浆固定

D_1

d

D

平面图

0.03   铸铁算   0.03

过梁

勾缝

C10号混凝土基础

C10豆石混凝土井底

剖面图

(b)

（A）平算雨水口

（a）单算雨水口；（b）双算雨水口

700

220

井筒

座浆

h ≥225

井室

h_1

抹面厚20

$\frac{D}{2}+200$

$\frac{D}{2}$ $\frac{D}{2}$

剖面图

（B）扇形雨水检查井（$D=800\sim2000mm$）

图名	园路排水设施的应用（十）	图号	YL7-4（十）

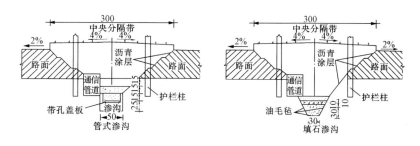

(A)凸形中央分隔带的地下排水系统（单位：cm）

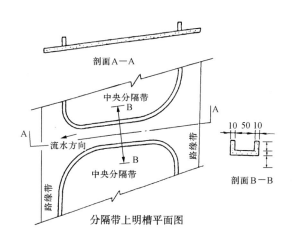

(B)中央分隔带上的过水明槽示意图

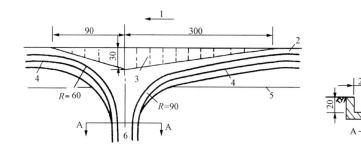

(C)纵坡坡段上拦水带不对称泄水口的平面布置示意图（单位：cm）

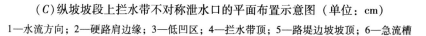

1—水流方向；2—硬路肩边缘；3—低凹区；4—拦水带顶；5—路堤边坡坡顶；6—急流槽

图名	园路排水设施的应用（十一）	图号	YL7-4（十一）

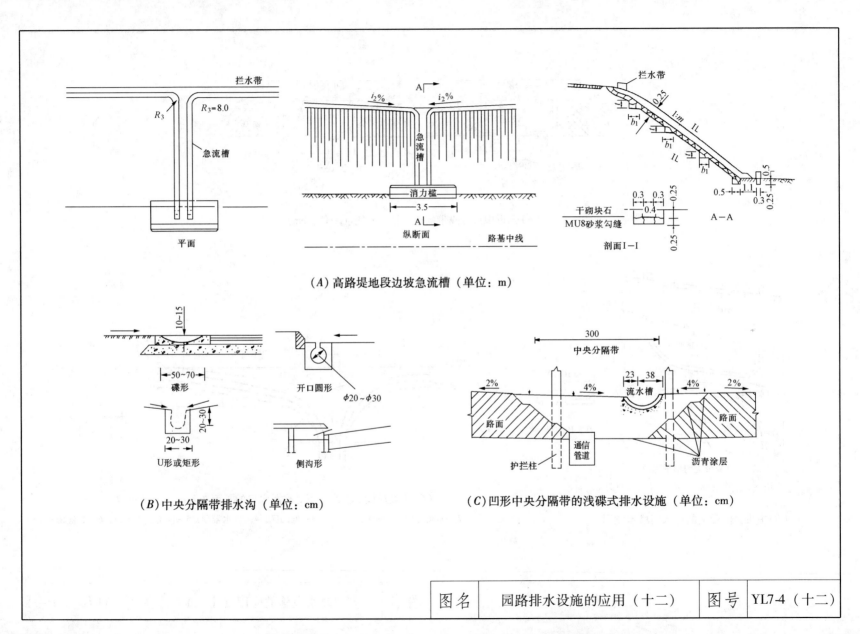

（A）高路堤地段边坡急流槽（单位：m）

（B）中央分隔带排水沟（单位：cm）

（C）凹形中央分隔带的浅碟式排水设施（单位：cm）

图名	园路排水设施的应用（十二）	图号	YL7-4（十二）

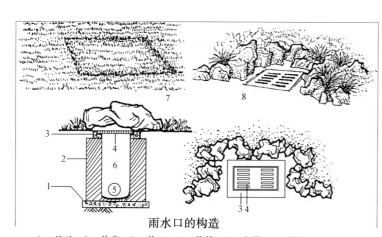

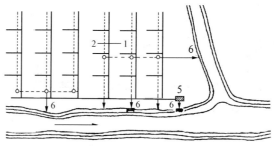

雨水口的构造

1—基础；2—井身；3—井口；4—井箅；5—支管；6—井室；
7—草坪窨井盖；8—山石围护雨水口

分流制排水系统

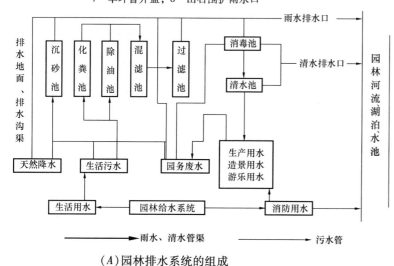

（A）园林排水系统的组成

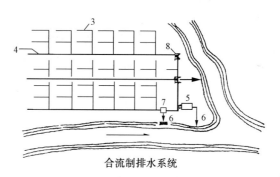

合流制排水系统

（B）排水系统的体制

1—污水管网；2—雨水管网；3—合流制管网；4—截流管；
5—污水处理站；6—出水口；7—排水泵站；8—溢流井

| 图名 | 园路排水设施的应用（十三） | 图号 | YL7-4（十三） |

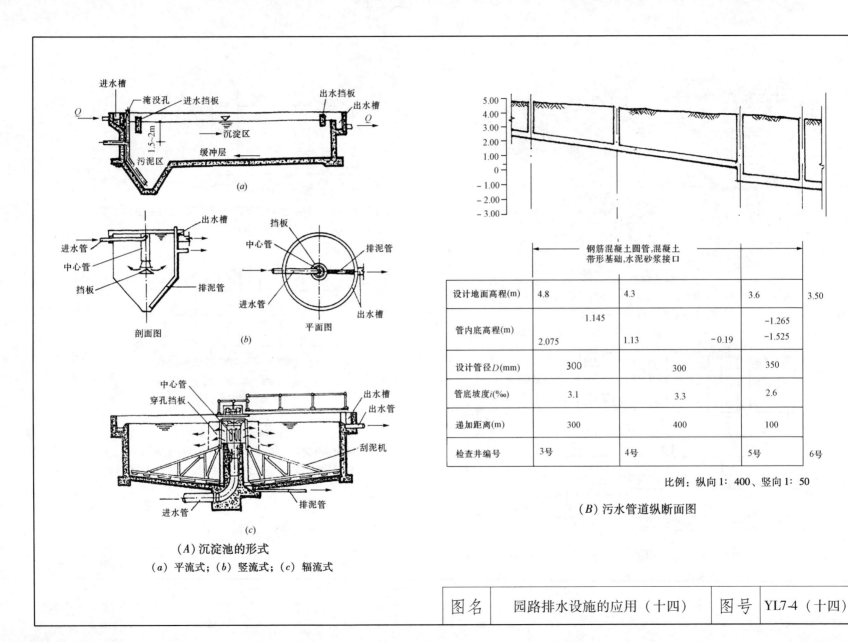

（A）沉淀池的形式
（a）平流式；（b）竖流式；（c）辐流式

（B）污水管道纵断面图

钢筋混凝土圆管,混凝土带形基础,水泥砂浆接口

设计地面高程(m)	4.8	4.3		3.6	3.50
管内底高程(m)	1.145			−1.265	
	2.075	1.13	−0.19	−1.525	
设计管径D(mm)	300	300		350	
管底坡度i(‰)	3.1	3.3		2.6	
递加距离(m)	300	400		100	
检查井编号	3号	4号		5号	6号

比例：纵向 1：400、竖向 1：50

图名	园路排水设施的应用（十四）	图号	YL7-4（十四）

8 园林专用工程绿化平面图实例

8.1 体育工程绿化平面图实例

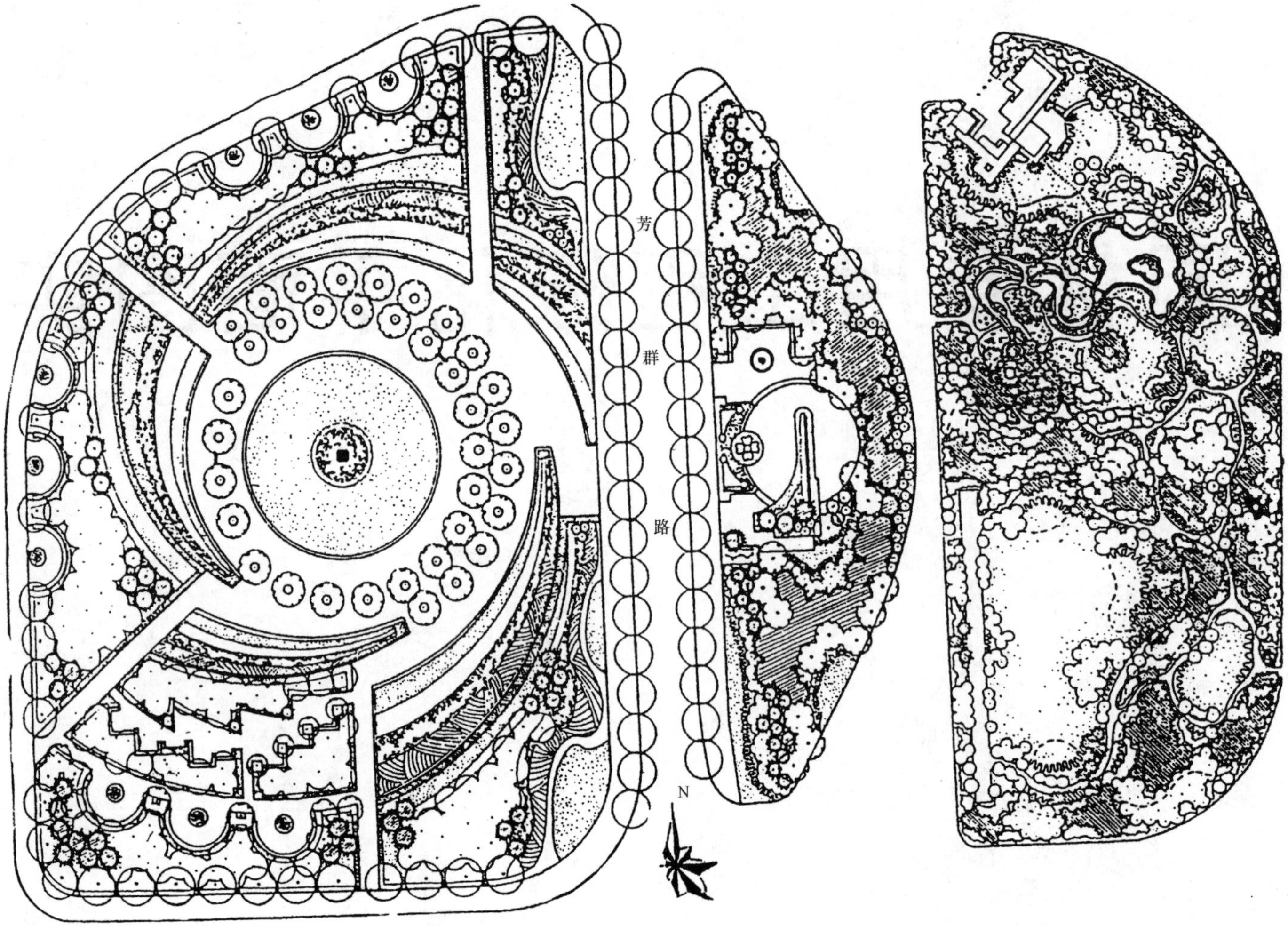

芳

群

路

N

| 图名 | 北京亚运村中心绿化平面图 | 图号 | YL8-1 |

奥林匹克体育中心位于北四环路以南，北辰路以东。该中心的建设是为了迎接第十一届亚运会的召开，于 1990 年建成的一座综合性体育场馆，占地 66 万 m²，其中有综合体育馆、游泳馆、田径场、曲棍球场、垒球场和球类练习场，还有医疗检测中心、体育博物馆和武术研究馆。体育中心的东、西、北设三个出入口，三个出入口与场馆之间的联系以圆弧形道路相通，田径场北侧有 3 万 m² 的月牙形湖面。

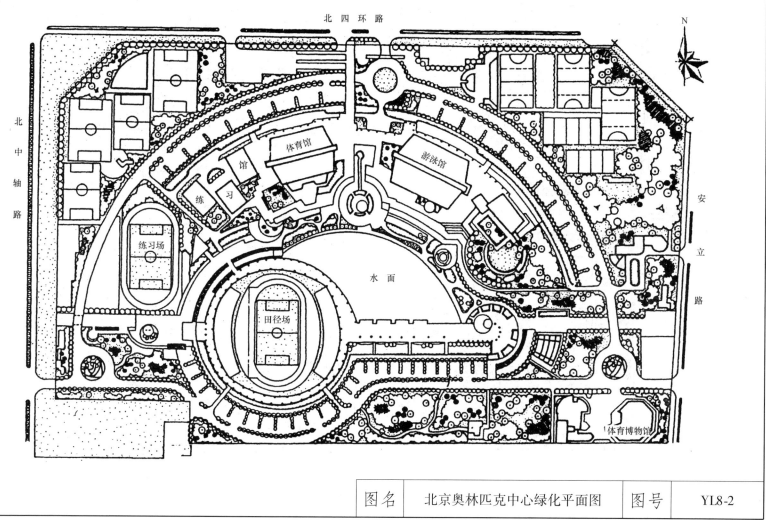

| 图名 | 北京奥林匹克中心绿化平面图 | 图号 | YL8-2 |

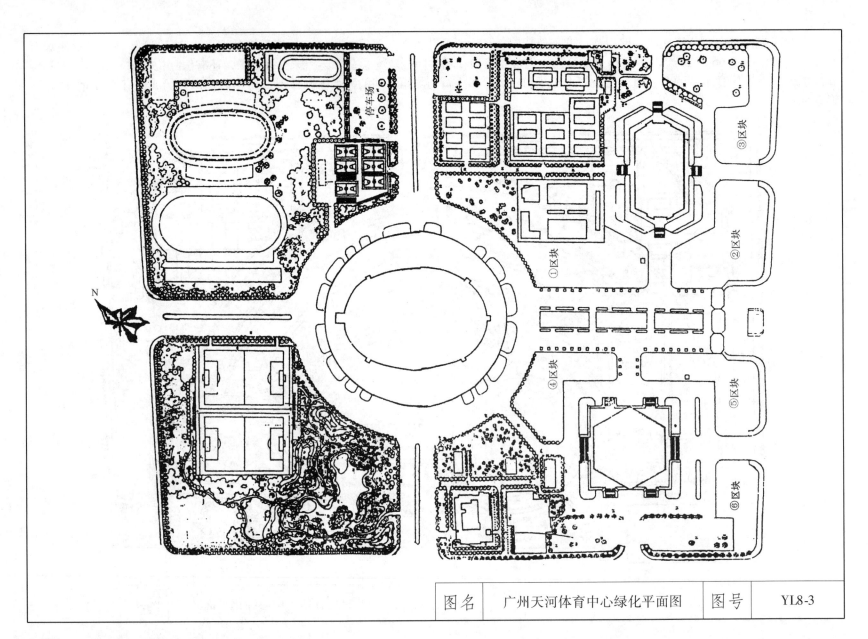

N

停车场

①区块
②区块
③区块
④区块
⑤区块
⑥区块

| 图名 | 广州天河体育中心绿化平面图 | 图号 | YL8-3 |

广州奥林匹克体育中心位于广州市天河区东圃镇黄村，北邻世界大观、航天奇观、高尔夫球场、科学中心等旅游景区，西南为华南理工大学、暨南大学、华南师范大学等大学区。它是广东省政府为承办第九届全国运动会而投资16.7亿元巨资兴建的现代化体育场馆，用地面积101万 m^2，总建筑面积32.8万 m^2，主馆可容纳观众8万人。它已成为广州引以为自豪的新城市标志。该奥林匹克体育中心首次打破了国内体育场传统圆形的设计观念，采用了飘带造型的独特设计，新颖而浪漫。体育场盖顶分东、西两片钢屋架，重达11000t，弯曲地坐落在21组塔柱上，象征着21世纪第一次全国体育盛会在此召开。屋顶自由飘逸的缎带造型又像中国巨龙翱翔半空，寓意着广东在新世纪的腾飞。

图名	广州奥林匹克中心绿化平面图	图号	YL8-4

289

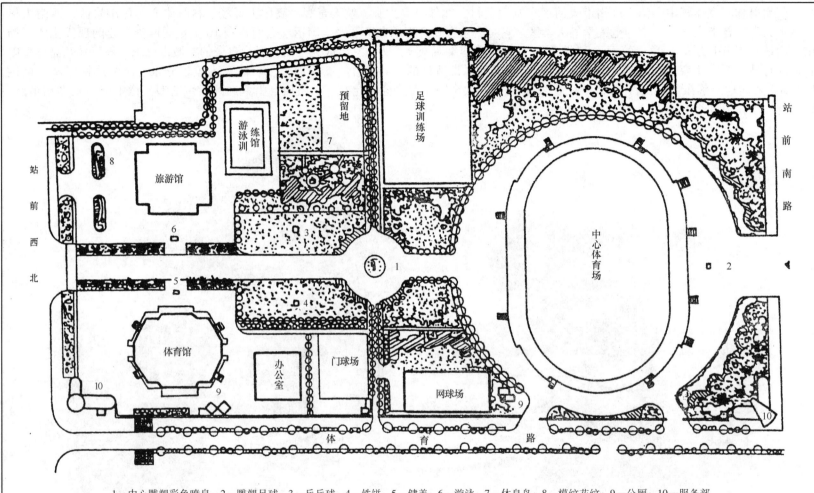

站前南路

站前西北

中心体育场

足球训练场

预留地

游泳训练馆

练馆

旅游馆

网球场

门球场

办公室

体育馆

体 育 路

1—中心雕塑彩色喷泉；2—雕塑足球；3—乒乓球；4—铁饼；5—健美；6—游泳；7—休息岛；8—模纹花纹；9—公厕；10—服务部

| 图名 | 湖北孝感体育中心绿化平面图 | 图号 | YL8-5 |

8.2 纪念工程绿化平面图实例

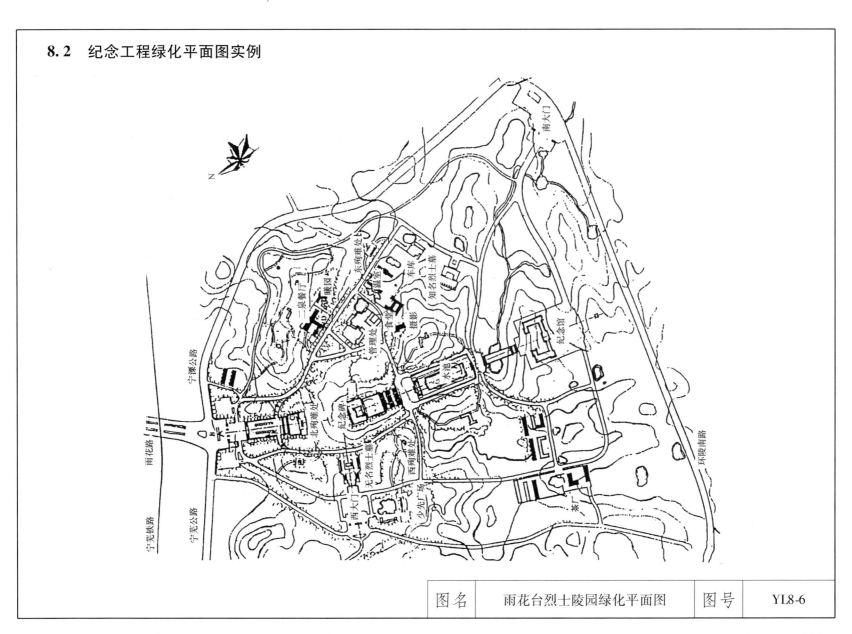

| 图名 | 雨花台烈士陵园绿化平面图 | 图号 | YL8-6 |

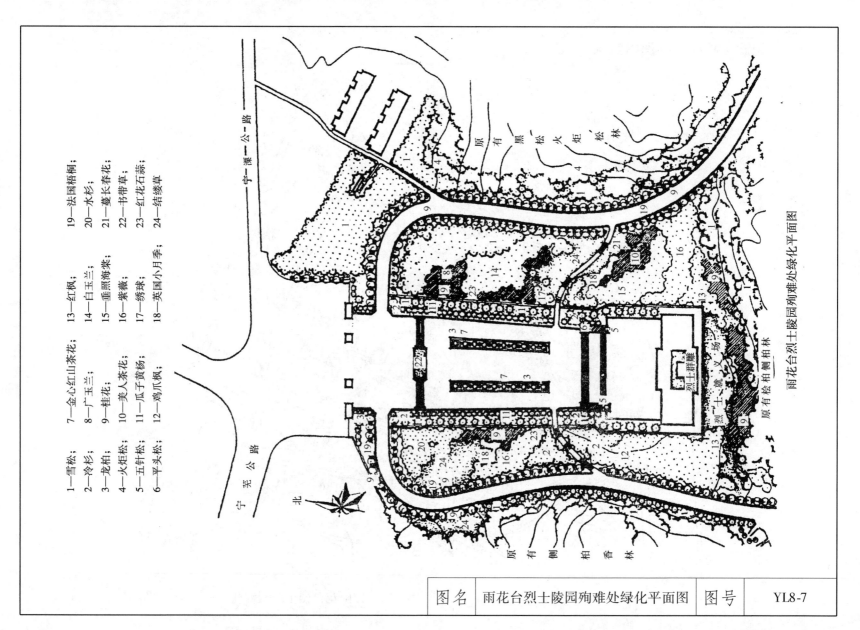

雨花台烈士陵园殉难处绿化平面图

1—雪松；　　7—金心红山茶花；　13—红枫；　　19—法国梧桐；
2—冷杉；　　8—广玉兰；　　　14—白玉兰；　20—水杉；
3—龙柏；　　9—桂花；　　　　15—垂照海棠；　21—蔓长春花；
4—火炬松；　10—美人茶花；　　16—紫薇；　　22—书带草；
5—五针松；　11—瓜子黄杨；　　17—绣球；　　23—红花石蒜；
6—平头松；　12—鸡爪枫；　　　18—英国小月季；24—结缕草

| 图名 | 雨花台烈士陵园殉难处绿化平面图 | 图号 | YL8-7 |

292

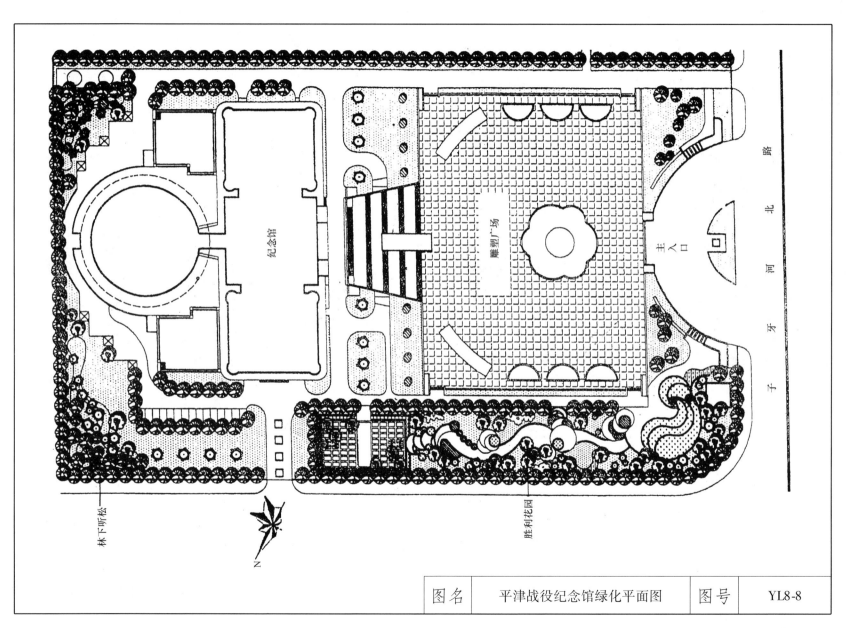

图名	平津战役纪念馆绿化平面图	图号	YL8-8

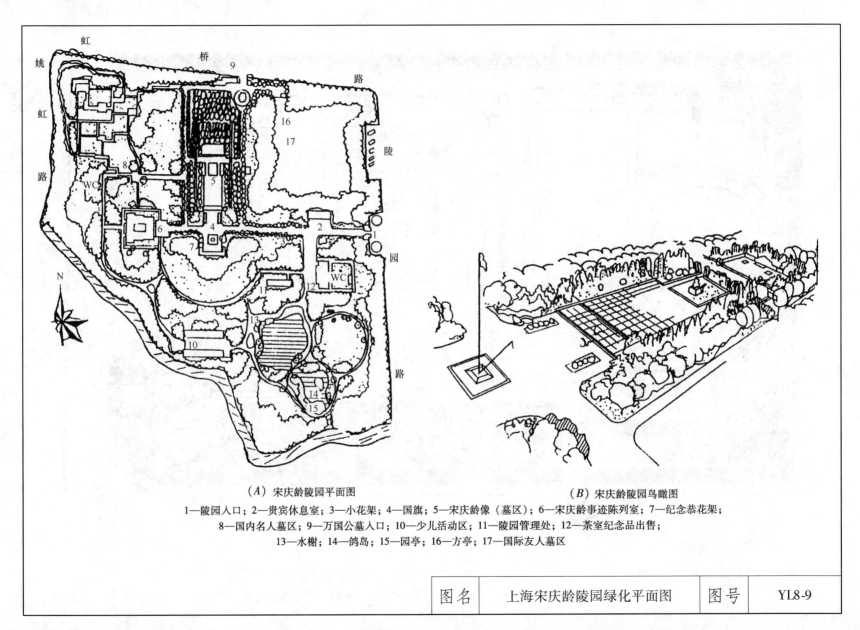

（A）宋庆龄陵园平面图

（B）宋庆龄陵园鸟瞰图

1—陵园入口；2—贵宾休息室；3—小花架；4—国旗；5—宋庆龄像（墓区）；6—宋庆龄事迹陈列室；7—纪念恭花架；
8—国内名人墓区；9—万国公墓入口；10—少儿活动区；11—陵园管理处；12—茶室纪念品出售；
13—水榭；14—鸽岛；15—园亭；16—方亭；17—国际友人墓区

图名	上海宋庆龄陵园绿化平面图	图号	YL8-9

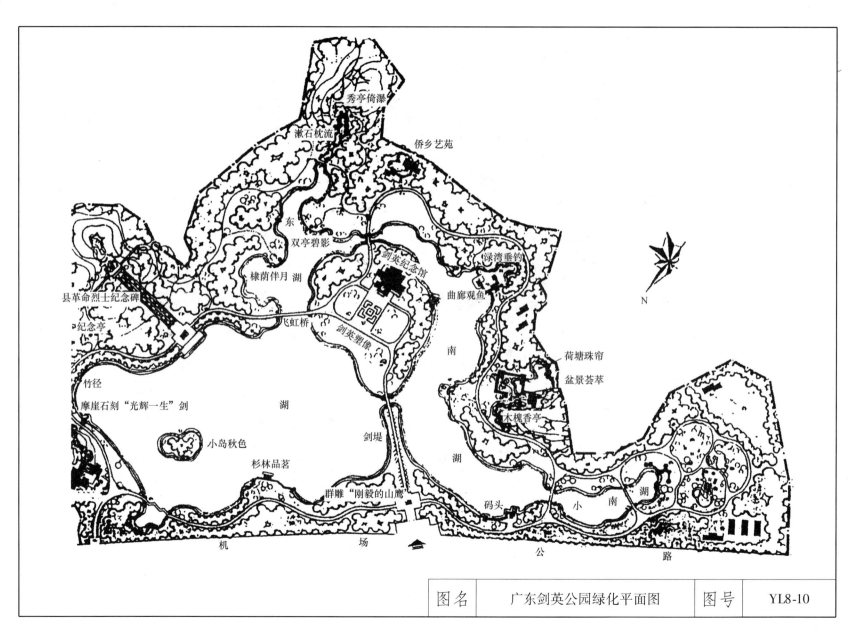

秀亭倚瀑

漱石枕流

侨乡艺苑

东

双亭碧影

剑英纪念馆

渌湾垂钓

棣荫伴月湖

曲廊观鱼

县革命烈士纪念碑

纪念亭

飞虹桥

荷塘珠帘

南

剑英塑像

盆景荟萃

竹径

摩崖石刻"光辉一生"剑

湖

木槐香亭

小岛秋色

剑堤

杉林品茗

湖

群雕"刚毅的山鹰"

码头

小

南

湖

机

场

公

路

N

| 图名 | 广东剑英公园绿化平面图 | 图号 | YL8-10 |

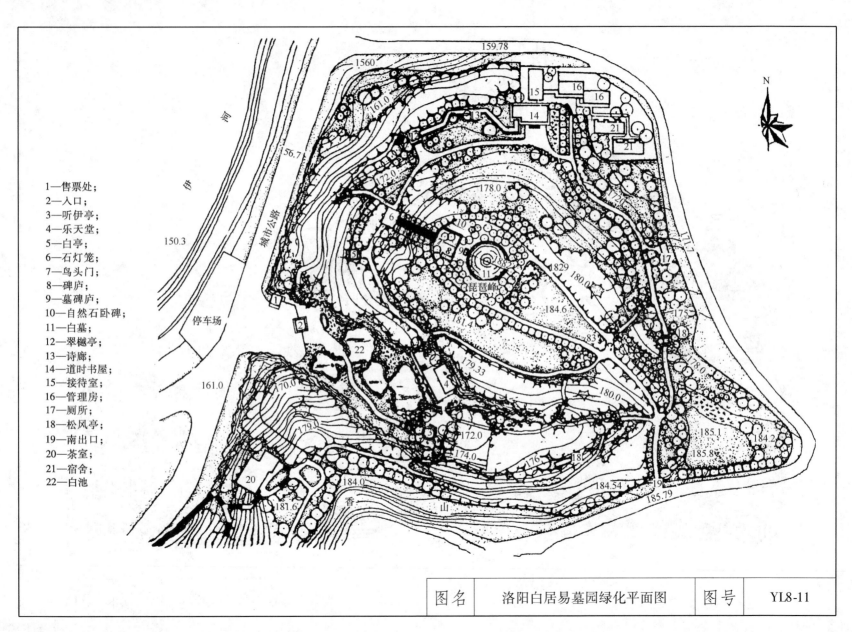

1—售票处；
2—入口；
3—听伊亭；
4—乐天堂；
5—白亭；
6—石灯笼；
7—鸟头门；
8—碑庐；
9—墓碑庐；
10—自然石卧碑；
11—白墓；
12—翠樾亭；
13—诗廊；
14—道时书屋；
15—接待室；
16—管理房；
17—厕所；
18—松风亭；
19—南出口；
20—茶室；
21—宿舍；
22—白池

图名	洛阳白居易墓园绿化平面图	图号	YL8-11

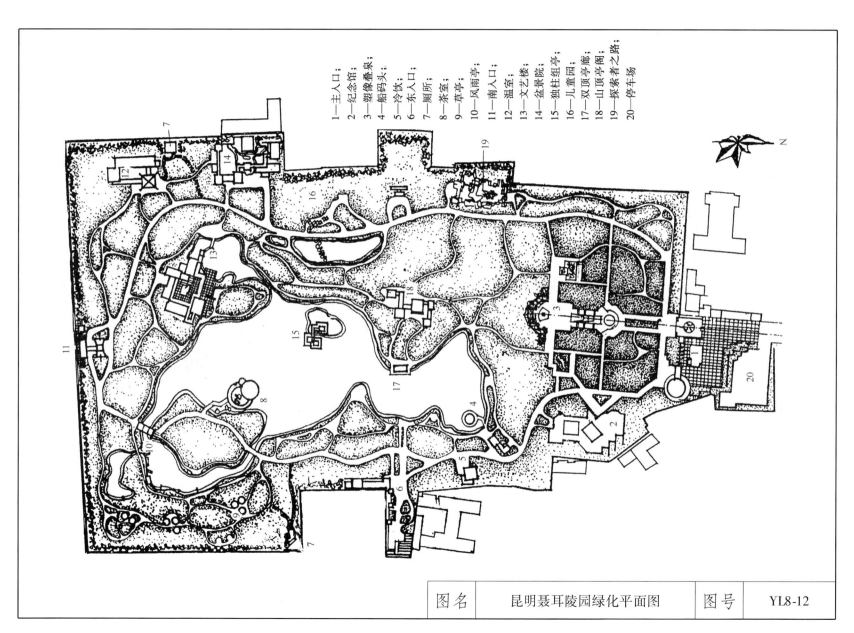

1—主入口；
2—纪念馆；
3—塑像叠泉；
4—船码头；
5—冷饮；
6—东入口；
7—厕所；
8—茶室；
9—草亭；
10—风雨亭；
11—南入口；
12—温室；
13—文艺楼；
14—盆景院；
15—独柱组亭园；
16—儿童园；
17—双顶亭廊；
18—山顶亭阁；
19—探索者之路；
20—停车场

| 图名 | 昆明聂耳陵园绿化平面图 | 图号 | YL8-12 |

297

8.3 海外"中国园林"工程绿化平面图例

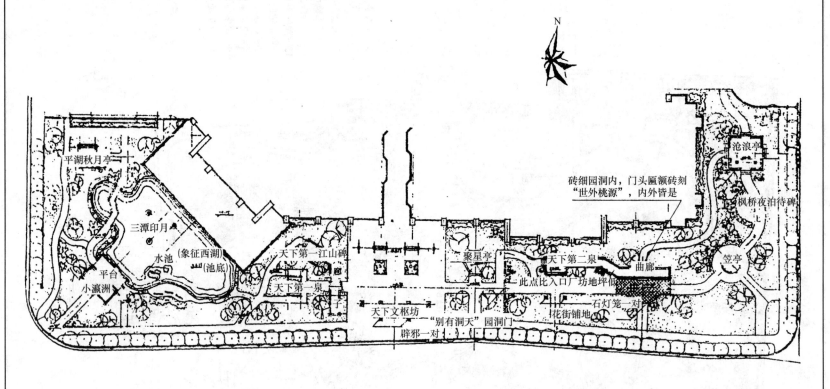

美国凤凰城"中国花园"设计构思着眼于中国传统建筑，并赋予实用性、多功能性，园艺赋予个性来调动和运用江南园林的造园手法：小中见大、曲径通幽、因地制宜。在方寸之间纳出水、花木、建筑之精华，挖湖掇出，形成开阔的湖泊和幽深的曲溪；空间互相穿插，层次丰富。全园由平湖秋月、三潭印月、小瀛洲、天下第一泉、聚星亭、沧浪亭、世外桃源等中国式名景组成。

图名	美国凤凰城"中国花园"绿化平面图	图号	YL8-13

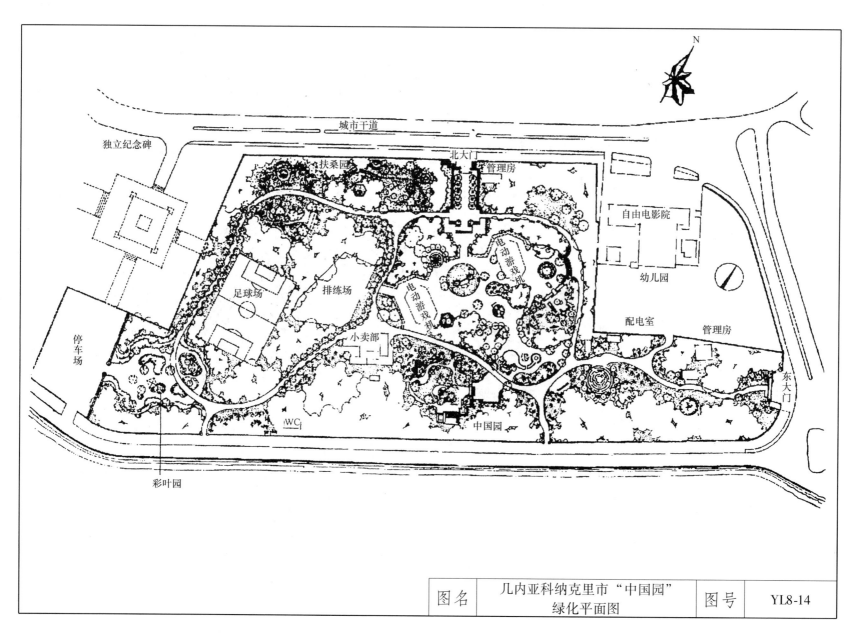

独立纪念碑

城市干道

扶桑园

北大门

管理房

自由电影院

幼儿园

停车场

足球场

排练场

电动游戏机

电动游戏机

小卖部

配电室

管理房

WC

中国园

东大门

彩叶园

图名	几内亚科纳克里市"中国园" 绿化平面图	图号	YL8-14

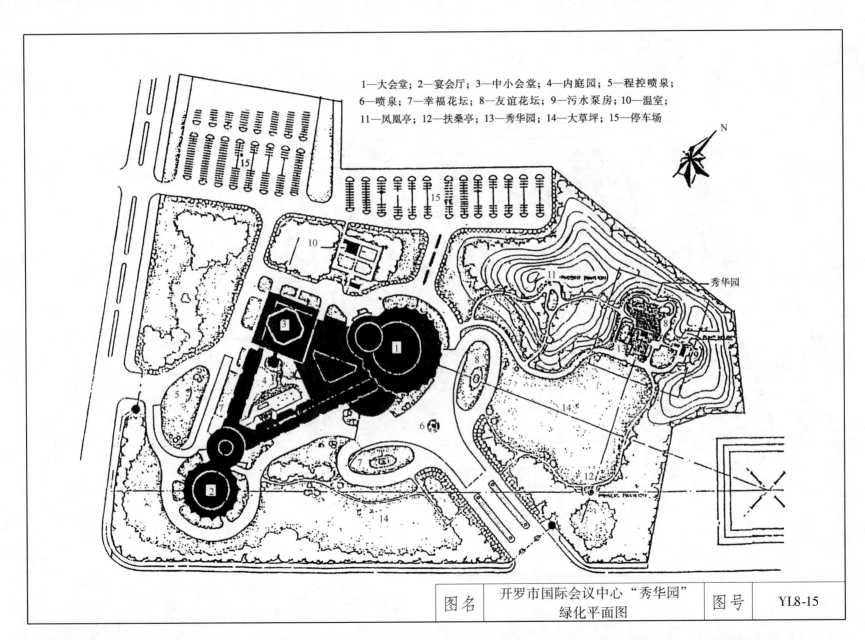

1—大会堂；2—宴会厅；3—中小会堂；4—内庭园；5—程控喷泉；
6—喷泉；7—幸福花坛；8—友谊花坛；9—污水泵房；10—温室；
11—凤凰亭；12—扶桑亭；13—秀华园；14—大草坪；15—停车场

N

秀华园

| 图名 | 开罗市国际会议中心"秀华园"绿化平面图 | 图号 | YL8-15 |

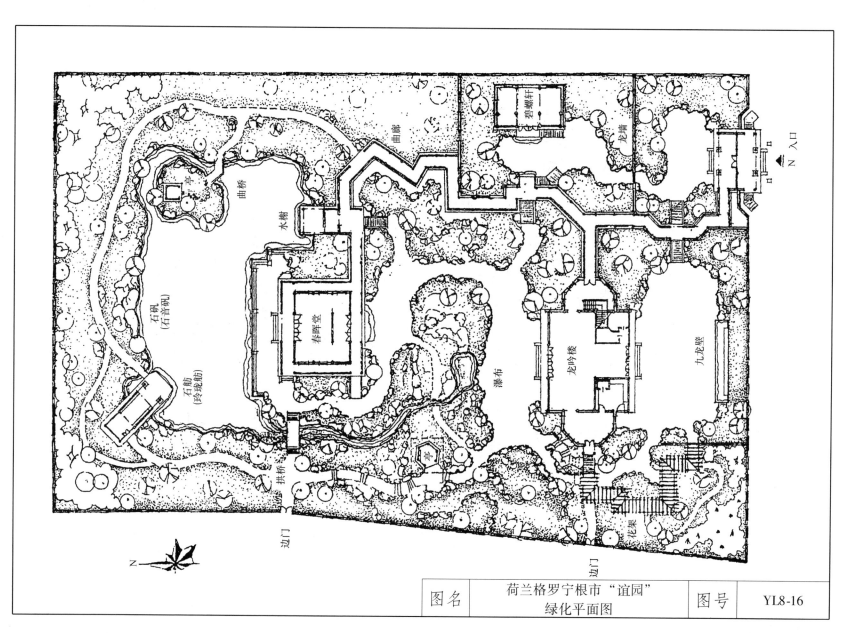

| 图名 | 荷兰格罗宁根市"谊园"绿化平面图 | 图号 | YL8-16 |

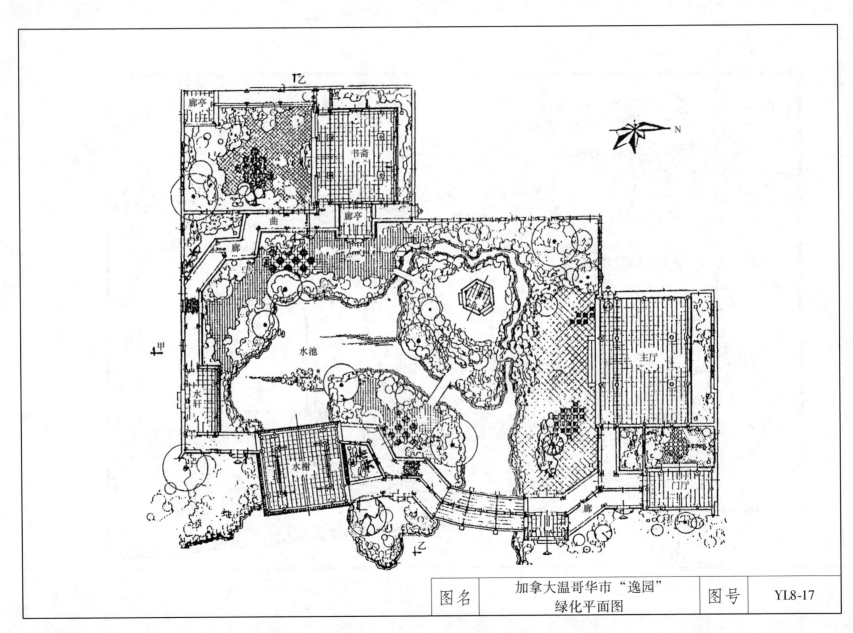

廊亭

书斋

曲

廊

廊亭

水池

N

甲

水轩

主厅

水榭

门厅

乙

廊

| 图名 | 加拿大温哥华市"逸园"绿化平面图 | 图号 | YL8-17 |

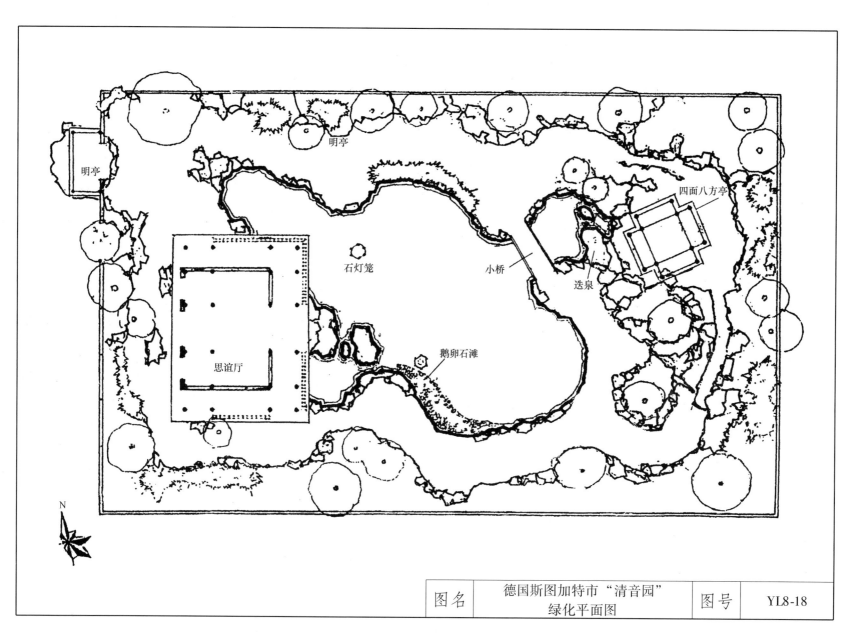

明亭

明亭

四面八方亭

石灯笼

小桥

迭泉

鹅卵石滩

思谊厅

N

| 图名 | 德国斯图加特市"清音园"绿化平面图 | 图号 | YL8-18 |

9 园林雕塑工程图实例

9.1 园林雕塑工程景观的特点与分类

9.1.1 园林雕塑工程的特点

城市园林环境艺术是一个综合的整体，它包括了建筑、绿地、水体、小品、街灯、壁画、雕塑等。园林雕塑是一个不可缺少的重要构成要素。无论是纪念碑雕塑或建筑群内的雕塑和广场、公园、绿地以及街道间、建筑前的城市雕塑都已成为现代城市中人文景观的重要组成部分，是一座城市文化的象征。综合地说，园林雕塑必须具有如下特点：

（1）互相联系：城市园林雕塑是处于一定环境的包容之内，所以，园林雕塑本身不单是一件雕塑作品，而是这件雕塑作品与其周围环境所共同形成的整体艺术效果。因此在城市雕塑创作中，既要考虑雕塑作品融于环境之内形成一个有机的整体，又要考虑它如何从纷繁的环境中分离出来，便于人们的欣赏。重视雕塑与环境的关系，是一件城市雕塑作品成败的关键。无论雕塑在建筑环境中怎样布局，它们之间都是一个相互联系的整体。

（2）公共性、开放性和参与性：城市园林雕塑的公共性，主要是指城市园林雕塑大多置于室外环境的特点决定了它是由人们共同享有的艺术。当一件城市园林雕塑作品诞生时，它不仅给这座城市带来无限生机，是这座城市不可缺少的组成部分，同时还给这座城市的每一个人以精神的享受和满足。所以，城市园林雕塑无论是具象的、抽象的、意象的表现，或者是装饰纪念等，从审美形式上，都应符合某个地域或人们的公共审美需求，应为大众所接纳。

城市园林中雕塑往往是在开放的空间中存在的，例如在城市广场中、在街道绿地中、在街心花园中或是公共建筑、桥梁、水面上，都可以看到各式各样的城市园林式雕塑。开放的空间也决定了这些雕塑所具有的开放性标准、要求和功能，可以称其为开放的雕塑。在这些开放空间里，人们以不同的方式来与这些开放的雕塑取得交流。

（3）材料的耐久性及构图形式的稳定感：城市雕塑不可以任意搬迁移动，在一般情况下位置一旦确定，便永久固定不动，所以要求作者与建设者必须根据特定位置的特定条件，如周围环境的视线角度、光线视距等因素加以考虑，在有了全面成熟的方案后，方可施工建设。由于城市园林雕塑多建立于室外环境中，长年遭受风吹雨打日晒等自然因素的侵蚀，又要求能够留存久远，不但要求其有更高的艺术质量，同时还要求材料的持久性和防侵蚀性。所以，城市雕塑一般都采用石材、金属等材料。

城市园林雕塑如同其他建筑物一样，是由足够坚固的材料构成并且在一个相对开阔的地域中供人们观赏，这决定了城市园林雕塑要有稳定的构图，使人们无论从哪个角度看去都会有整体、稳固的感觉。

（4）雕塑是具有鲜明的时代感和民族地域文化的特色：每座城市都有自己的历史特点。有的城市是文化名城，城市雕塑可以突出其历史文化特点和历史人物；有的是现代化工业城市，其中的城市园林雕塑可以是现代感、形式感很强的作品；有的城市是滨海城市，一些城市雕塑的作品的题材可根据大海的故事展开。

图名	园林雕塑工程景观的特点	图号	YL9-1

9.1.2 园林雕塑工程的分类

对于城市园林雕塑的分类方法一般有如下五大类：

（1）根据使用材料分类

1）石雕：石材作为城市园林雕塑是最广泛使用的一种，石材最突出表现的是厚重，是整体团块结构最为鲜明的雕塑。

2）金属雕塑：城市雕塑在金属材料的使用上丰富多彩。铸铜质感坚硬、厚重，粗糙中带有微妙的变化，外观的斑驳色彩处理极具历史感。铸铁材料易于操作，可塑造出刚劲有力的艺术效果。不锈钢及各种合金材料是现代工业和科技发展的新型材料，在现代城市雕塑材料的运用中具有广阔前景。

3）玻璃钢雕塑：玻璃钢雕塑是使用树脂材料在模具中固化成型的工艺，它具有重量轻、工艺简单、便于操作等优点。

4）混凝土雕塑：由于水泥凝固后与石材相似，所以，常用作石雕的代用材料，具有强度高、容易成形、雕塑工程速度快、造价低等特点。

5）水景雕塑：现代化城市园林雕塑发展的产物，它是运用喷水和照明设备相结合，具有变化无穷等特点，与灯光结合后会达到迷人的效果。

（2）根据占有空间形式分类

1）圆雕：圆雕是形象进行全方位的立体塑造和雕塑，它具有很强烈的体积感和空间感，人们可以从不同的角度进行观赏。

2）浮雕：它是对形象某一定角度进行立体的一种雕塑，是介于圆雕和绘画之间的一种表现形式，它依据附于特定的体面上，有特定的观赏角度。

3）透雕：是在浮雕画面上保留有形象的部分，挖去衬底部分，形成有虚有实、虚实相间的雕塑。具有空间流通、光彩变化丰富、形象清晰的特点。

（3）根据艺术处理形式分类

1）具象雕塑：这是雕塑艺术上又一种表现形式，它依据附于特定的体面上，同时必须具有特定的观赏角度。

2）抽象雕塑：抽象雕塑是采用抽象思维的手法对客观形体加以主观概括、简化或强化；另一种抽象手法是几何形的抽象，运用点、线面、体块等抽象符号加以组合。抽象雕塑比具象雕塑更含蓄、更概括，它有强烈的视觉冲击力和时代气息。

（4）根据所处地理位置分类

它又可以分为绿地雕塑、广场雕塑、公共建筑雕塑等，由于所处的地理位置不同，自然各自所具有的特点也不尽相同，例如广场雕塑大多以纪念性大型主题雕塑为主。此外，由于广场的性质不同，具体的情况也不会相同，有的广场雕塑具有装饰感。而有些活泼可爱的雕塑可能更多地被安放在园林之中、绿地或街道小区之中等。

（5）根据雕塑所具有的功能分类

1）纪念雕塑：主要以庄重、严肃的外观形象来纪念一些伟人和重大事件，环境景观中处于中心或主导地位，能起控制和统帅全部环境的作用。

2）主题性雕塑：是指特定环境中，为增加环境的文化内涵，表达某些主题而设置的雕塑。

3）装饰性雕塑：能在环境空间中起装饰、美化作用，不强求有鲜明的思想内涵，但强调环境中的视觉美感，要求给人以美的享受和情操的陶冶。

4）功能性雕塑：这主要功能要求是，在具有装饰性美感的同时，又有不可替代的实用功能。比如说在儿童游乐场中，一些装点成各种可爱的小动物的雕塑，本身已经很美观，又能是儿童的玩具，具有一定的实用功能，深受孩子们的欢迎。

图名	园林雕塑工程景观的分类	图号	YL9-2

9.2 园林雕塑工程景观实例

图名	园林雕塑工程景观实例（一）	图号	YL9-3（一）

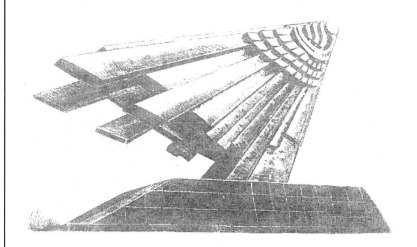

图名	园林雕塑工程景观实例（二）	图号	YL9-3（二）

图名	园林雕塑工程景观实例（三）	图号	YL9-3（三）

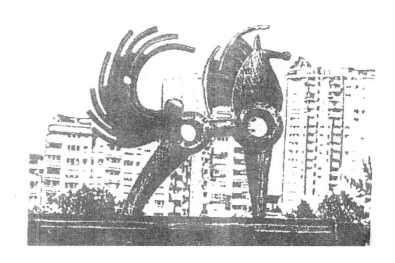

图名	园林雕塑工程景观实例（四）	图号	YL9-3（四）

| 图名 | 园林雕塑工程景观实例（五） | 图号 | YL9-3（五） |

图名	园林雕塑工程景观实例（六）	图号	YL9-3（六）

| 图名 | 园林雕塑工程景观实例（七） | 图号 | YL9-3（七） |

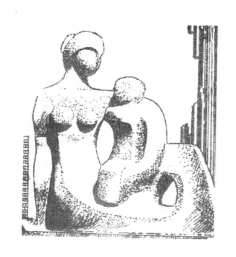

图名	园林雕塑工程景观实例（八）	图号	YL9-3（八）

| 图名 | 园林雕塑工程景观实例（九） | 图号 | YL9-3（九） |

图名	园林雕塑工程景观实例（十）	图号	YL9-3（十）

图名	园林雕塑工程景观实例（十一）	图号	YL9-3（十一）

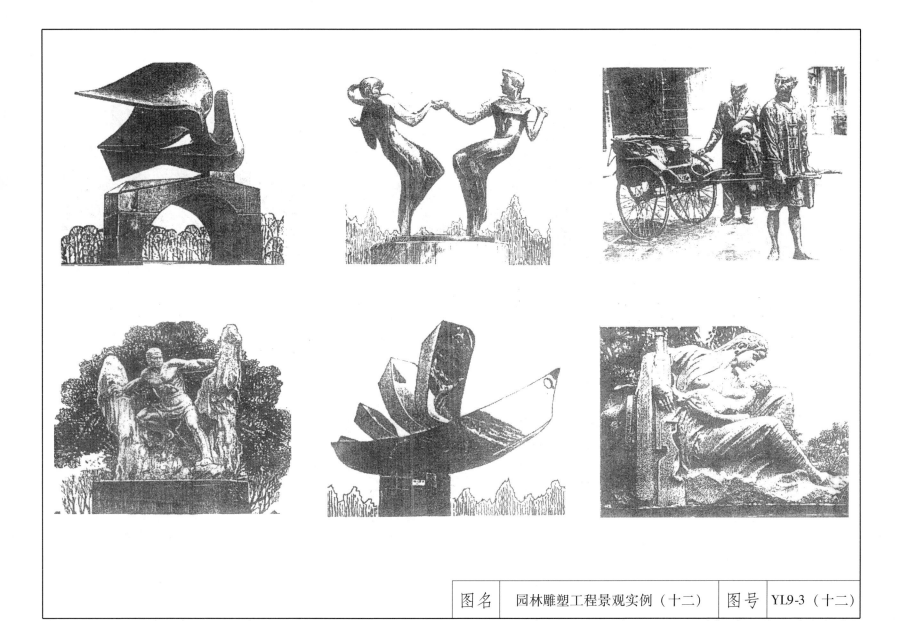

| 图名 | 园林雕塑工程景观实例（十二） | 图号 | YL9-3（十二） |

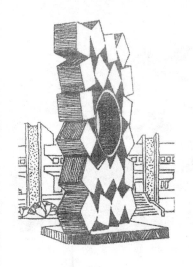

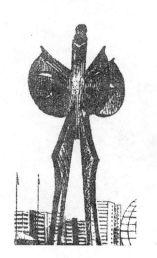

图名	园林雕塑工程景观实例（十三）	图号	YL9-3（十三）

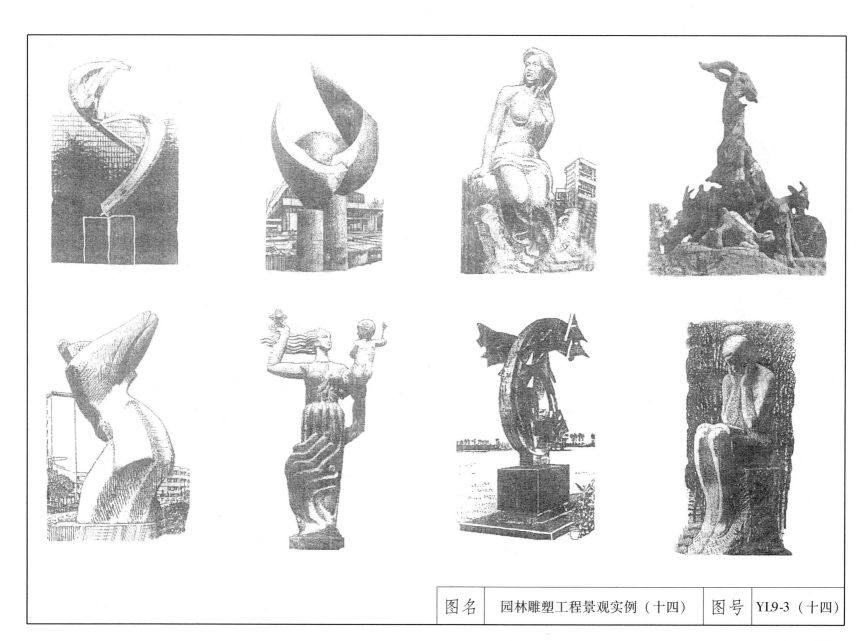

| 图名 | 园林雕塑工程景观实例（十四） | 图号 | YL9-3（十四） |

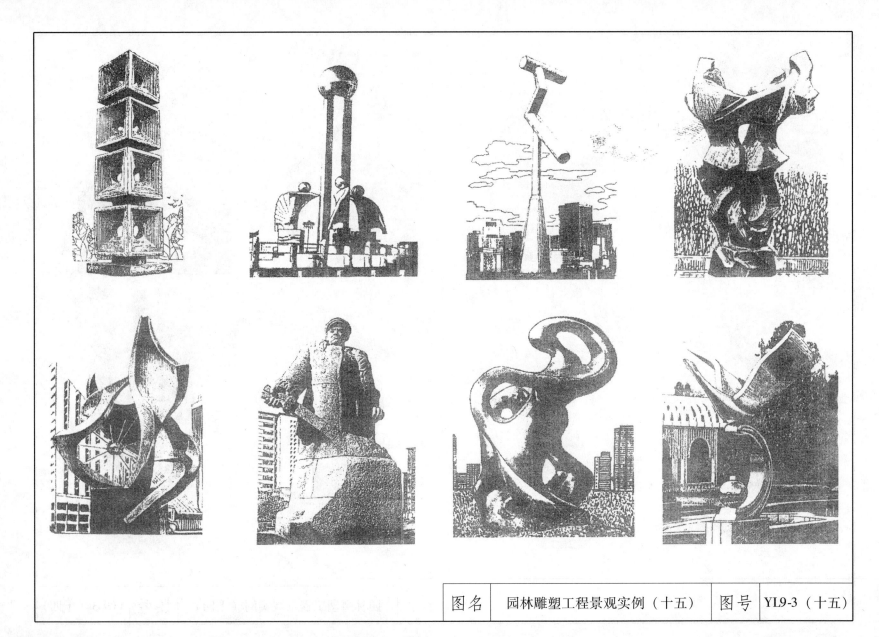

| 图名 | 园林雕塑工程景观实例（十五） | 图号 | YL9-3（十五） |

| 图名 | 园林雕塑工程景观实例（十六） | 图号 | YL9-3（十六） |

| 图名 | 园林雕塑工程景观实例（十七） | 图号 | YL9-3（十七） |

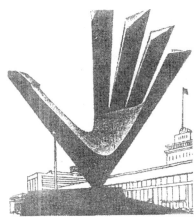
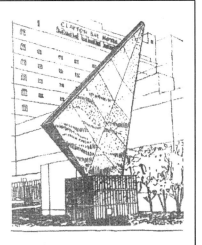

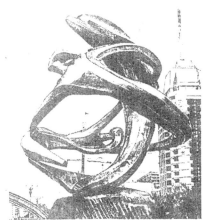
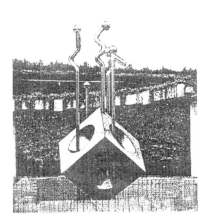

| 图名 | 园林雕塑工程景观实例（十八） | 图号 | YL9-3（十八） |

10 园林建筑工程施工

10.1 园林建筑工程概述

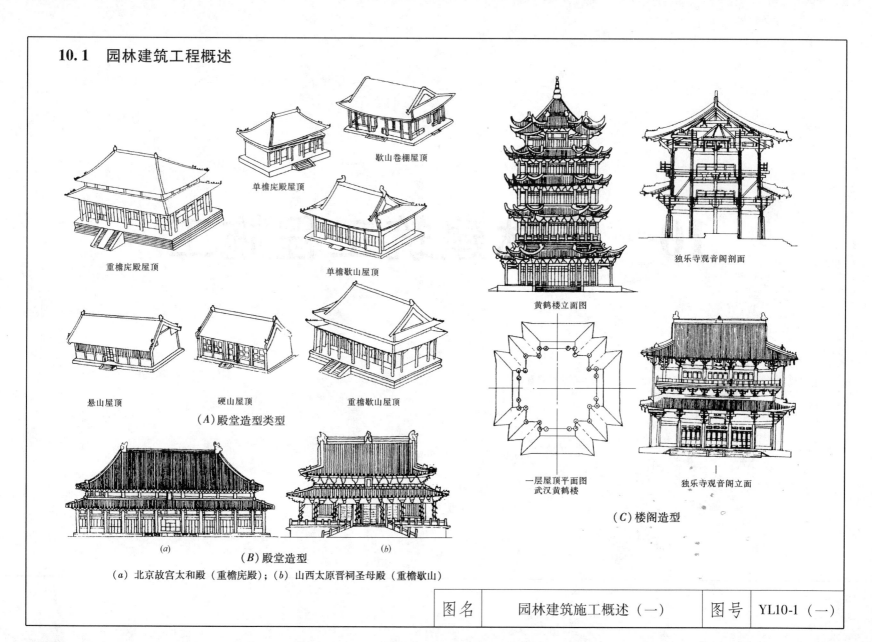

歇山卷棚屋顶

单檐庑殿屋顶

重檐庑殿屋顶

单檐歇山屋顶

悬山屋顶

硬山屋顶

重檐歇山屋顶

（A）殿堂造型类型

（a）

（b）

（B）殿堂造型

（a）北京故宫太和殿（重檐庑殿）；（b）山西太原晋祠圣母殿（重檐歇山）

黄鹤楼立面图

独乐寺观音阁剖面

一层屋顶平面图
武汉黄鹤楼

独乐寺观音阁立面

（C）楼阁造型

| 图名 | 园林建筑施工概述（一） | 图号 | YL10-1（一） |

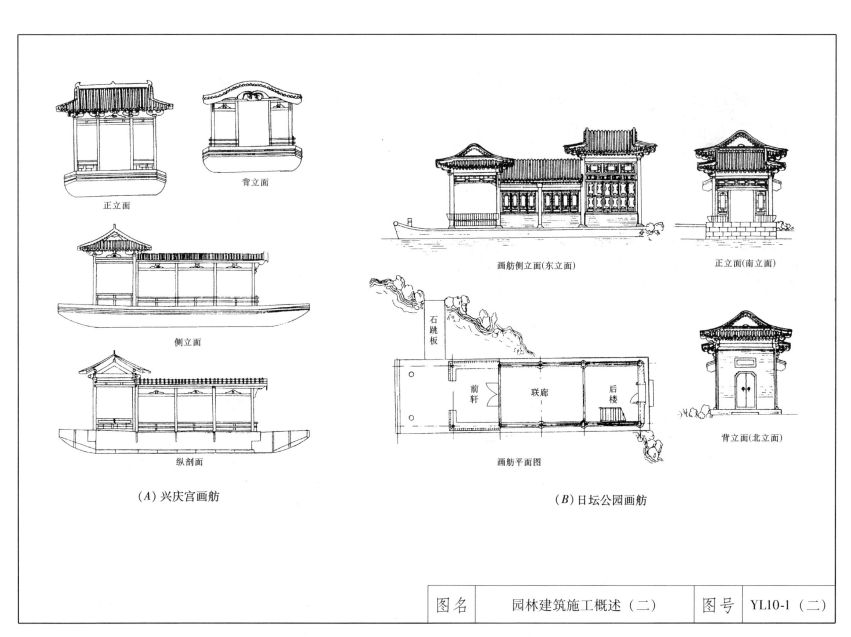

正立面

背立面

侧立面

纵剖面

（A）兴庆宫画舫

画舫侧立面(东立面)

正立面(南立面)

石跳板

前轩　　联廊　　后楼

画舫平面图

背立面(北立面)

（B）日坛公园画舫

图名	园林建筑施工概述（二）	图号	YL10-1（二）

329

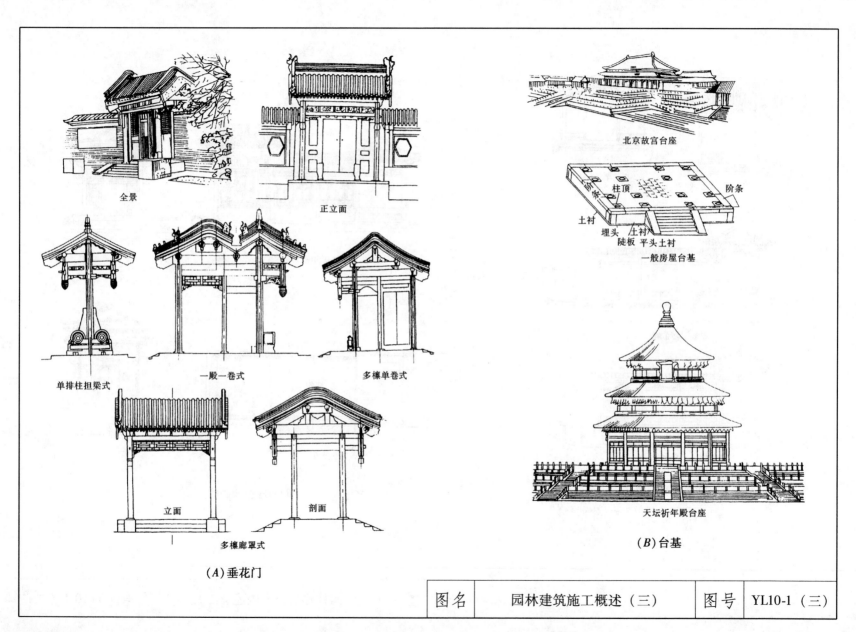

全景

正立面

单排柱担梁式

一殿一卷式

多檩单卷式

立面

剖面

多檩廊罩式

(A)垂花门

北京故宫台座

防檐 柱顶 阶条

土衬

埋头 土衬

陡板 平头土衬

一般房屋台基

天坛祈年殿台座

(B)台基

| 图名 | 园林建筑施工概述（三） | 图号 | YL10-1（三） |

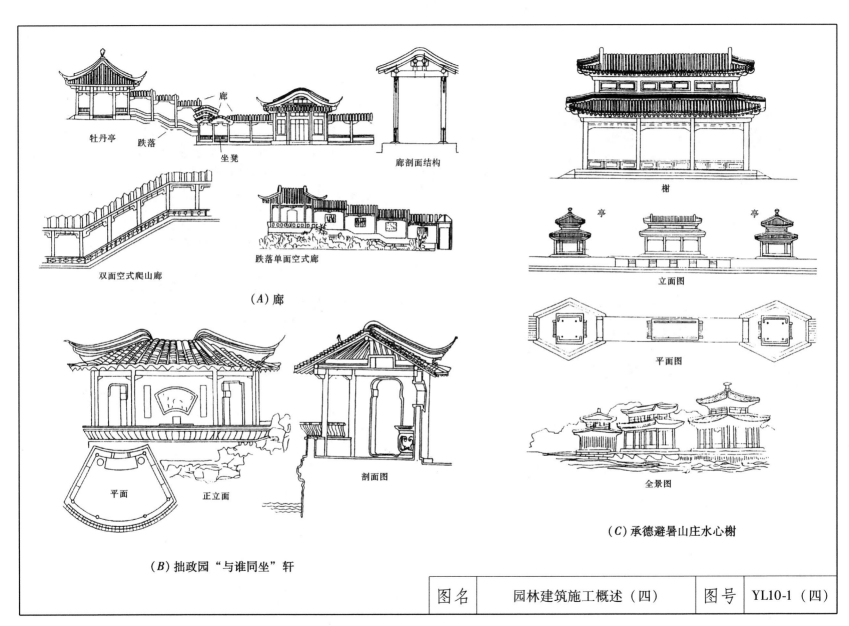

牡丹亭　　跌落

廊

坐凳

廊剖面结构

双面空式爬山廊

跌落单面空式廊

（A）廊

榭

亭　　　　　　　　　　　亭

立面图

平面图

全景图

平面　　　正立面

剖面图

（C）承德避暑山庄水心榭

（B）拙政园"与谁同坐"轩

| 图名 | 园林建筑施工概述（四） | 图号 | YL10-1（四） |

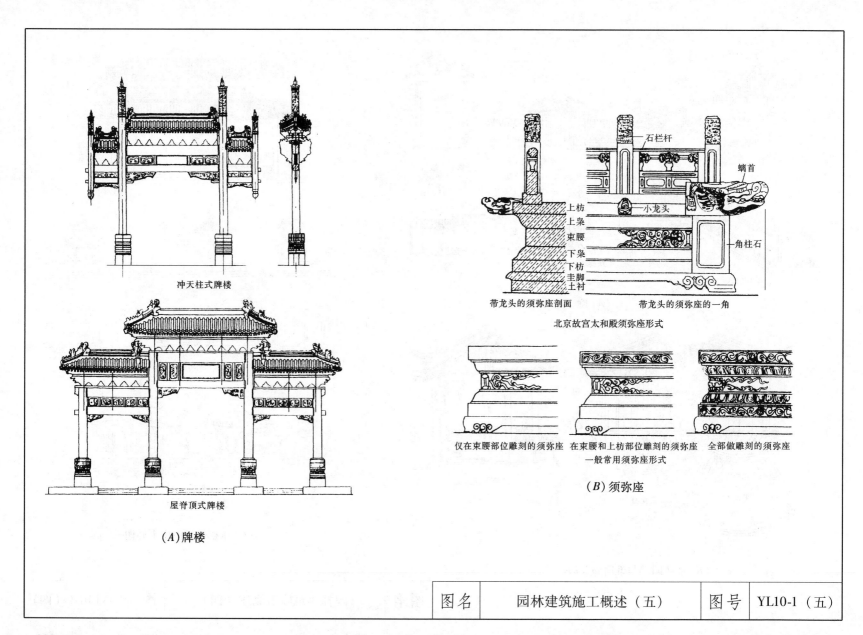

冲天柱式牌楼

屋脊顶式牌楼

(A)牌楼

石栏杆

螭首

小龙头

上枋
上枭
束腰
下枭
下枋
圭脚
土衬

角柱石

带龙头的须弥座剖面　　　带龙头的须弥座的一角

北京故宫太和殿须弥座形式

仅在束腰部位雕刻的须弥座　　在束腰和上枋部位雕刻的须弥座　　全部做雕刻的须弥座
　　　　　　　　　　　　　　　　一般常用须弥座形式

(B)须弥座

| 图名 | 园林建筑施工概述（五） | 图号 | YL10-1（五） |

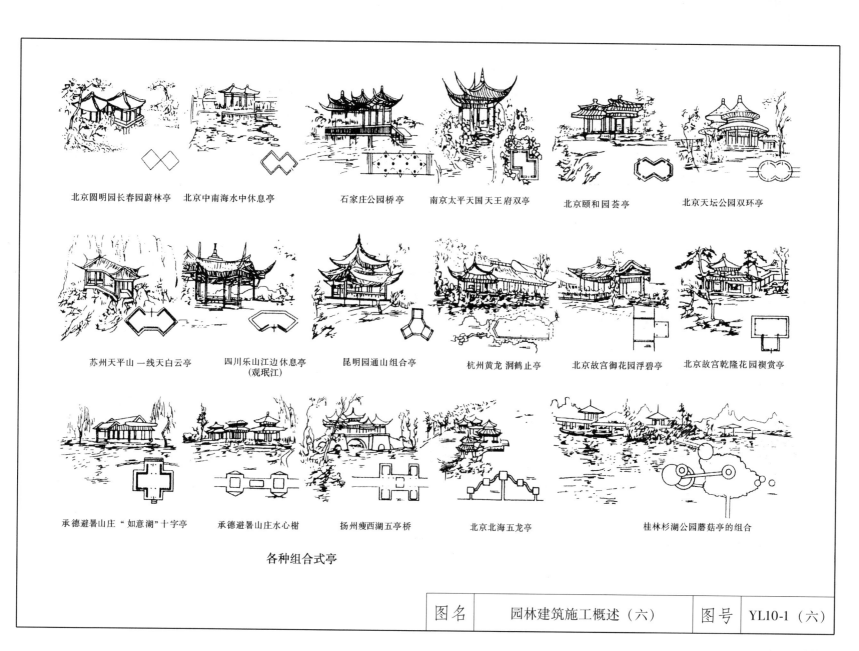

北京圆明园长春园蔚林亭　　北京中南海水中休息亭　　石家庄公园桥亭　　南京太平天国天王府双亭　　北京颐和园荟亭　　北京天坛公园双环亭

苏州天平山 一线天白云亭　　四川乐山江边休息亭（观泯江）　　昆明园通山组合亭　　杭州黄龙 洞鹤止亭　　北京故宫御花园浮碧亭　　北京故宫乾隆花园禊赏亭

承德避暑山庄 "如意湖"十字亭　　承德避暑山庄水心榭　　扬州瘦西湖五亭桥　　北京北海五龙亭　　桂林杉湖公园蘑菇亭的组合

各种组合式亭

图名	园林建筑施工概述（六）	图号	YL10-1（六）

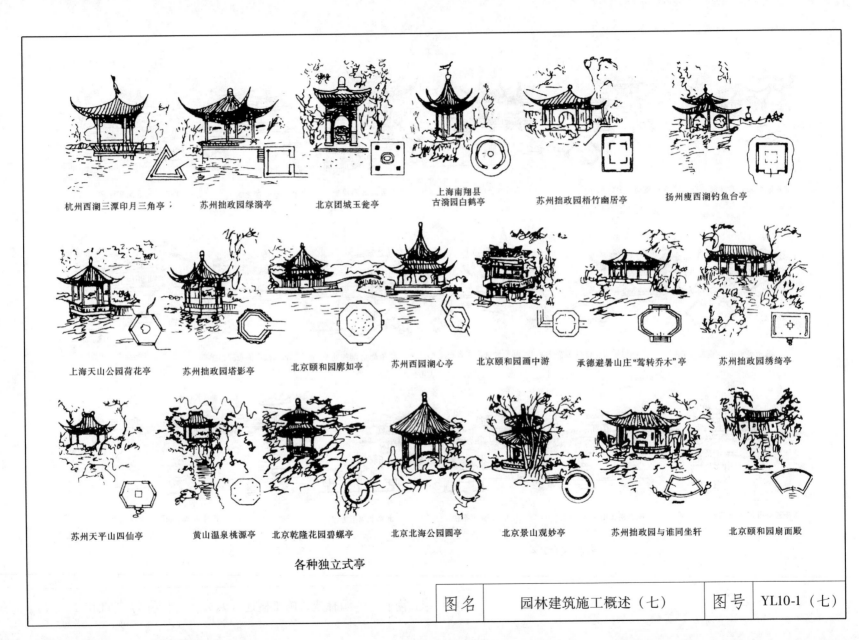

杭州西湖三潭印月三角亭；　苏州拙政园绿漪亭　　北京团城玉瓮亭　　上海南翔县古漪园白鹤亭　　苏州拙政园梧竹幽居亭　　扬州瘦西湖钓鱼台亭

上海天山公园荷花亭　　苏州拙政园塔影亭　　北京颐和园廊如亭　　苏州西园湖心亭　　北京颐和园画中游　　承德避暑山庄"莺转乔木"亭　　苏州拙政园绣绮亭

苏州天平山四仙亭　　黄山温泉桃源亭　　北京乾隆花园碧螺亭　　北京北海公园圆亭　　北京景山观妙亭　　苏州拙政园与谁同坐轩　　北京颐和园扇面殿

各种独立式亭

| 图名 | 园林建筑施工概述（七） | 图号 | YL10-1（七） |

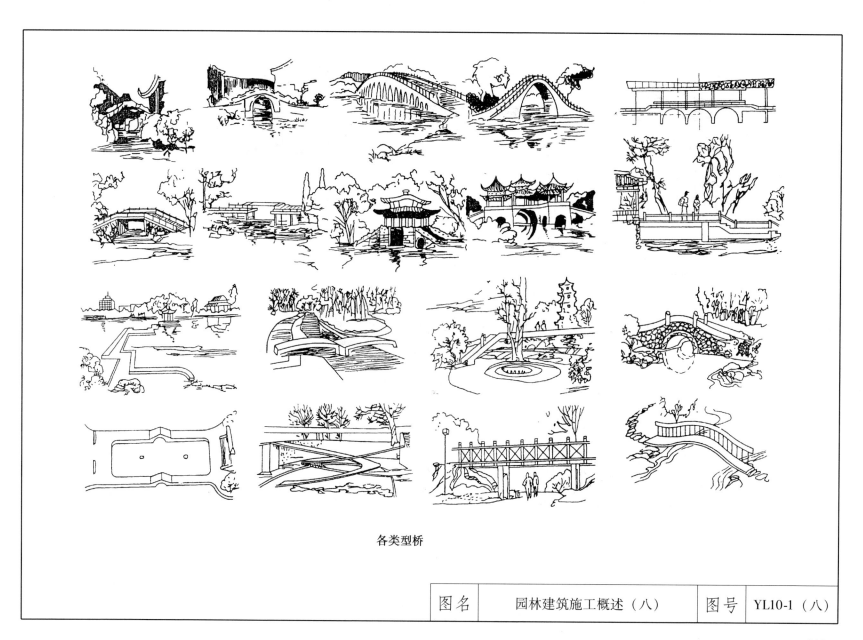

各类型桥

| 图名 | 园林建筑施工概述（八） | 图号 | YL10-1（八） |

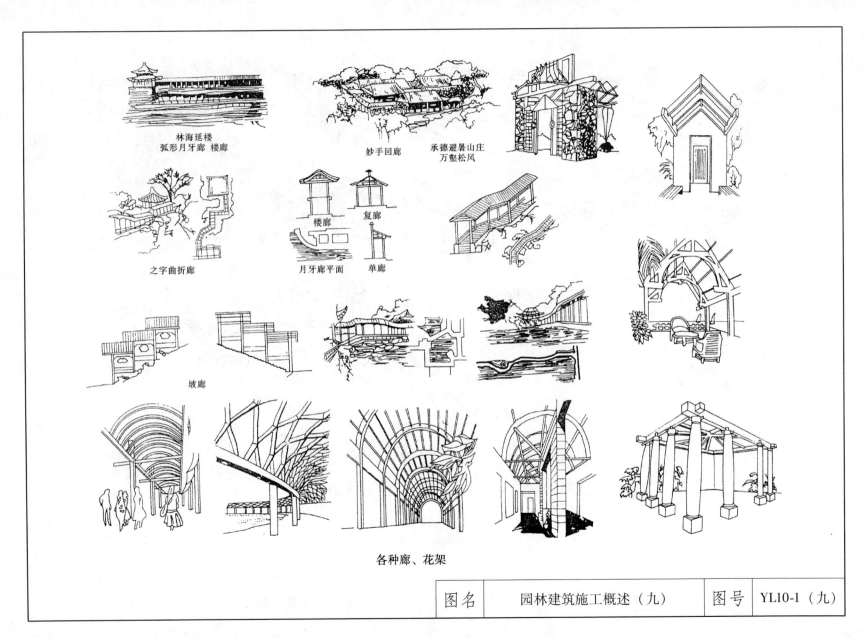

林海延楼
弧形月牙廊 楼廊

妙手回廊

承德避暑山庄
万壑松风

之字曲折廊

楼廊　复廊

月牙廊平面　单廊

坡廊

各种廊、花架

| 图名 | 园林建筑施工概述（九） | 图号 | YL10-1（九） |

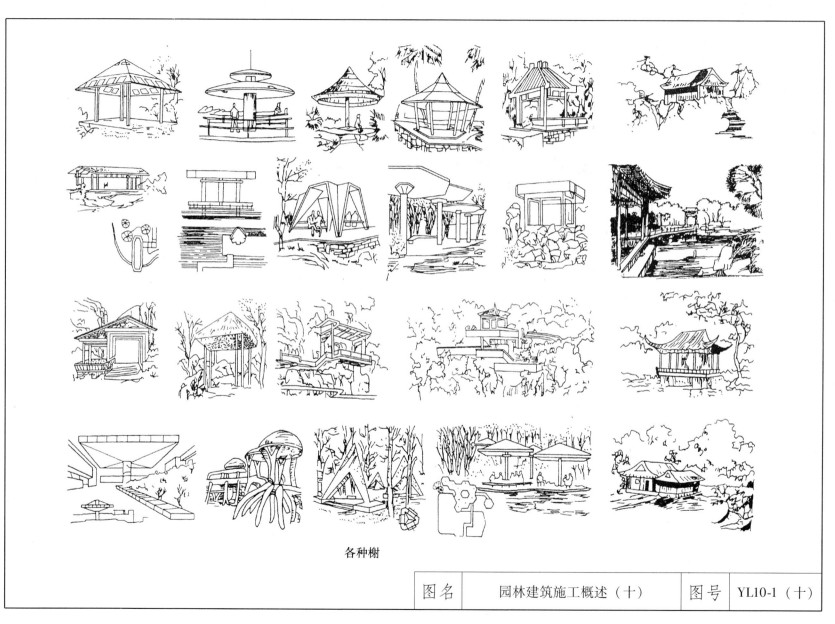

各种榭

| 图名 | 园林建筑施工概述（十） | 图号 | YL10-1（十） |

10.2 园林半亭的设计与施工

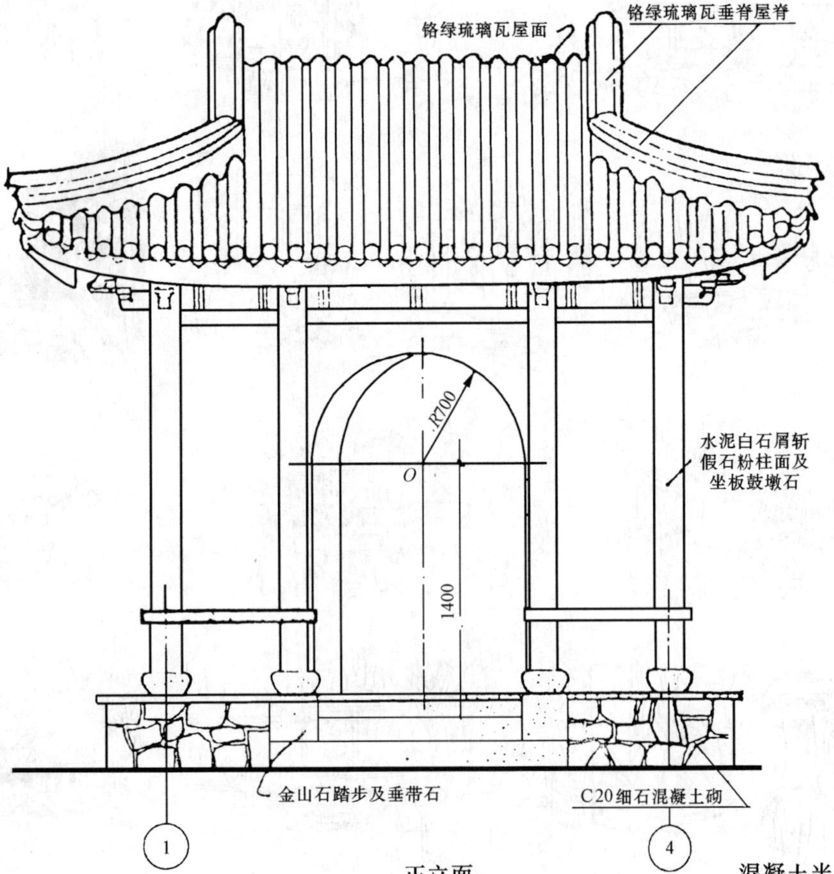

铬绿琉璃瓦屋面

铬绿琉璃瓦垂脊屋脊

R700

O

1400

水泥白石屑斩
假石粉柱面及
坐板鼓墩石

金山石踏步及垂带石

C20细石混凝土砌

① 正立面

④ 混凝土半亭设计与施工详图（一）

| 图名 | 混凝土半亭的设计与施工（一） | 图号 | YL10-2（一） |

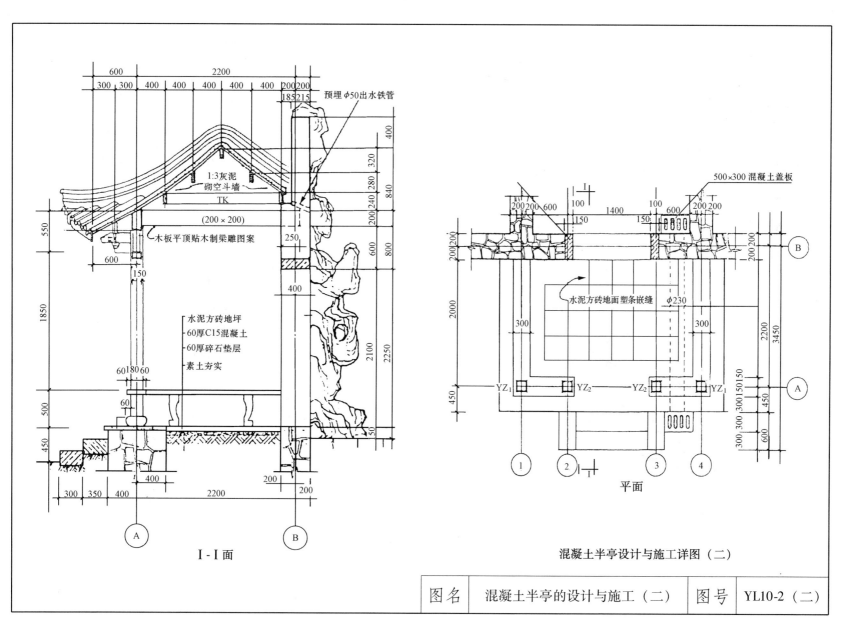

预埋 $\phi 50$ 出水铁管

1:3灰泥
砌空斗墙
TK

(200×200)

木板平顶贴木制梁雕图案

水泥方砖地坪
60厚C15混凝土
60厚碎石垫层
素土夯实

I - I 面

500×300 混凝土盖板

水泥方砖地面塑条嵌缝 $\phi 230$

YZ₁   YZ₂   YZ₂   YZ₁

平面

混凝土半亭设计与施工详图（二）

图名	混凝土半亭的设计与施工（二）	图号	YL10-2（二）

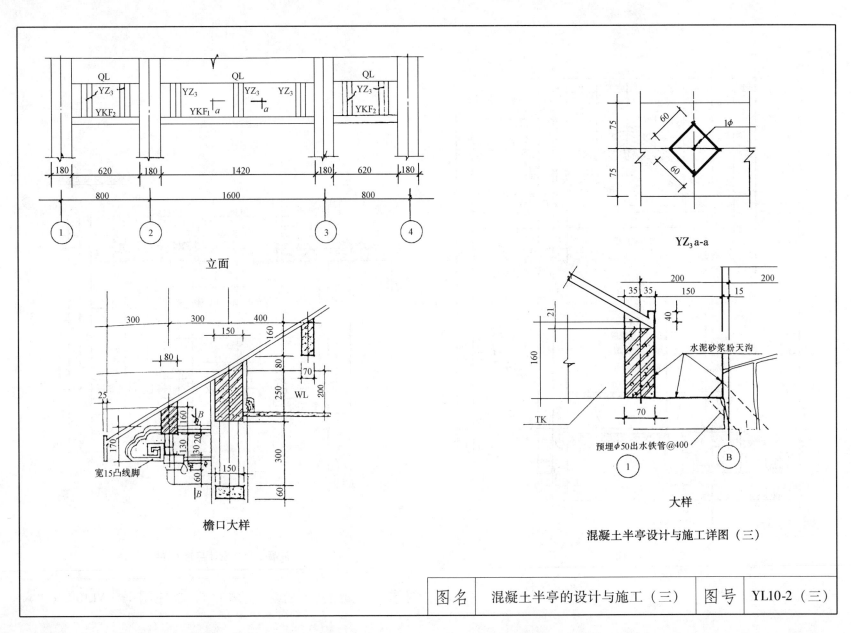

立面

YZ_3 a-a

檐口大样

大样

混凝土半亭设计与施工详图（三）

水泥砂浆粉天沟

预埋φ50出水铁管@400

宽15凸线脚

| 图名 | 混凝土半亭的设计与施工（三） | 图号 | YL10-2（三） |

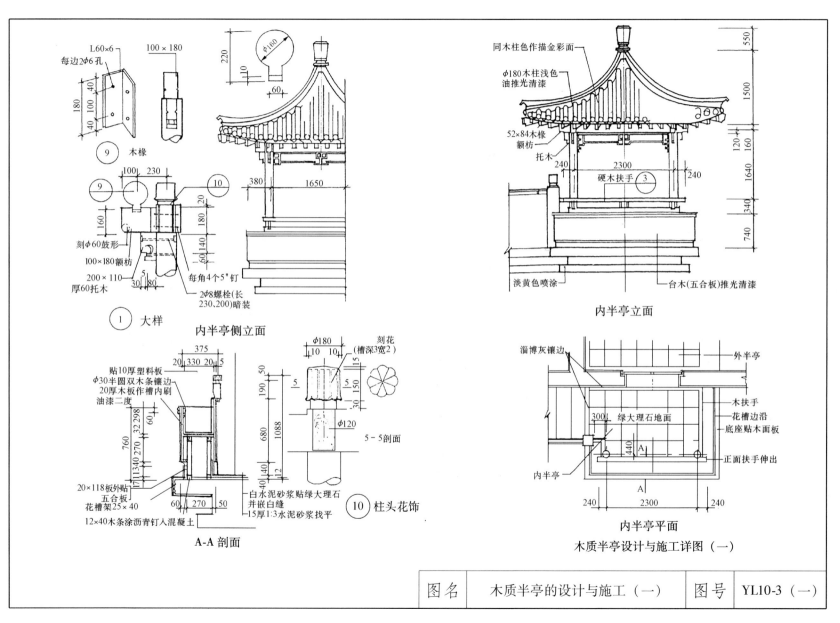

① 木橼

⑨ 大样

内半亭侧立面

L60×6
每边2φ6孔

100×180

φ160
220
60

刻φ60鼓形
100×180额枋
200×110
厚60托木
每角4个5"钉
2φ8螺栓(长
230、200)暗装

380   1650

A-A剖面

贴10厚塑料板
φ30半圆双木条镶边
20厚木板作槽内刷
油漆二度

20×118板外贴
五合板
花槽架25×40
12×40木条涂沥青钉入混凝土

白水泥砂浆贴绿大理石
并嵌白缝
15厚1:3水泥砂浆找平

φ180
刻花
(槽深3宽2)

φ120

5-5剖面

⑩ 柱头花饰

同木柱色作描金彩面

φ180木柱浅色
油推光清漆

52×84木橼
额枋
托木

硬木扶手 ③

2300
240   240

淡黄色喷涂

台木(五合板)推光清漆

550
1500
120
160
1640
340
740

内半亭立面

淄博灰镶边

外半亭

木扶手
花槽边沿
底座贴木面板
正面扶手伸出

绿大理石地面

内半亭

240   2300   240

内半亭平面

木质半亭设计与施工详图（一）

| 图名 | 木质半亭的设计与施工（一） | 图号 | YL10-3（一） |

341

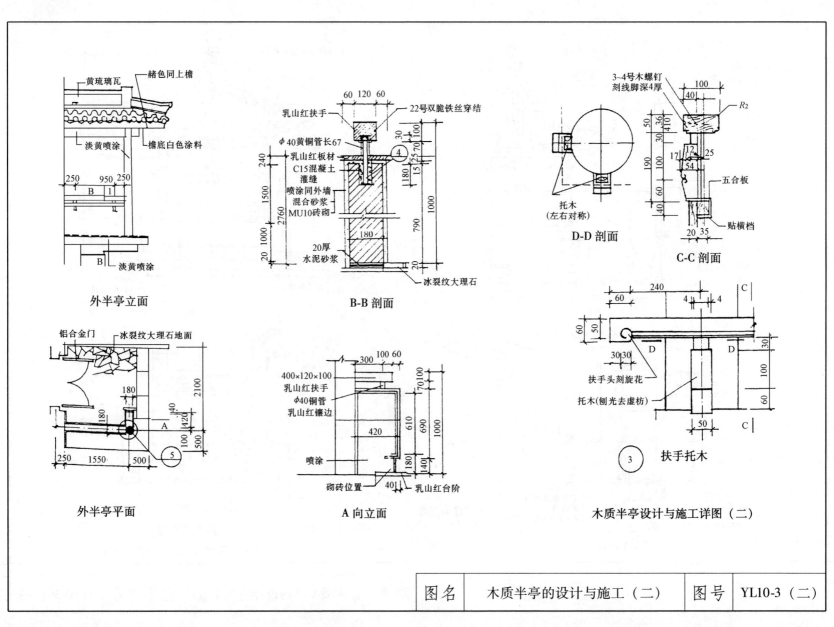

外半亭立面

黄琉璃瓦
赭色同上檐
淡黄喷涂
檐底白色涂料
250　950　250
B　1
B
淡黄喷涂

外半亭平面

铝合金门
冰裂纹大理石地面
180
180
180
40
120
100
500
2100
250　1550　500
5

B-B 剖面

60　120　60
乳山红扶手
22号双脆铁丝穿结
φ40黄铜管长67
乳山红板材
C15混凝土灌缝
喷涂同外墙
混合砂浆
MU10砖砌
20厚水泥砂浆
冰裂纹大理石
240
1500
2760
1000
20　1000
30
25　70　100
15　180
1000
790
180
20
4

A 向立面

300　100　60
400×120×100
乳山红扶手
φ40铜管
乳山红镶边
喷涂
砌砖位置
乳山红台阶
70　100
610
690
1000
420
180　140
40

D-D 剖面

托木
(左右对称)

C-C 剖面

3~4号木螺钉
刻线脚深4厚
R2
五合板
贴横档
100
40
50　36　410
30
190
17　12　25
54
60　40
20　35

扶手托木

扶手头刻旋花
托木(刨光去虚枋)
240
60
60　50
4　4
D　D
30
100
60
30　30
50
C
C
3

木质半亭设计与施工详图（二）

图名	木质半亭的设计与施工（二）	图号	YL10-3（二）

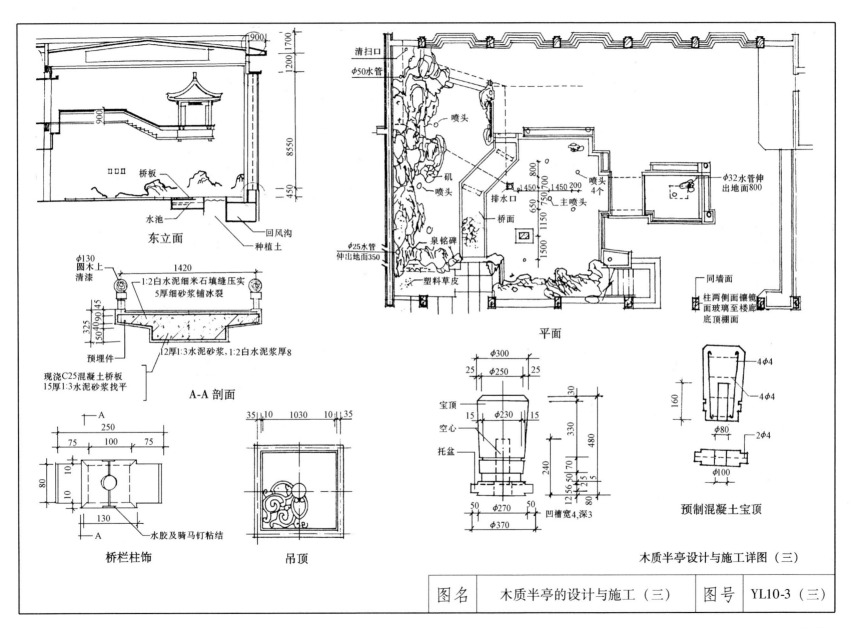

东立面

φ130
圆木上
清漆

1:2白水泥细米石填缝压实
5厚细砂浆铺冰裂

1420

325
45
40
90
150

预埋件

12厚1:3水泥砂浆,1:2白水泥浆厚8

现浇C25混凝土桥板
15厚1:3水泥砂浆找平

A-A剖面

清扫口
φ50水管

喷头

矶
喷头

排水口

桥面

泉铭碑

φ25水管
伸出地面350

塑料草皮

喷头
4个

主喷头

800
1450 750 1450 200
650
1150
1500
1500

φ32水管伸
出地面800

平面

同墙面

柱两侧面镶镜
面玻璃至楼廊
底顶棚面

A
250
75 100 75

80
10
10

130

水胶及骑马钉粘结

A

桥栏柱饰

35 10 1030 10 35

吊顶

φ300
25 φ250 25
φ230
15 15
宝顶
空心
托盆
30
330
480
240
12 56 50 70 25 5 80
50 φ270 50
φ370
凹槽宽4,深3

4φ4
4φ4
160
φ80
2φ4
φ100

预制混凝土宝顶

木质半亭设计与施工详图（三）

图名	木质半亭的设计与施工（三）	图号	YL10-3（三）

343

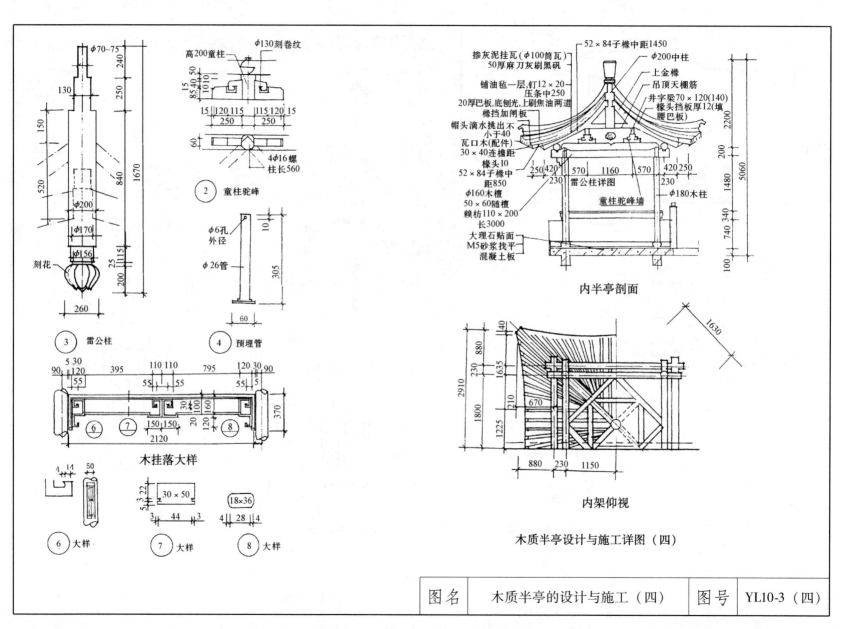

②童柱驼峰

③雷公柱

④预埋管

木挂落大样

⑥大样

⑦大样

⑧大样

内半亭剖面

内架仰视

木质半亭设计与施工详图（四）

| 图名 | 木质半亭的设计与施工（四） | 图号 | YL10-3（四） |

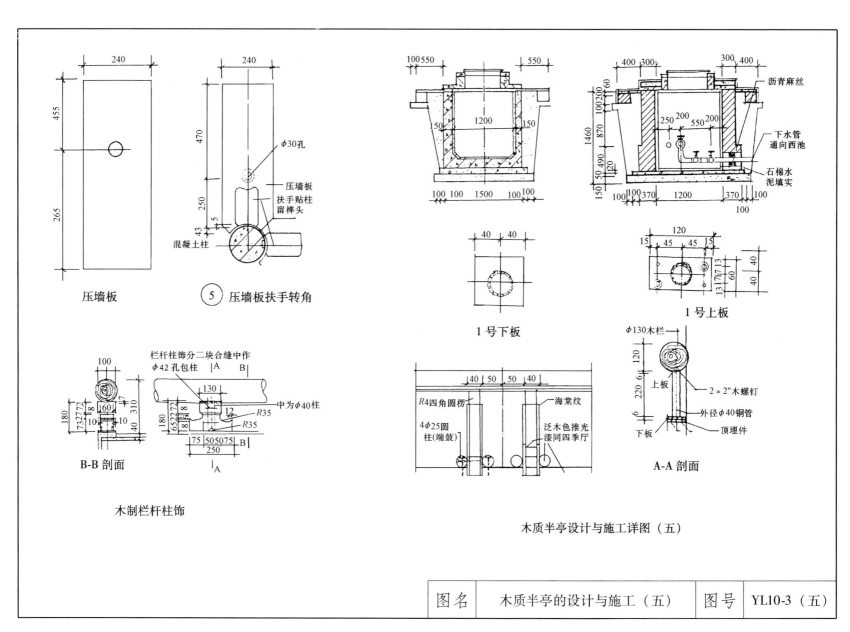

压墙板

⑤ 压墙板扶手转角

1号下板

1号上板

B-B剖面

木制栏杆柱饰

A-A剖面

木质半亭设计与施工详图（五）

图名	木质半亭的设计与施工（五）	图号	YL10-3（五）

10.3 园林方亭的设计与施工

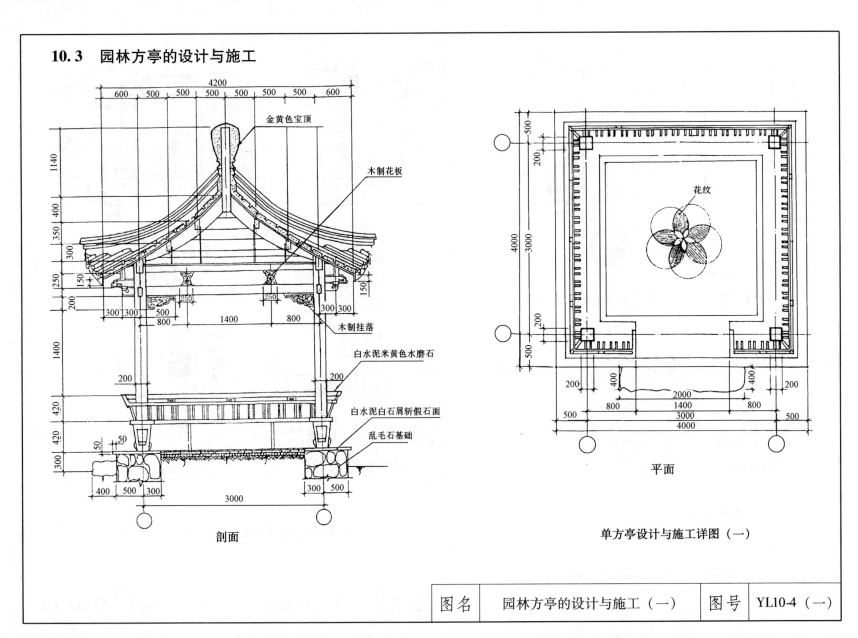

金黄色宝顶

木制花板

木制挂落

白水泥米黄色水磨石

白水泥白石屑斩假石面

乱毛石基础

剖面

花纹

平面

单方亭设计与施工详图（一）

图名	园林方亭的设计与施工（一）	图号	YL10-4（一）

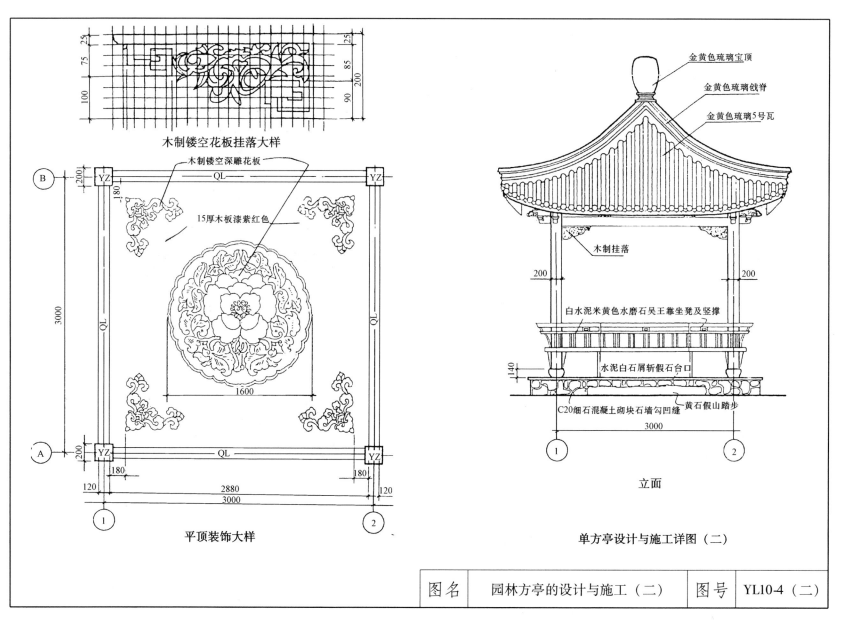

木制镂空花板挂落大样

木制镂空深雕花板

木制镂空花板

15厚木板漆紫红色

平顶装饰大样

金黄色琉璃宝顶

金黄色琉璃戗脊

金黄色琉璃5号瓦

木制挂落

白水泥米黄色水磨石吴王靠坐凳及竖撑

水泥白石屑斩假石台口

C20细石混凝土砌块石墙勾凹缝

黄石假山踏步

立面

单方亭设计与施工详图（二）

| 图名 | 园林方亭的设计与施工（二） | 图号 | YL10-4（二） |

347

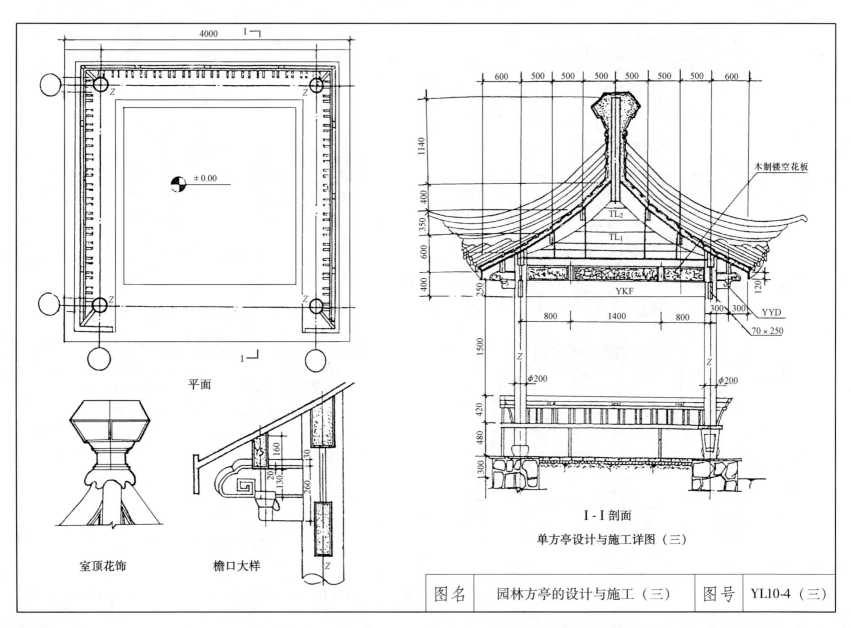

4000

I

Z · Z

± 0.00

Z · Z

I

平面

室顶花饰

檐口大样

160
20 130
130
260

Z

600 500 500 500 500 500 500 600

1140

400

350

600

400

250

1500

420

480

300

TL₂

TL₁

YKF

800 1400 800

300 300

70×250

φ200

φ200

木制镂空花板

YYD

I - I 剖面

单方亭设计与施工详图（三）

图名	园林方亭的设计与施工（三）	图号	YL10-4（三）

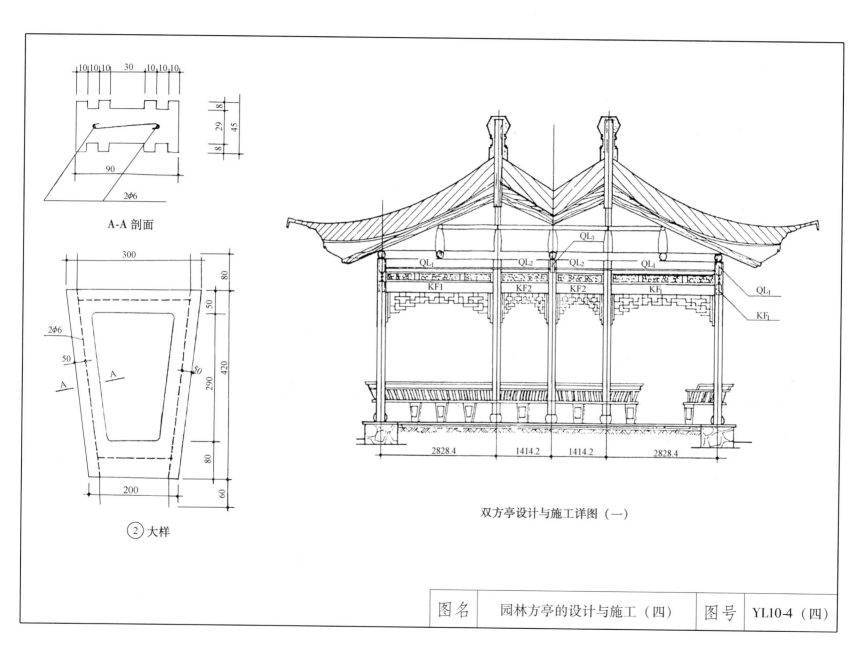

A-A 剖面

② 大样

双方亭设计与施工详图（一）

| 图名 | 园林方亭的设计与施工（四） | 图号 | YL10-4（四） |

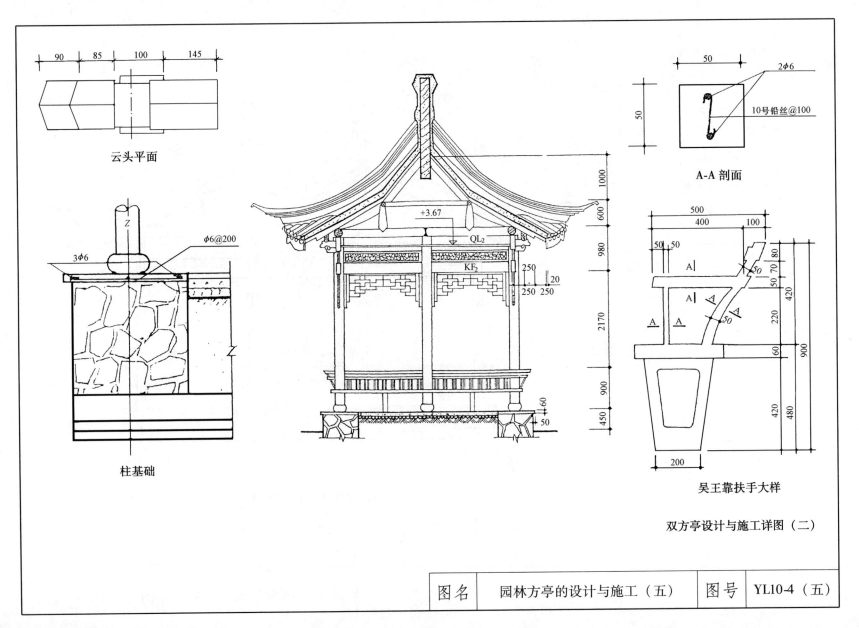

云头平面

柱基础

$\phi6@200$

$3\phi6$

Z

A-A 剖面

$2\phi6$

10号铅丝@100

50

50

吴王靠扶手大样

+3.67

QL₂

KF₂

双方亭设计与施工详图（二）

图名	园林方亭的设计与施工（五）	图号	YL10-4（五）

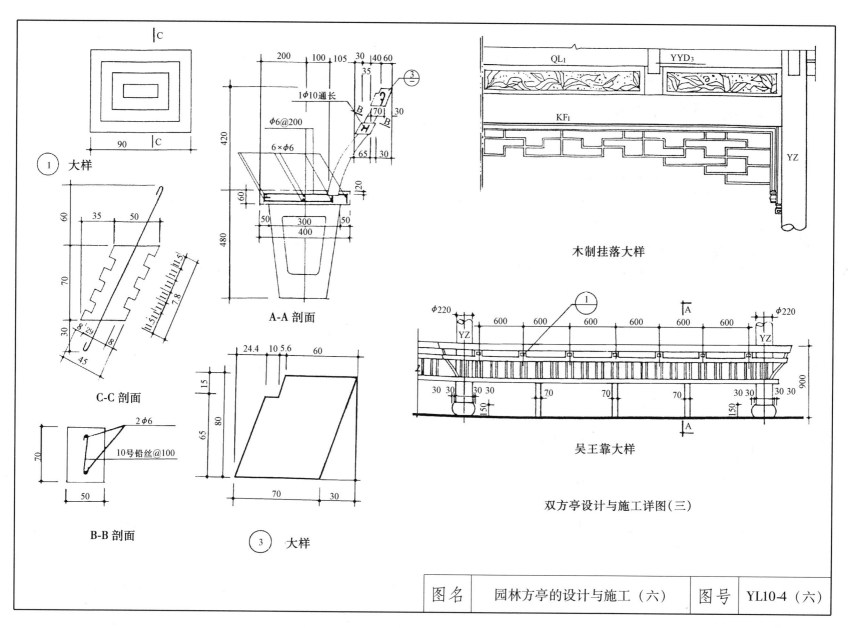

① 大样

C-C 剖面

B-B 剖面

A-A 剖面

③ 大样

木制挂落大样

双方亭设计与施工详图(三)

吴王靠大样

图名	园林方亭的设计与施工（六）	图号	YL10-4（六）

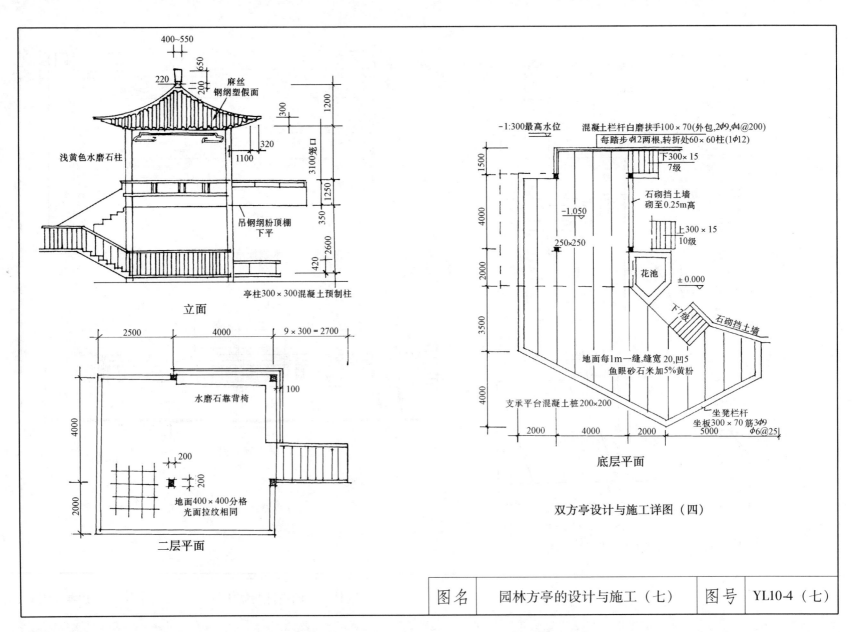

400~550

650

200

220

麻丝
钢纲塑假面

浅黄色水磨石柱

300

1200

320

3100凳口

1100

350

1250

吊钢纲粉顶棚
下平

2600

420

亭柱300×300混凝土预制柱

立面

2500   4000   9×300=2700

100

水磨石靠背椅

4000

200
200
200

2000

地面400×400分格
光面拉纹相同

二层平面

-1:300最高水位   混凝土栏杆白磨扶手100×70(外包,2φ9,φ4@200)
每踏步φ12两根,转折处60×60柱(1φ12)

1500

下300×15
7级

4000

石砌挡土墙
砌至0.25m高

-1.050

上300×15
10级

2000

250×250

花池

±0.000

3500

下7级

石砌挡土墙

地面每1m一缝,缝宽20,凹5
鱼眼砂石米加5%黄粉

4000

支承平台混凝土桩200×200

坐凳栏杆
坐板300×70筋3φ9
φ6@25

2000   4000   2000
5000

底层平面

双方亭设计与施工详图（四）

| 图名 | 园林方亭的设计与施工（七） | 图号 | YL10-4（七） |

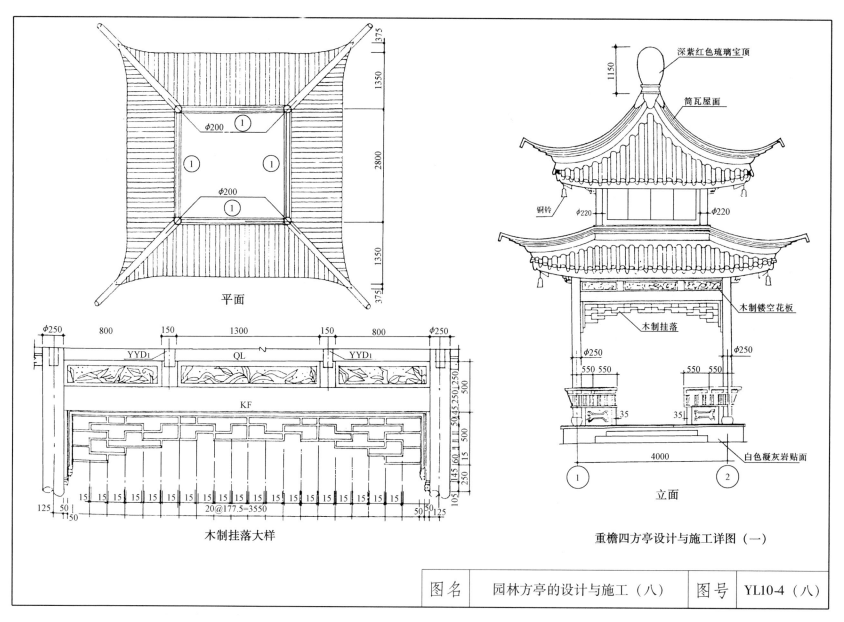

平面

$\phi200$
$\phi200$

375
1350
2800
1350
375

深紫红色琉璃宝顶

筒瓦屋面

铜铃

$\phi220$ $\phi220$

1150

木制镂空花板

木制挂落

$\phi250$ $\phi250$

550 550   550 550

35   35

4000

白色凝灰岩贴面

立面

重檐四方亭设计与施工详图（一）

$\phi250$ 800   150   1300   150   800 $\phi250$

YYD₁   QL   YYD₁

KF

500
50 45 250 250
500
145 60 15
250
105

15 15 15 15 15 15 15 15 15 15 15 15 15 15 15 15 15 15 15

20@177.5=3550

125 50   50   50 50 125
50   125

木制挂落大样

<table>
<tr><td>图名</td><td>园林方亭的设计与施工（八）</td><td>图号</td><td>YL10-4（八）</td></tr>
</table>

353

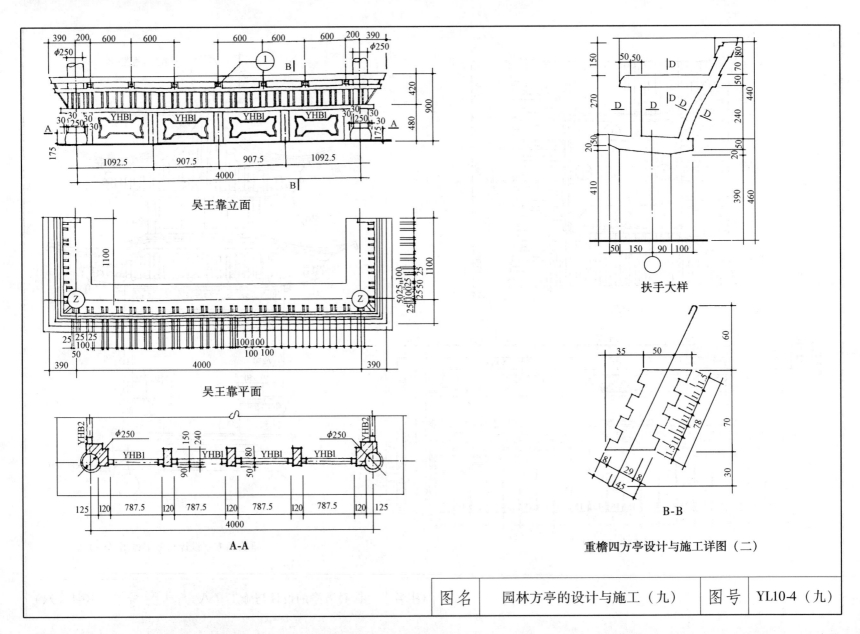

吴王靠立面

吴王靠平面

A-A

扶手大样

B-B

重檐四方亭设计与施工详图（二）

| 图名 | 园林方亭的设计与施工（九） | 图号 | YL10-4（九） |

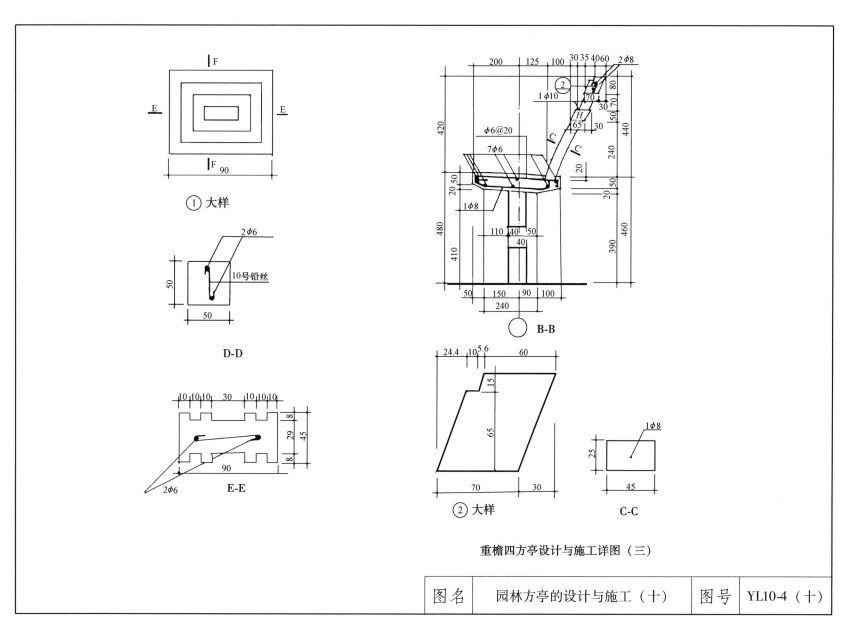

① 大样

D-D

E-E

B-B

② 大样

C-C

重檐四方亭设计与施工详图（三）

| 图名 | 园林方亭的设计与施工（十） | 图号 | YL10-4（十） |

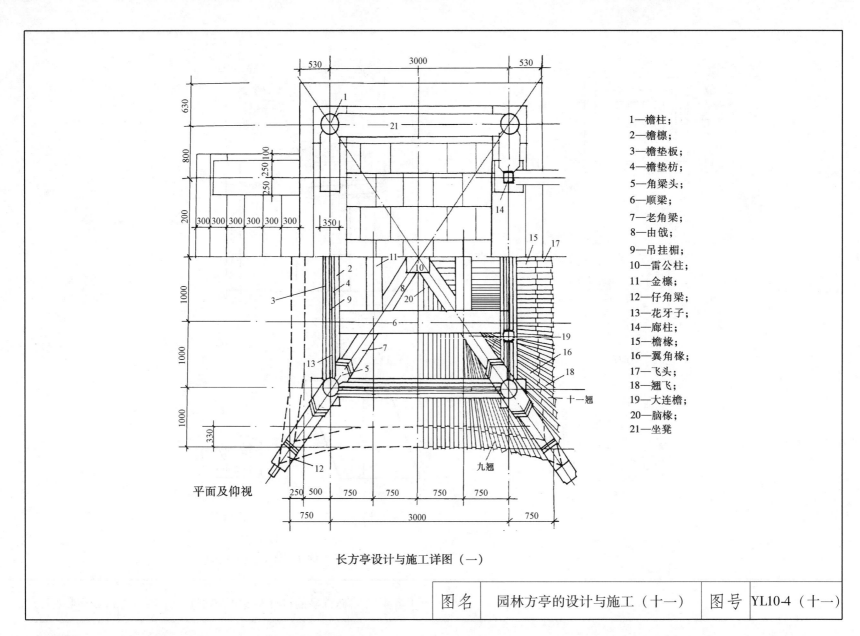

长方亭设计与施工详图（一）

平面及仰视

1—檐柱；
2—檐檩；
3—檐垫板；
4—檐垫枋；
5—角梁头；
6—顺梁；
7—老角梁；
8—由戗；
9—吊挂楣；
10—雷公柱；
11—金檩；
12—仔角梁；
13—花牙子；
14—廊柱；
15—檐椽；
16—翼角椽；
17—飞头；
18—翘飞；
19—大连檐；
20—脑椽；
21—坐凳

九翘

十一翘

| 图名 | 园林方亭的设计与施工（十一） | 图号 | YL10-4（十一） |

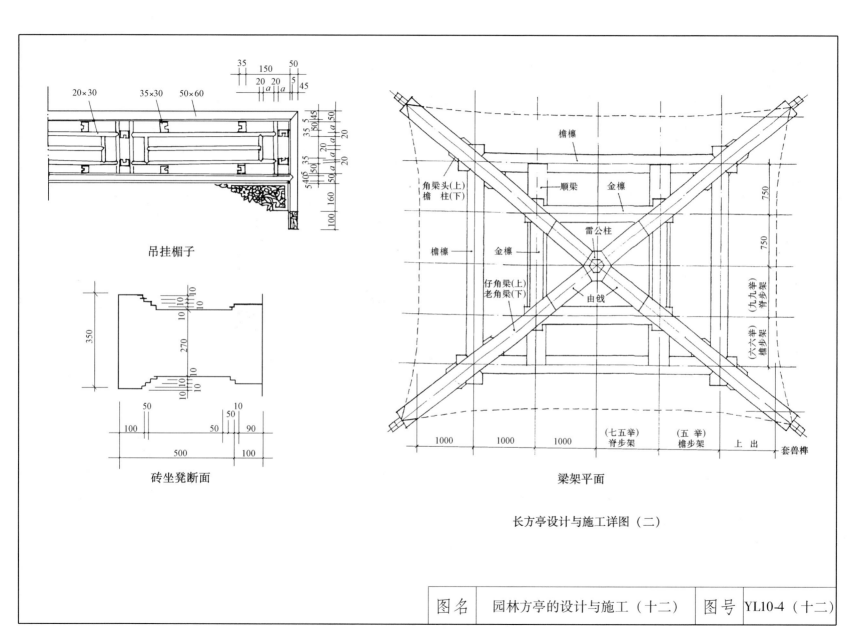

吊挂楣子

砖坐凳断面

长方亭设计与施工详图（二）

梁架平面

| 图名 | 园林方亭的设计与施工（十二） | 图号 | YL10-4（十二） |

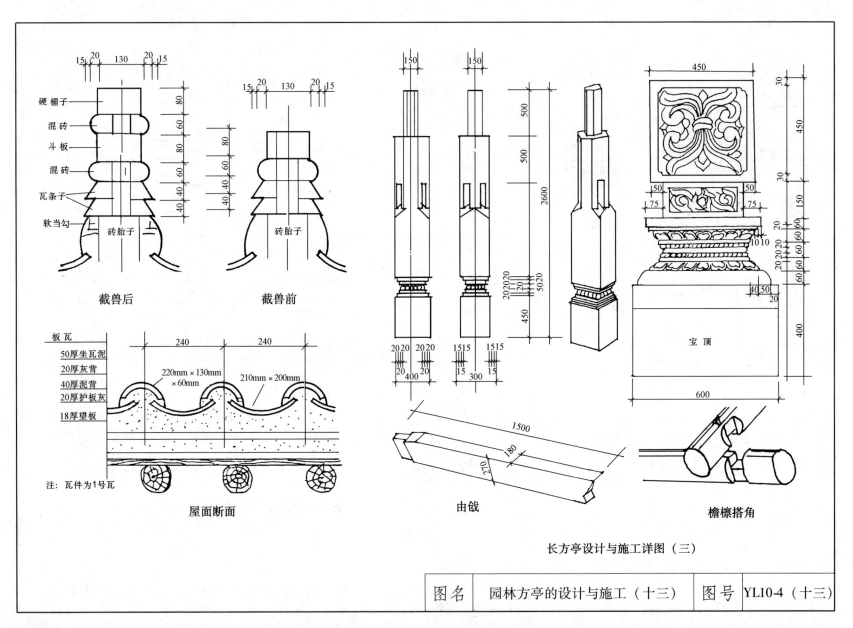

硬椹子
混砖
斗板
混砖
瓦条子
软当勾
砖胎子

15 20 130 20 15
80
60
80
60
40 40 40

截兽后

15 20 130 20 15
80
60
40 40

砖胎子

截兽前

板瓦
50厚坐瓦泥
20厚灰背
40厚泥背
20厚护板灰
18厚望板

240 240

220mm×130mm ×60mm
210mm×200mm

注: 瓦件为1号瓦

屋面断面

150 150
500
500
2600
20 20 5020
450
20 20 20 20
400 300
15 15 15 15
15 15

宝顶

450
450
150
400
600

1500
180
270

由戗

檐檩搭角

长方亭设计与施工详图（三）

图名	园林方亭的设计与施工（十三）	图号	YL10-4（十三）

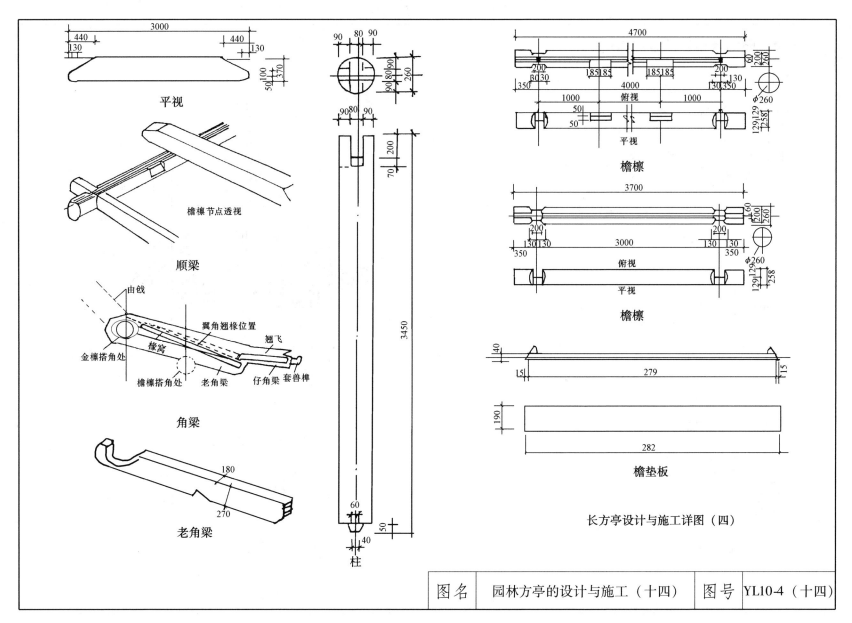

平视

檐檩节点透视

顺梁

角梁

老角梁

檐檩

檐檩

俯视

平视

俯视

平视

檐垫板

长方亭设计与施工详图（四）

由戗

翼角翘椽位置

翘飞

橡窝

金檩搭角处

檐檩搭角处

老角梁

仔角梁

套兽榫

柱

| 图名 | 园林方亭的设计与施工（十四） | 图号 | YL10-4（十四） |

10.4 园林六角亭的设计与施工

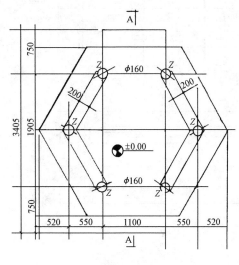

平面

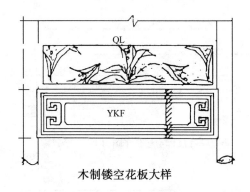

木制镂空花板大样

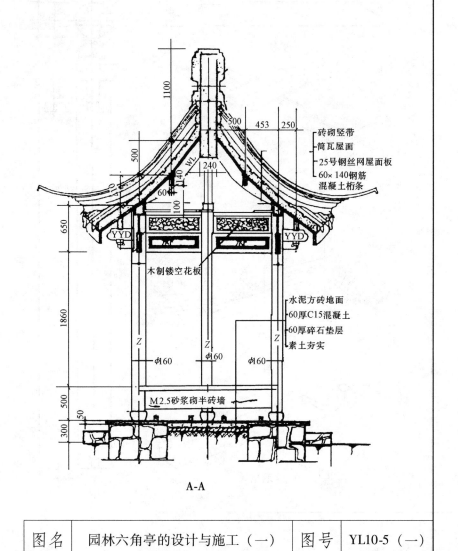

A-A

砖砌竖带
筒瓦屋面
25号钢丝网屋面板
60×140钢筋混凝土桁条

木制镂空花板

水泥方砖地面
60厚C15混凝土
60厚碎石垫层
素土夯实

M2.5砂浆砌半砖墙

图名	园林六角亭的设计与施工（一）	图号	YL10-5（一）

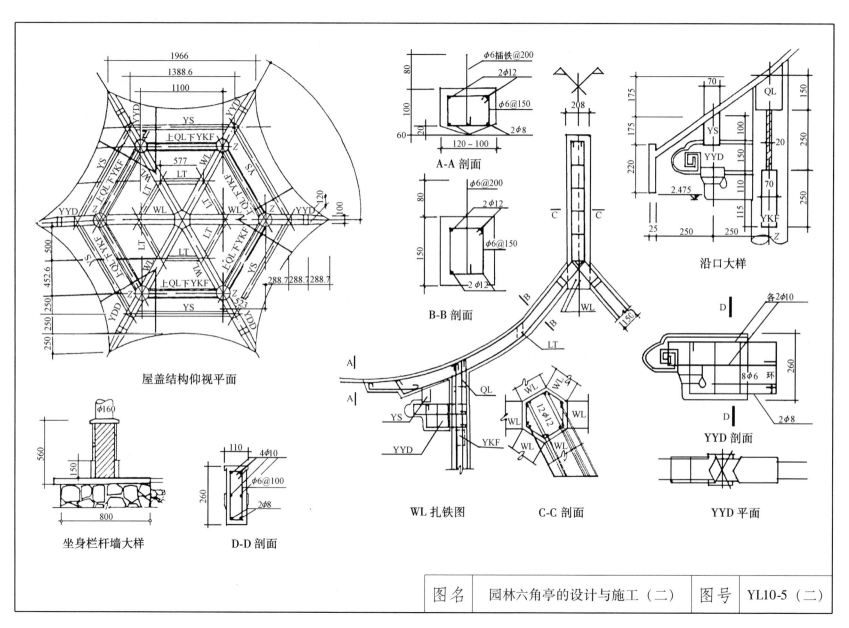

屋盖结构仰视平面

A-A 剖面

B-B 剖面

沿口大样

坐身栏杆墙大样

D-D 剖面

WL 扎铁图

C-C 剖面

YYD 剖面

YYD 平面

| 图名 | 园林六角亭的设计与施工（二） | 图号 | YL10-5（二） |

361

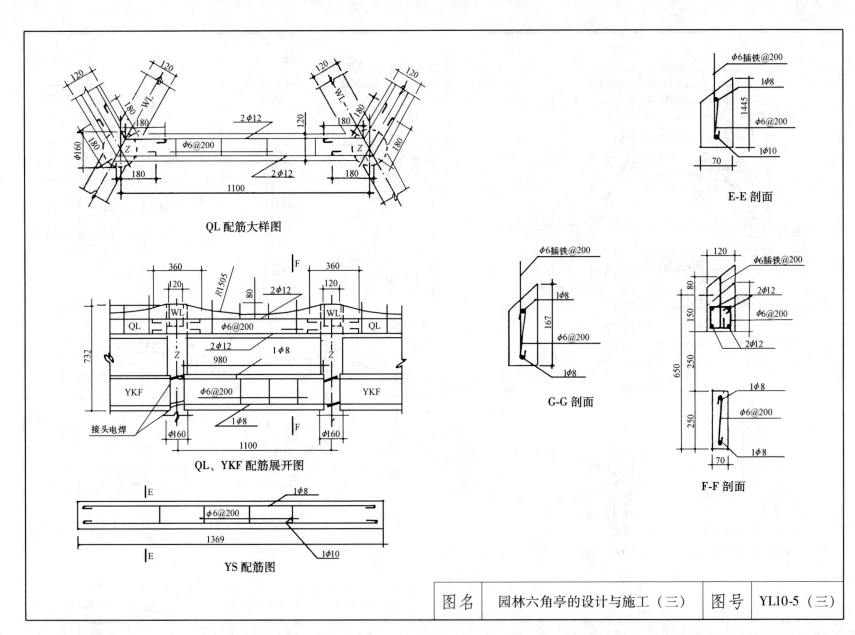

QL 配筋大样图

E-E 剖面

QL、YKF 配筋展开图

接头电焊

G-G 剖面

F-F 剖面

YS 配筋图

| 图名 | 园林六角亭的设计与施工（三） | 图号 | YL10-5（三） |

362

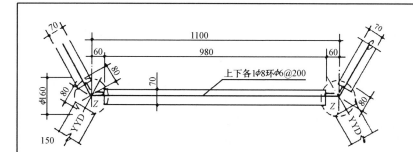

YKF 配筋平面图

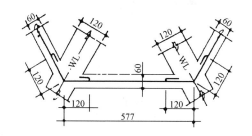

LT 配筋平面图

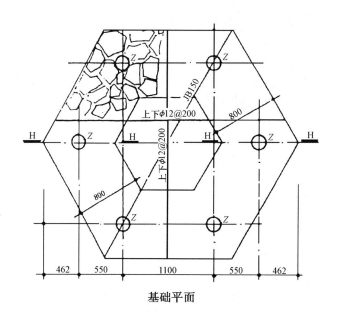

基础平面

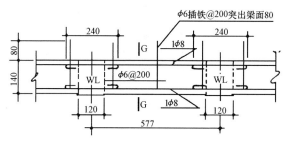

LT 配筋展开图

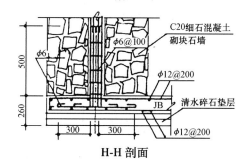

H-H 剖面

图名	园林六角亭的设计与施工（四）	图号	YL10-5（四）

10.5 园林八角亭的设计与施工

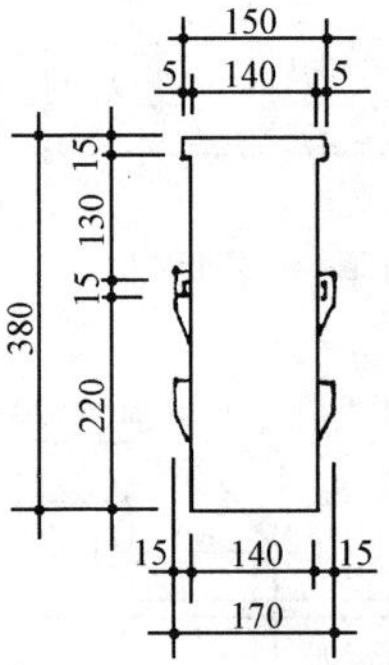

A-A 剖面

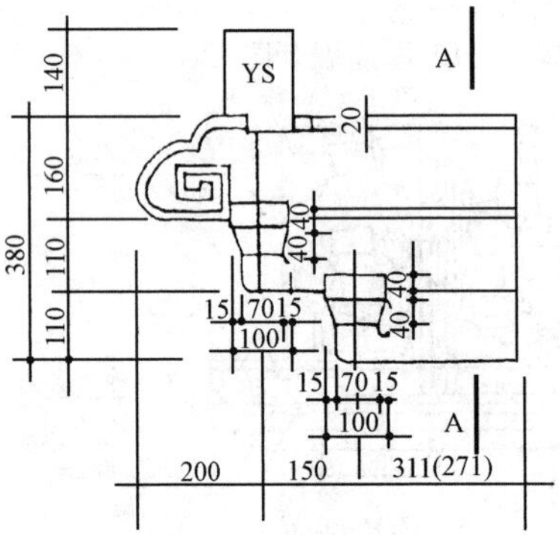

150
5 140 5
380
15 130 15
15
220
15 140 15
170

云头立面

140
160
380 110
110
YS
20
40 40
40 40
15 70 15
100
15 70 15
100
200 150 311(271)

金黄色琉璃宝顶

金黄色琉璃戗脊

琉璃瓦屋面

1353 1913.4 1 1353
4619.4
φ280 φ280 φ280 φ280

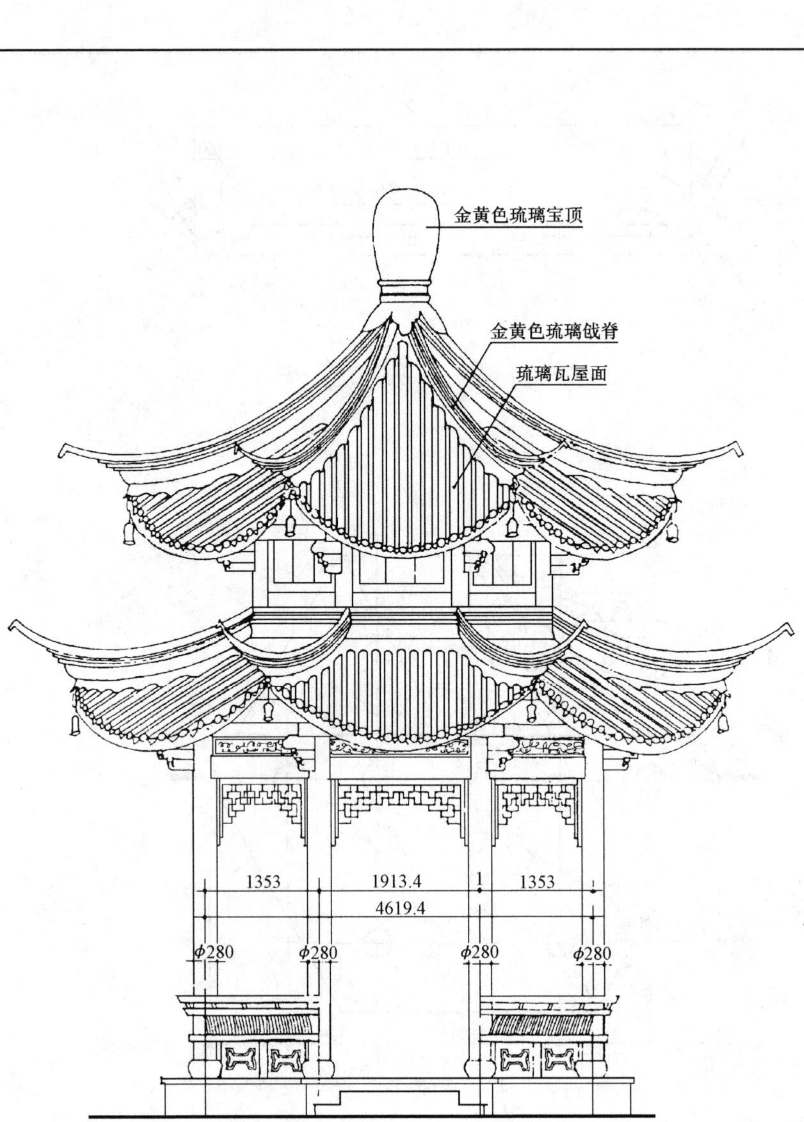

图名	园林八角亭的设计与施工（一）	图号	YL10-6（一）

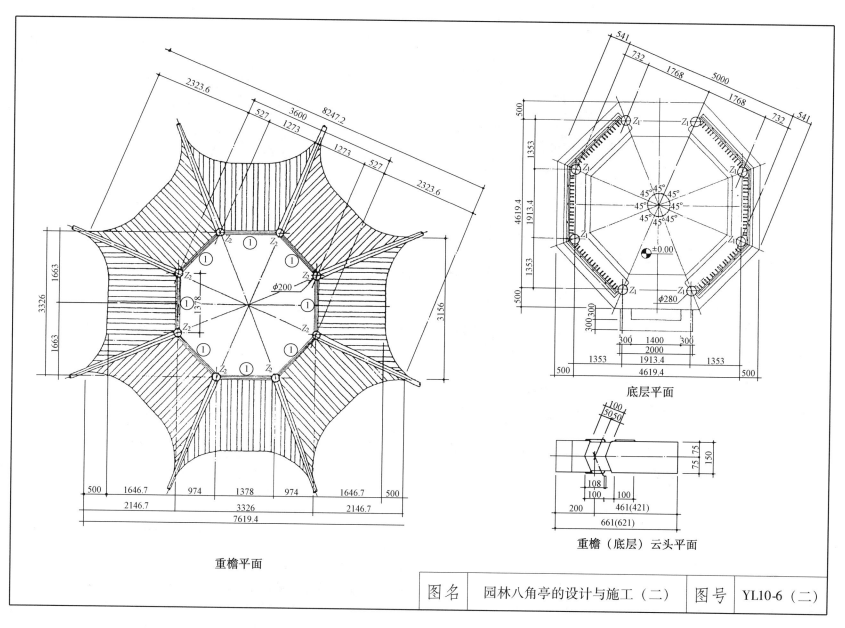

重檐平面

底层平面

重檐（底层）云头平面

| 图名 | 园林八角亭的设计与施工（二） | 图号 | YL10-6（二） |

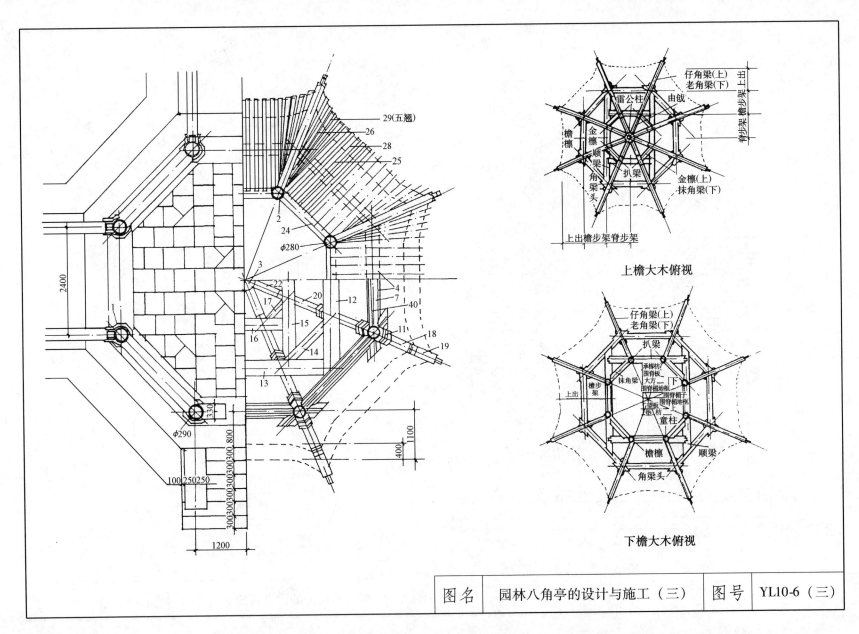

仔角梁（上）
老角梁（下）
29(五翘)
26
28
25
雷公柱
由戗
2
24
φ280
檐檩
金檩
顺梁
扒梁
金檩（上）
抹角梁（下）
3
22
20
17
12
4
7
40
15
11
18
16
14
19
13

2400
φ290
330
1200
1100
400
800 300 300 300 300 300 300
100 250 250

上出檐步架脊步架
上檐大木俯视

仔角梁（上）
老角梁（下）
扒梁
承椽枋
围脊板
大方
抹角梁（下）
围脊槛地框
围脊槛子
围脊槛地框
望板
椽
顺梁
童柱
檐步架
上出
檐檩
角梁头

下檐大木俯视

图名	园林八角亭的设计与施工（三）	图号	YL10-6（三）

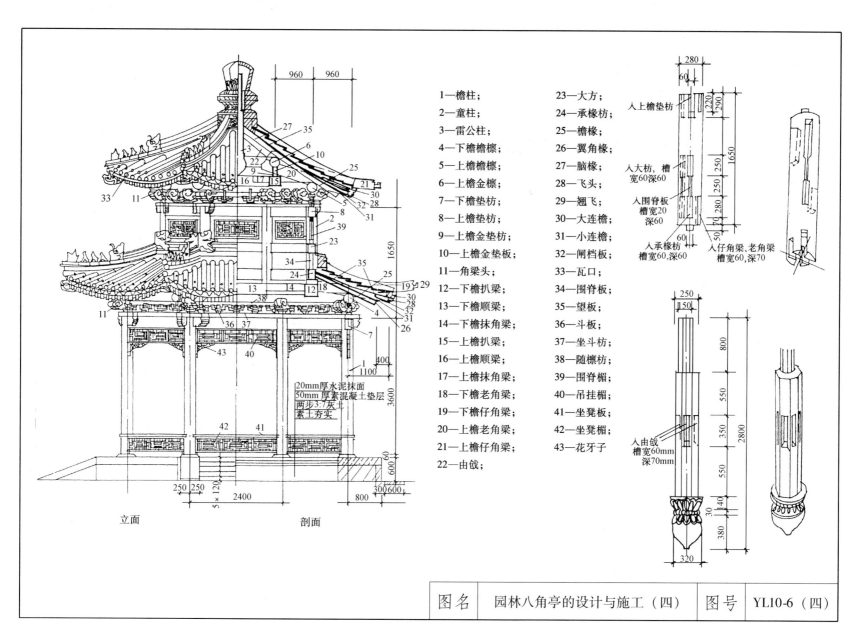

1—檐柱；
2—童柱；
3—雷公柱；
4—下檐檐檩；
5—上檐檐檩；
6—上檐金檩；
7—下檐垫枋；
8—上檐垫枋；
9—上檐金垫枋；
10—上檐金垫板；
11—角梁头；
12—下檐扒梁；
13—下檐顺梁；
14—下檐抹角梁；
15—上檐扒梁；
16—上檐顺梁；
17—上檐抹角梁；
18—下檐老角梁；
19—下檐仔角梁；
20—上檐老角梁；
21—上檐仔角梁；
22—由戗；

23—大方；
24—承椽枋；
25—檐椽；
26—翼角椽；
27—脑椽；
28—飞头；
29—翘飞；
30—大连檐；
31—小连檐；
32—闸档板；
33—瓦口；
34—围脊板；
35—望板；
36—斗板；
37—坐斗枋；
38—随檩枋；
39—围脊楣；
40—吊挂楣；
41—坐凳板；
42—坐凳楣；
43—花牙子

入上檐垫枋

入大枋，槽宽60深60

入围脊板槽宽20深60

入承椽枋槽宽60,深60

入仔角梁，老角梁槽宽60,深70

入由戗槽宽60mm深70mm

| 图名 | 园林八角亭的设计与施工（四） | 图号 | YL10-6（四） |

367

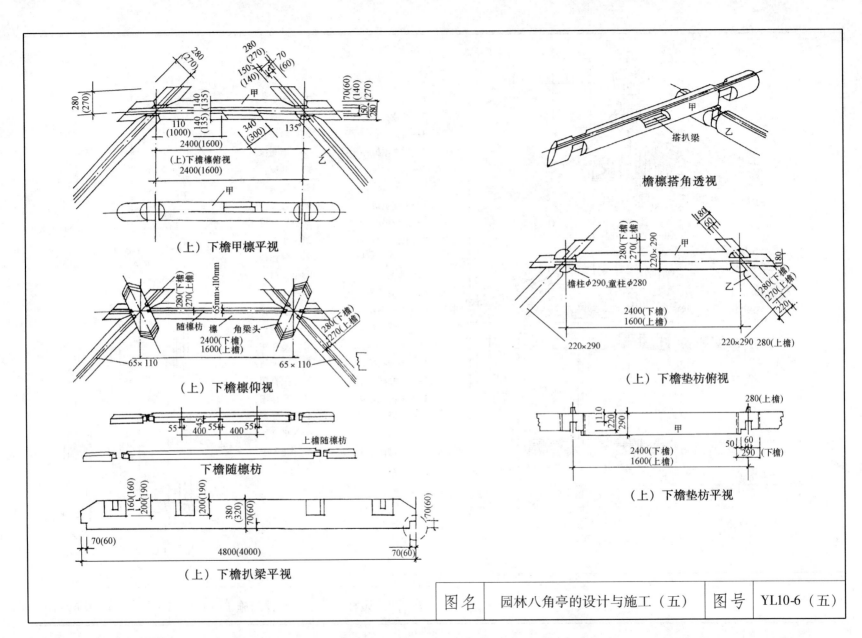

（上）下檐甲檩平视

檐檩搭角透视

（上）下檐檩仰视

（上）下檐垫枋俯视

下檐随檩枋

（上）下檐垫枋平视

（上）下檐扒梁平视

图名	园林八角亭的设计与施工（五）	图号	YL10-6（五）

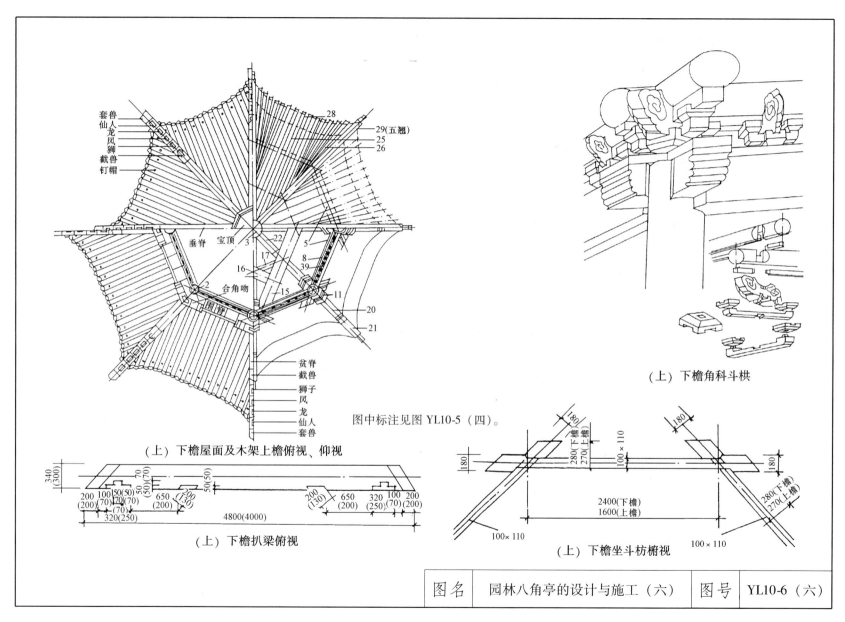

套兽
仙人
龙
凤
狮
截兽
钉帽

28

29(五翘)
25
26

1

垂脊 宝顶 3 22 5

17 8
16 39

2 合角吻
围脊 15
11

20

21

贫脊
截兽
狮子
凤
龙
仙人
套兽

图中标注见图 YL10-5（四）。

（上）下檐屋面及木架上檐俯视、仰视

（上）下檐角科斗栱

340
(300)

70
50(70)
50(70)
70
200
(200)
100
50(50)
70(70)
650
(200)
200
(130)
50(50)
200
(130)
650
(200)
320
(250)
100
(70)
200
(200)

320
(250)
4800(4000)

（上）下檐扒梁俯视

180

280(下檐)
270(上檐)
100×110

180

180

2400(下檐)
1600(上檐)

280(下檐)
270(上檐)

100×110
100×110

（上）下檐坐斗枋俯视

| 图名 | 园林八角亭的设计与施工（六） | 图号 | YL10-6（六） |

10.6 园林廊的设计与施工

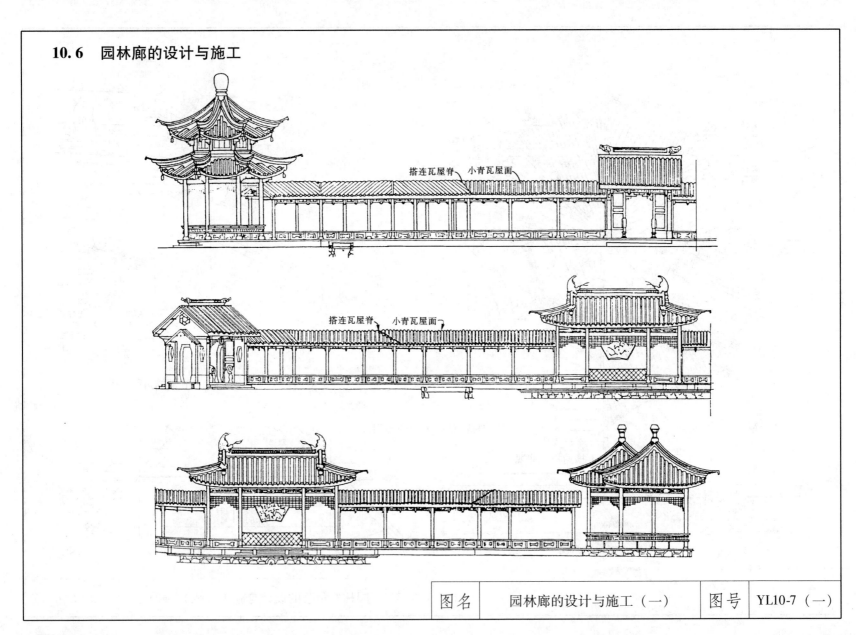

搭连瓦屋脊　小青瓦屋面

搭连瓦屋脊　小青瓦屋面

| 图名 | 园林廊的设计与施工（一） | 图号 | YL10-7（一） |

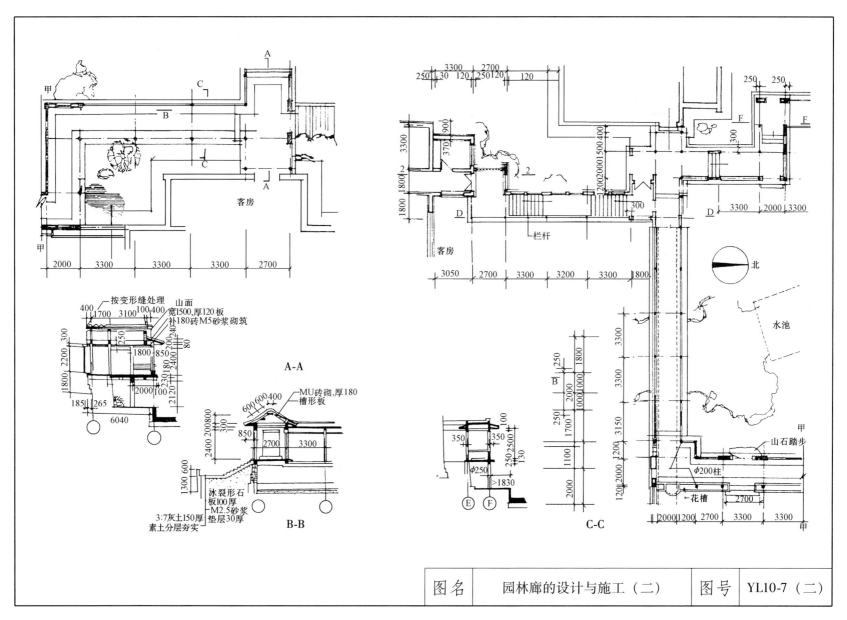

客房

甲

按变形缝处理　山面
宽1500,厚120板
补180砖M5砂浆砌筑

A-A

MU砖砌,厚180
槽形板

B-B

冰裂形石板100厚
M2.5砂浆
垫层30厚
3:7灰土150厚
素土分层夯实

C-C

栏杆

客房

北

水池

甲

山石踏步

φ200柱

花槽

甲

| 图名 | 园林廊的设计与施工（二） | 图号 | YL10-7（二） |

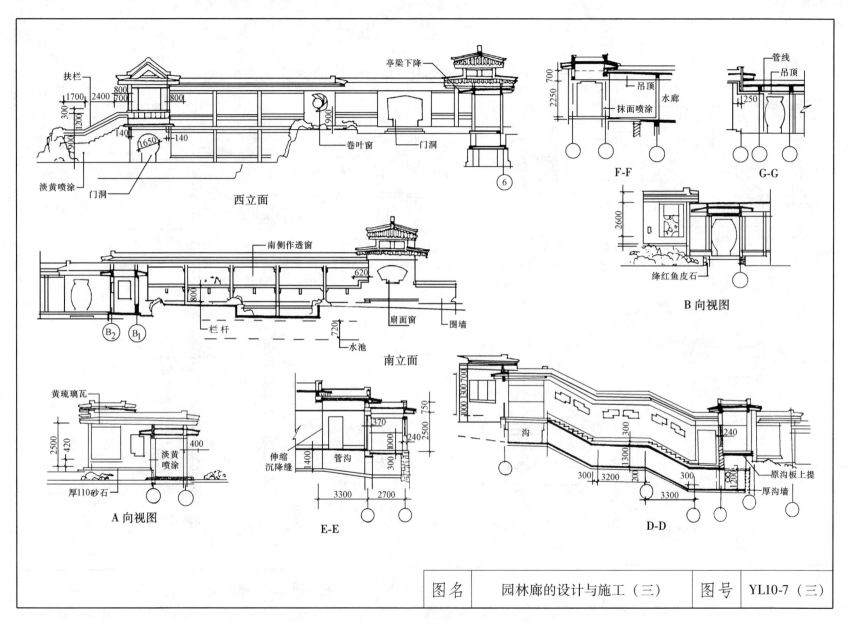

扶栏
1700
2400
800
700
300
1200
800
140
1650
140
淡黄喷涂
门洞
门洞

亭梁下降
卷叶窗
门洞
900
6

西立面

南侧作透窗
620
800
栏 杆
720
扇面窗
围墙
水池
B₂ B₁

南立面

黄琉璃瓦
2500
420
400
淡黄
喷涂
厚110砂石

A 向视图

700
2250
吊顶
水廊
抹面喷涂

F-F

管线
吊顶
250

G-G

2600
绛红鱼皮石

B 向视图

750
370
2500
240
2500
1000
300
伸缩
沉降缝
管沟
1400
3300
2700

E-E

沟
1000
1300
700
300
1300
300
1300
300
200
240
300
3200
200
300
原沟板上提
300
3300
厚沟墙

D-D

| 图名 | 园林廊的设计与施工（三） | 图号 | YL10-7（三） |

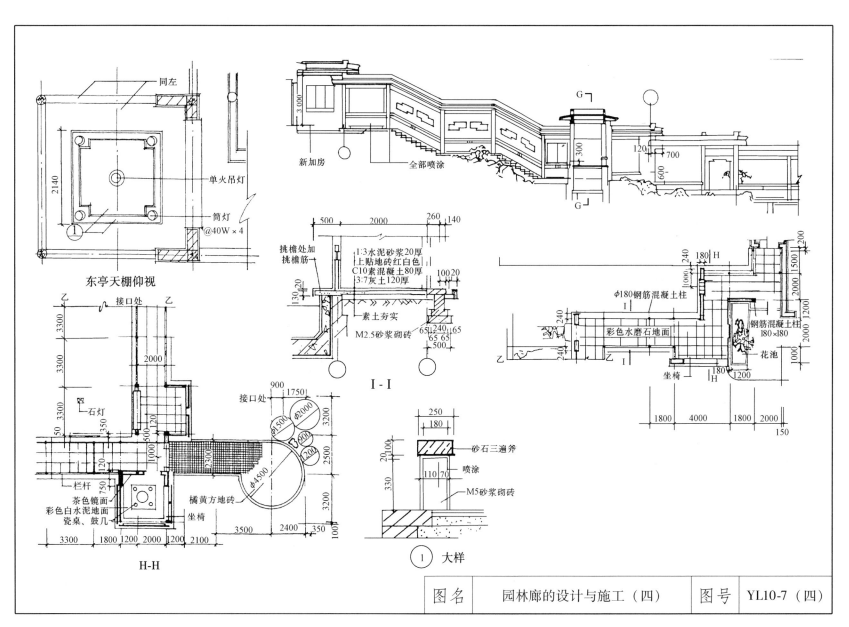

东亭天棚仰视

同左

单火吊灯

筒灯
@40W×4

2140

接口处

乙

石灯

栏杆

茶色镜面
彩色白水泥地面
瓷桌、鼓几

坐椅

橘黄方地砖

H-H

挑檐处加
挑檐筋

1:3水泥砂浆20厚
上贴地砖红白色
C10素混凝土80厚
3:7灰土120厚

素土夯实

M2.5砂浆砌砖

I - I

新加房

全部喷涂

φ180钢筋混凝土柱

彩色水磨石地面

坐椅

钢筋混凝土柱
180×180

花池

砂石三遍斧

喷涂

M5砂浆砌砖

① 大样

| 图名 | 园林廊的设计与施工（四） | 图号 | YL10-7（四） |

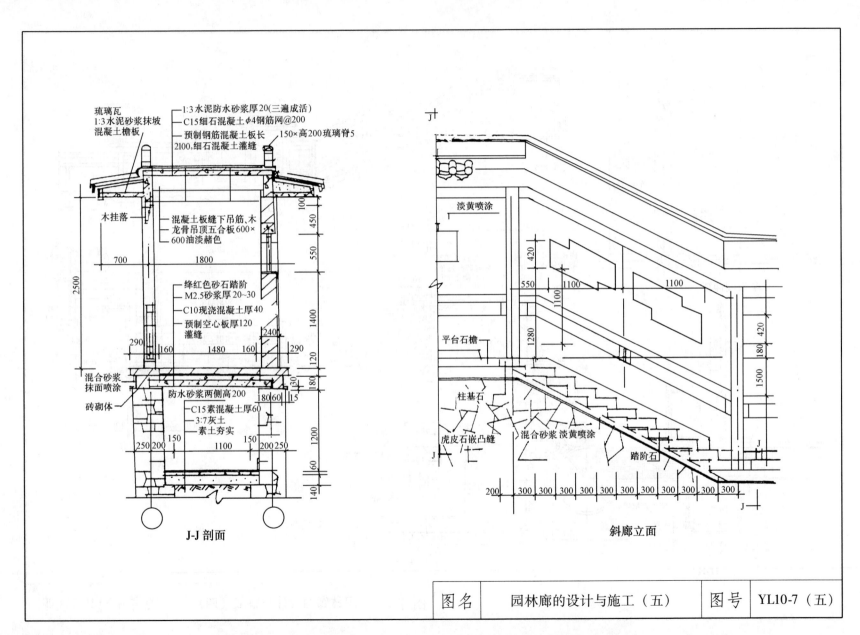

琉璃瓦
1:3水泥砂浆抹坡
混凝土檐板

1:3水泥防水砂浆厚20(三遍成活)
C15细石混凝土φ4钢筋网@200
预制钢筋混凝土板长   150×高200琉璃脊5
2100,细石混凝土灌缝

木挂落

混凝土板缝下吊筋,木
龙骨吊顶五合板600×
600油淡赭色

绛红色砂石踏阶
M2.5砂浆厚20~30
C10现浇混凝土厚40
预制空心板厚120
灌缝

混合砂浆
抹面喷涂

砖砌体

防水砂浆两侧高200
C15素混凝土厚60
3:7灰土
素土夯实

2500

700   1800

290   160   1480   160   240   290

250 200   1100   150 200 250

100
450
550
1400
120
180
1200
60
140

180 60 15

J-J剖面

淡黄喷涂

平台石檐

柱基石

虎皮石嵌凸缝

混合砂浆 淡黄喷涂

踏阶石

420
550 1100   1100
1280
1100
420
180
1500

200 300 300 300 300 300 300 300 300 300 300 300

斜廊立面

| 图名 | 园林廊的设计与施工（五） | 图号 | YL10-7（五） |

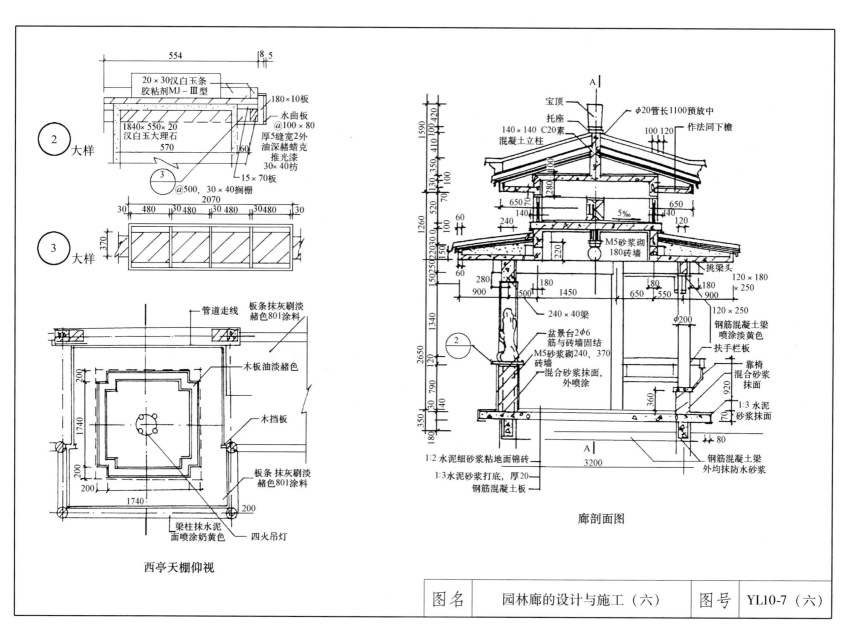

②大样

20×30汉白玉条
胶粘剂MJ-Ⅲ型

554   8 5

180×10板

水曲板

1840×550×20
汉白玉大理石
570

厚5缝宽2外
油深赭蜡克
推光漆

30×40枋

15×70板

③

@500，30×40捆栅

③大样

2070
30 480 30 480 30 480 30480 30

370

板条抹灰刷淡
赭色801涂料

管道走线

木板油淡赭色

木挡板

200
1740
200

板条抹灰刷淡
赭色801涂料

200   1740   200

梁柱抹水泥
面喷涂奶黄色

四火吊灯

西亭天棚仰视

廊剖面图

宝顶

托座

φ20管长1100预放中

140×140 C20素
混凝土立柱

作法同下檐

100 120

100 420
130 350 410
130 100
520
70

280

5‰

650 70
140

650
140
120

1590

1260

240

220

M5砂浆砌
180砖墙

挑梁头

120×180
×250

150 250 220 30
150
60

280
900

180
500

180
1450

180
650 550

180
900

120×250

φ200

钢筋混凝土梁
喷涂淡黄色

扶手栏板

1340

240×40梁

盆景台2φ6
筋与砖墙固结

M5砂浆砌240、370
砖墙

混合砂浆抹面，
外喷涂

靠椅
混合砂浆
抹面

2650

120
790

360

920

1:3 水泥
砂浆抹面

70

350
30 140

180

1:2 水泥细砂浆粘地面锦砖

1:3 水泥砂浆打底，厚20

钢筋混凝土板

3200

80

钢筋混凝土梁
外均抹防水砂浆

②

| 图名 | 园林廊的设计与施工（六） | 图号 | YL10-7（六） |

375

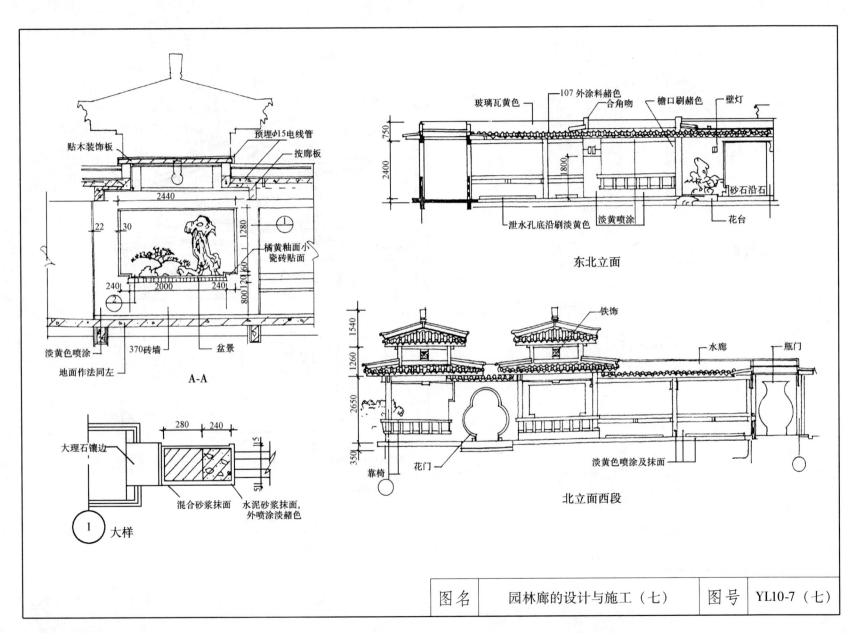

贴木装饰板

预埋φ15电线管

按廊板

22　30

橘黄釉面小瓷砖贴面

1280

2440

800120160

240　2000　240

淡黄色喷涂

370砖墙

盆景

地面作法同左

A-A

大理石镶边

280　240

115

51

混合砂浆抹面

水泥砂浆抹面，外喷涂淡赭色

1　大样

玻璃瓦黄色

107外涂料赭色

合角吻

檐口刷赭色

壁灯

750

2400

1800

泄水孔底沿刷淡黄色

淡黄喷涂

砂石沿石

花台

东北立面

铁饰

水廊

瓶门

1540

1260

2650

350

靠椅

花门

淡黄色喷涂及抹面

北立面西段

| 图名 | 园林廊的设计与施工（七） | 图号 | YL10-7（七） |

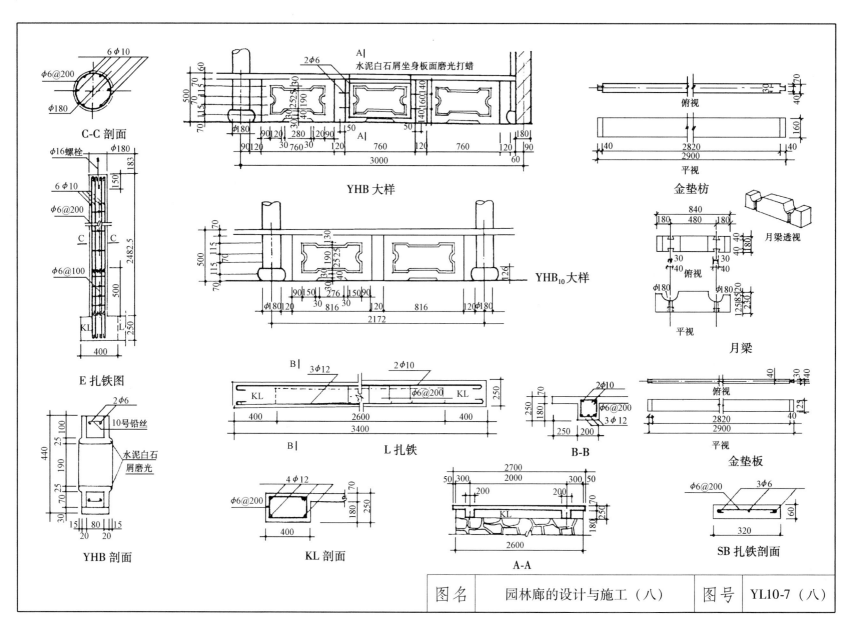

C-C 剖面

YHB 大样

YHB₁₀ 大样

金垫枋

月梁透视

月梁

E 扎铁图

YHB 剖面

L 扎铁

B-B

金垫板

KL 剖面

A-A

SB 扎铁剖面

| 图名 | 园林廊的设计与施工（八） | 图号 | YL10-7（八） |

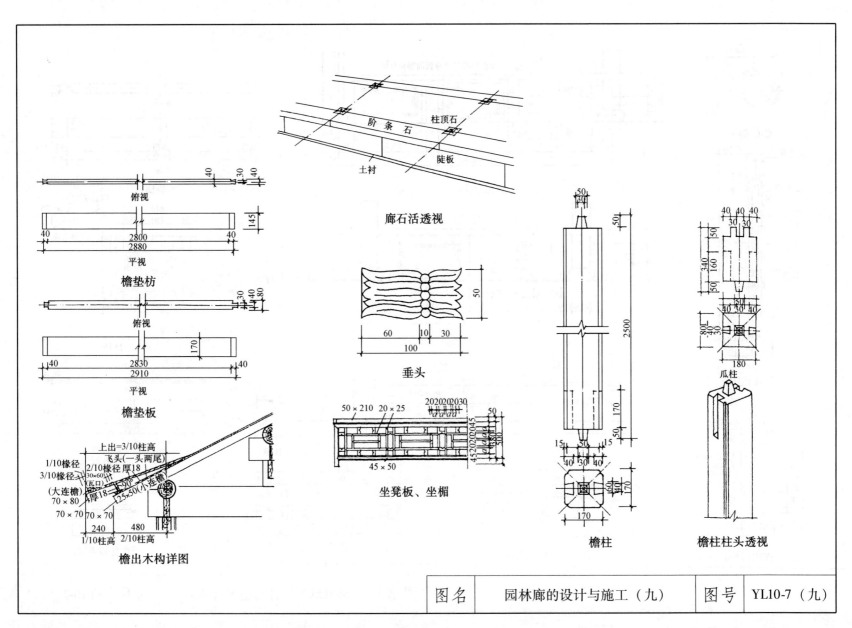

俯视

平视

檐垫枋

俯视

平视

檐垫板

廊石活透视

阶条石 柱顶石

土衬 陡板

垂头

坐凳板、坐楣

上出=3/10柱高
飞头(一头两尾)
1/10椽径
2/10椽径 厚18
3/10椽径
30×60厚
(瓦口)
厚18 >90°
(大连檐) 25-50(小连檐)
70×80
70×70 70×70
480
240 2/10柱高
1/10柱高

檐出木构详图

檐柱

瓜柱

檐柱柱头透视

| 图名 | 园林廊的设计与施工（九） | 图号 | YL10-7（九） |

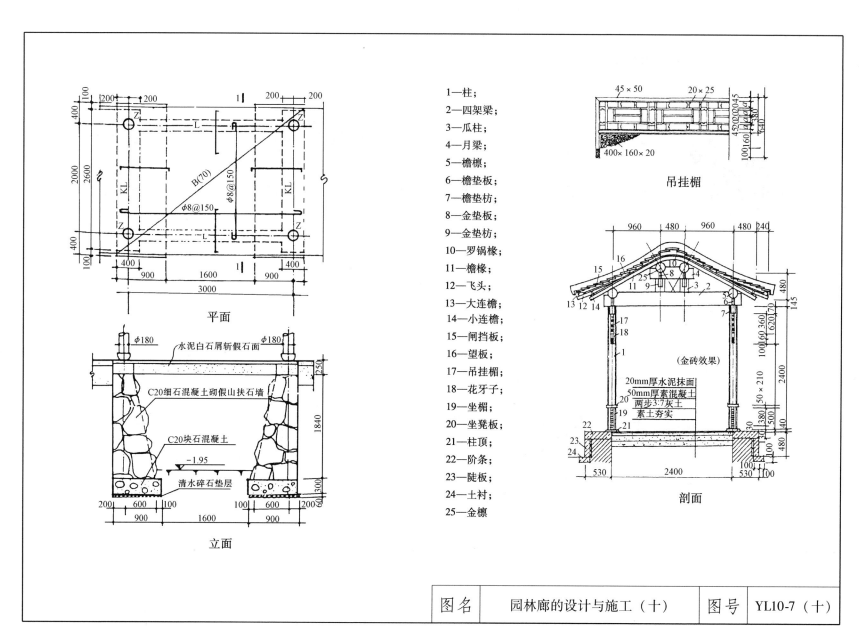

平面

立面

1—柱；
2—四架梁；
3—瓜柱；
4—月梁；
5—檐檩；
6—檐垫板；
7—檐垫枋；
8—金垫板；
9—金垫枋；
10—罗锅椽；
11—檐椽；
12—飞头；
13—大连檐；
14—小连檐；
15—闸挡板；
16—望板；
17—吊挂楣；
18—花牙子；
19—坐楣；
20—坐凳板；
21—柱顶；
22—阶条；
23—陡板；
24—土衬；
25—金檩

吊挂楣

（金砖效果）

20mm厚水泥抹面
50mm厚素混凝土
两步3:7灰土
素土夯实

剖面

水泥白石屑斩假石面

C20细石混凝土砌假山扶石墙

C20块石混凝土

清水碎石垫层

| 图名 | 园林廊的设计与施工（十） | 图号 | YL10-7（十） |

10.7 园林桥梁的设计与施工

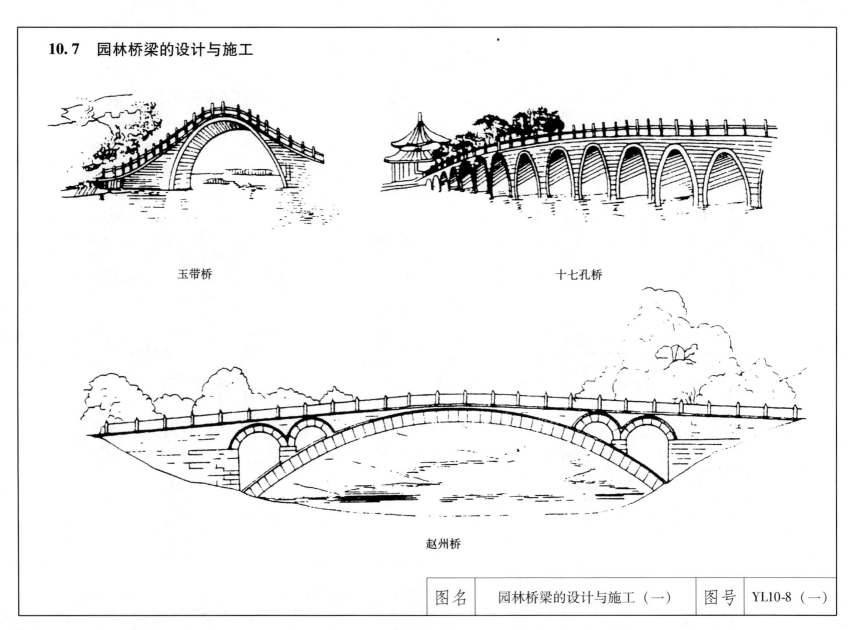

玉带桥

十七孔桥

赵州桥

| 图名 | 园林桥梁的设计与施工（一） | 图号 | YL10-8（一） |

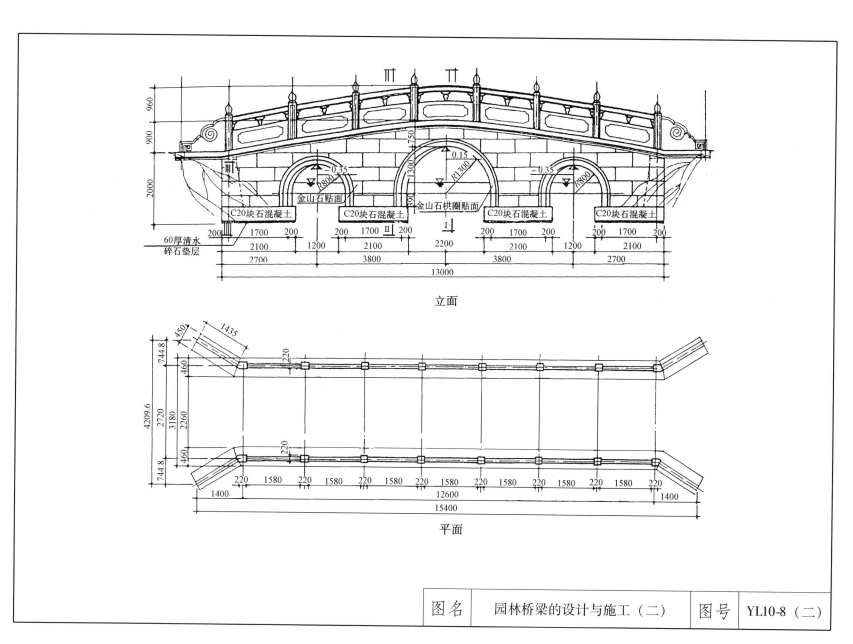

立面

平面

| 图名 | 园林桥梁的设计与施工（二） | 图号 | YL10-8（二） |

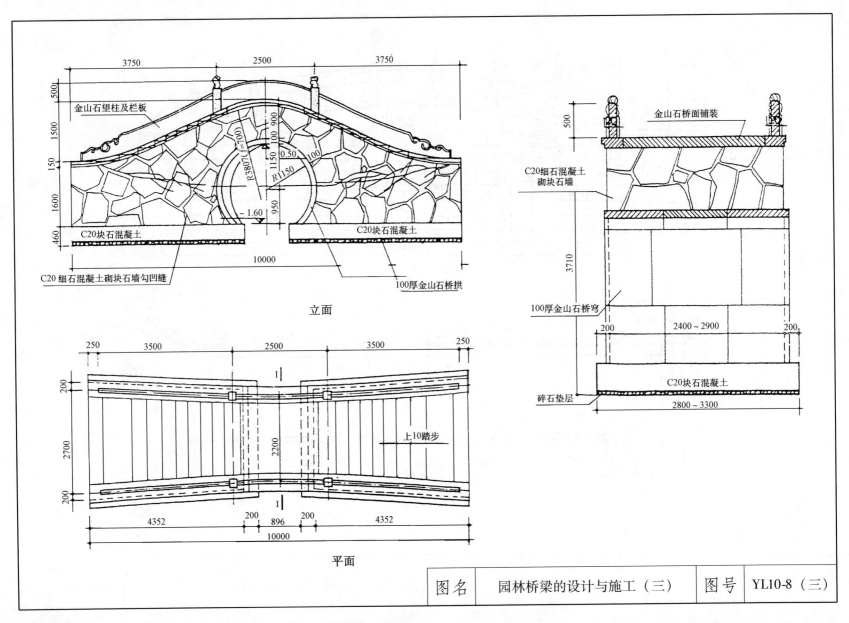

金山石望柱及栏板

R3807(I=700)

1150

900

100

0.50

R1150

100

-1.60

950

C20块石混凝土

C20块石混凝土

C20细石混凝土砌块石墙勾凹缝

100厚金山石桥拱

3750　2500　3750

500

1500

150

1600

460

10000

立面

金山石桥面铺装

C20细石混凝土
砌块石墙

500

3710

100厚金山石桥穹

碎石垫层

C20块石混凝土

200　2400～2900　200

2800～3300

250　3500　2500　3500　250

200

2700

200

2200

上10踏步

I

I

4352　200　896　200　4352

10000

平面

| 图名 | 园林桥梁的设计与施工（三） | 图号 | YL10-8（三） |

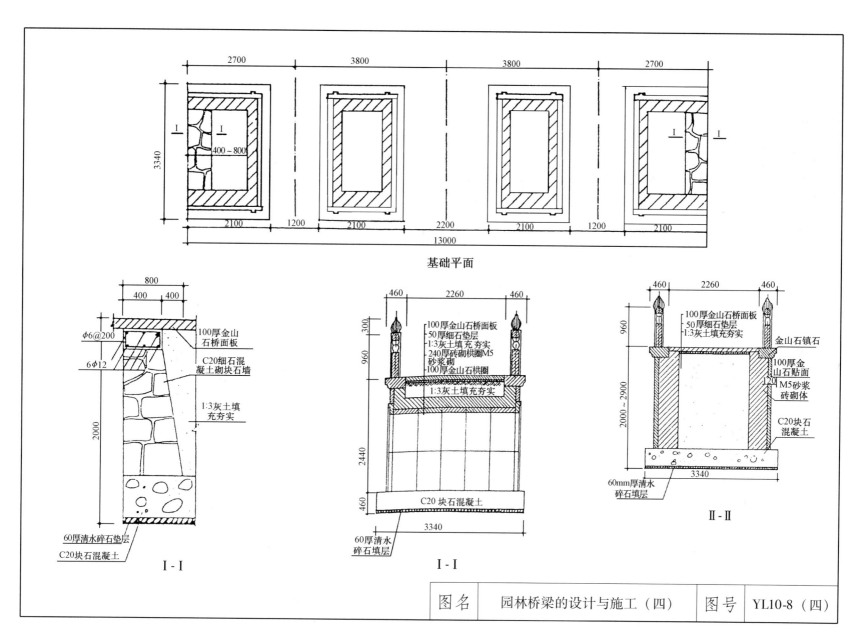

基础平面

I - I

II - II

I - I

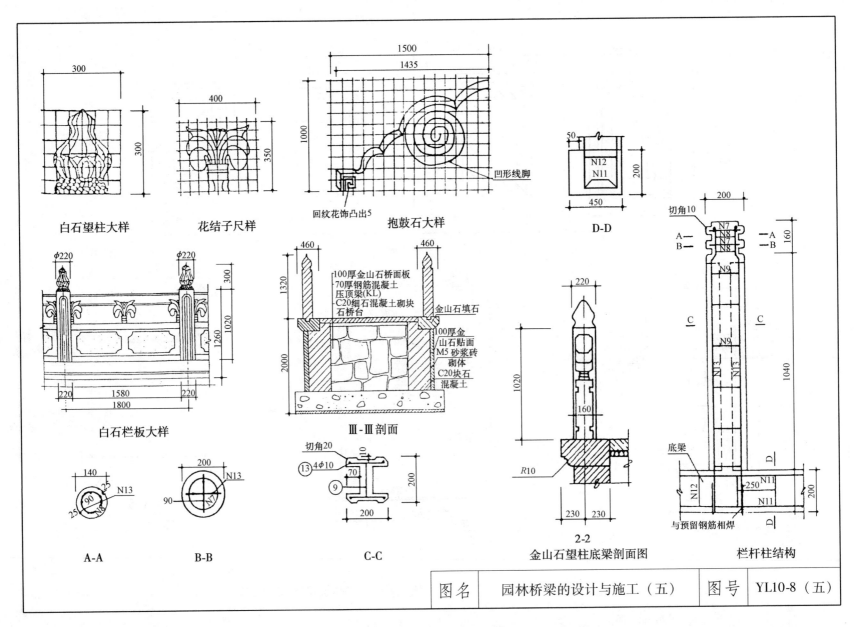

白石望柱大样

花结子尺样

回纹花饰凸出5

抱鼓石大样

凹形线脚

D-D

N12
N11

白石栏板大样

100厚金山石桥面板
70厚钢筋混凝土压顶梁（KL）
C20细石混凝土砌块石桥台
金山石填石
100厚金山石贴面
M5砂浆砖砌体
C20块石混凝土

Ⅲ-Ⅲ剖面

A-A

B-B

切角20
13 4φ10
70
9
200

C-C

2-2
金山石望柱底梁剖面图

切角10
N7
N8
N7
N8
N9
N9
N13
底梁
N12
250 N11
N11
与预留钢筋相焊

栏杆柱结构

| 图名 | 园林桥梁的设计与施工（五） | 图号 | YL10-8（五） |

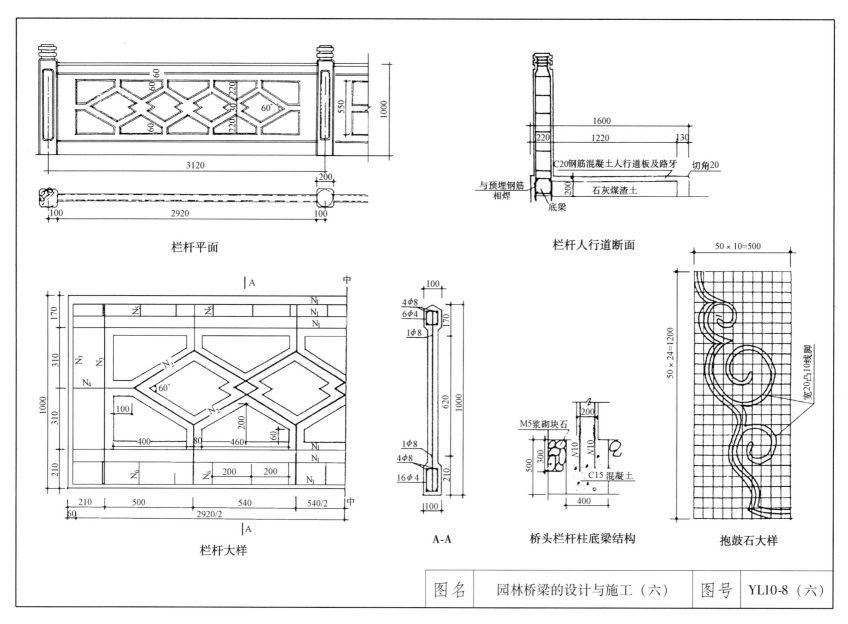

栏杆平面

栏杆人行道断面

C20钢筋混凝土人行道板及路牙

与预埋钢筋相焊

底梁

切角20

石灰煤渣土

栏杆大样

A-A

桥头栏杆柱底梁结构

M5浆砌块石

C15混凝土

抱鼓石大样

宽20凸10线脚

| 图名 | 园林桥梁的设计与施工（六） | 图号 | YL10-8（六） |